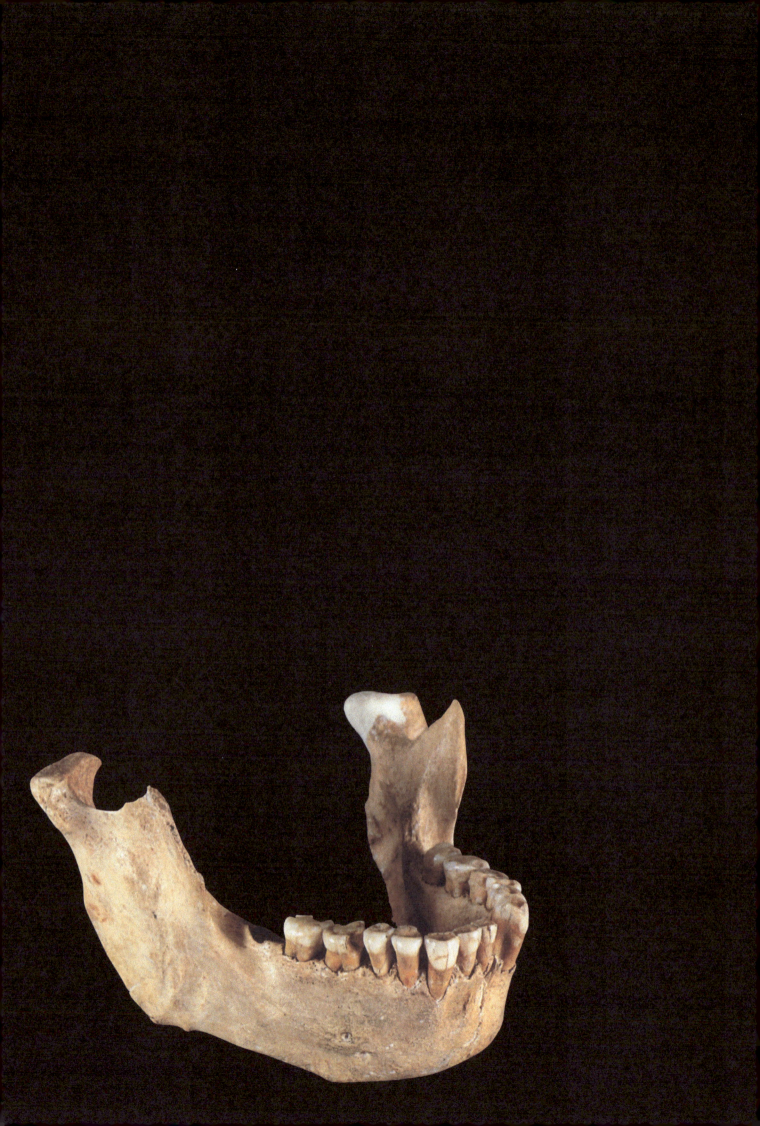

Neandertaler
Der Streit um unsere Ahnen

Ian Tattersall
Aus dem Amerikanischen von Hans-Peter Krull
Mit einem Nachwort von Gerd-C. Weniger, Neanderthal Museum

Ein Peter N. Nevraumont Buch, deutsche Ausgabe in
Zusammenarbeit mit dem Neanderthal Museum, Mettmann

Der letzte Neandertaler?
Unterkiefer eines Neandertalers aus Zafarraya, Spanien, wo Neandertaler bis vor rund 27000 Jahren überlebten.
Mit freundlicher Genehmigung von Cecilio Barroso Ruiz und Fernando Ramirez Rozzi.

Springer Basel AG

für
Gisela und Andrea

Die amerikanische Originalausgabe erschien 1995 unter dem
Titel «The Last Neanderthal. The Rise, Success, and Mysterious
Extinction of Our Closest Human Relatives» bei Nevraumont
Publishers Co., Inc., New York. All rights reserved.

© 1995 Ian Tattersall

Die Deutsche Bibliothek – CIP-Einheitsaufnahme

Tattersall, Ian:
Neandertaler : der Streit um unsere Ahnen / Ian Tattersall.
Aus dem Amerkan. Von Hans-Peter Krull.

(Ein Peter N. Nevraumont Buch)
Einheitssacht.: The last Neanderthal <dt.>
ISBN 978-3-0348-5084-1   ISBN 978-3-0348-5083-4 (eBook)
DOI 10.1007/978-3-0348-5083-4

Der Übersetzer dankt Dr. Monika Niehaus-Osterloh, Dr. Jürgen
Thissen und Anke Krull für die Unterstützung und wissenschaftliche Beratung.

Dieses Werk ist urheberrechtlich geschützt. Die dadurch begründeten Rechte, insbesondere die des Nachdrucks, des Vortrags, der Entnahme von Abbildungen und Tabellen, der Funksendung, der Mikroverfilmung oder der Vervielfältigung auf anderen Wegen und der Speicherung in Datenverarbeitungsanlagen, bleiben, auch bei nur auszugsweiser Verwertung, vorbehalten. Eine Vervielfältigung dieses Werkes oder von Teilen dieses Werkes ist auch im Einzelfall nur in den Grenzen der gesetzlichen Bestimmungen des Urheberrechtsgesetzes in der jeweils geltenden Fassung zulässig. Sie ist grundsätzlich vergütungspflichtig. Zuwiderhandlungen unterliegen den Strafbestimmungen des Urheberrechts.
© 1999 Springer Basel AG
Ursprünglich erschienen bei Birkhäuser Verlag, Postfach 133, CH-4010 Basel 1999
Softcover reprint of the hardcover 1st edition 1999

Umschlaggestaltung: Atelier Jäger, D-88682 Salem,
unter Verwendung eines Fotos von Vito Cannella,
© 1999 / Peter Nevraumont.
Gedruckt auf säurefreiem Papier, hergestellt aus chlorfrei
gebleichtem Zellstoff.∞

ISBN 978-3-0348-5084-1

987654321

Inhalt

Vorwort 7

Prolog 8

Kapitel 1 Wer waren die Neandertaler? 10

Kapitel 2 Wie Evolution abläuft 18

Kapitel 3 Fossilien, Daten und Geräte 30

Kapitel 4 Vor den Neandertalern 38

Kapitel 5 Fund und Deutung der Neandertaler 74

Kapitel 6 Die Welt der Neandertaler 120

Kapitel 7 Evolution der Neandertaler 130

Kapitel 8 Lebensweise der Neandertaler 148

Kapitel 9 Der Ursprung des modernen Menschen 174

Kapitel 10 Der letzte Neandertaler 198

Neues aus Neandertal 206

Nachwort 208

Weiterführende Literatur 213

Index 214

Vorwort

Die Menschen waren immer von ihrer Stellung in der Natur fasziniert. Malcolm W. Browne von der New York Times formulierte dies kürzlich so: «In der Gewißheit, daß wir von irgendwoher kommen, sind wir dem Rätsel unseres Ursprungs verfallen». Keine ausgestorbene Art der menschlichen Fossilgeschichte kann uns dem Verständnis dieses Ursprungs näher bringen als *Homo neanderthalensis*. Es gibt sicher keine bessere Möglichkeit, uns – den *Homo sapiens* – in unserer Einzigartigkeit zu erkennen, als uns an den Neandertalern und ihren Leistungen zu messen.

Aber in der öffentlichen Meinung bleiben die Neandertaler in den Fallstricken der Forschungsgeschichte gefangen; sie galten als dumm und wurden in mehr Cartoons persifliert als die Dinosaurier. Dabei sollten wir eher Mitleid mit den armen Neandertalern haben, denn ihr Image ist nichts anderes als ein historisches Artefakt. Neandertaler waren die zuerst entdeckten ausgestorbenen Menschen, und die Forscher des 19. Jahrhunderts, die versuchten, diese fremdartige, neue Entdeckung zu erklären, besaßen kein Hintergrundwissen, um alles zu verstehen. In der Zeit vor der Evolutionstheorie war die Einschätzung leicht: Weil Neandertaler nicht völlig den modernen Menschen entsprochen haben, müssen sie Sonderlinge und seltsame, wilde Rohlinge gewesen sein. Und so wurden sie zu primitiven Wilden.

Heute wissen wir viel mehr über Neandertaler und haben bessere Bewertungsgrundlagen. Mittlerweile stellen viele Wissenschaftler die Unterschiede zwischen den Neandertalern und uns lieber als sehr gering dar, das traurige Image der Neandertaler verlangt nach Wiedergutmachung. Aber ist das Pendel zu weit geschwungen? Ziel dieses Buches ist, ein möglichst genaues Bild dieses geschickten und faszinierenden menschlichen Vorgängers und seiner Welt zu entwerfen, so daß jeder für sich entscheiden kann, ob wir berechtigt sind, einen Neandertaler nach unseren eigenen Vorstellungen zu schaffen, nach dem eines primitiven Wilden – oder nach keinem von beiden.

Jedes Buch wie dieses beruht auf der Arbeit von so vielen Menschen, daß hier nicht alle genannt werden können; ich bin jedoch allen dankbar. Besonders erwähnen möchte ich den langjährigen Einfluß meiner Kollegen vom American Museum of Natural History Niles Eldredge, Eric Delson und John van Couvering – von denen keiner notwendigerweise allem, was ich hier geschrieben habe, zustimmen wird. Dank gebührt auch Jaymie Brauer für wichtige Literaturhinweise, Stephanie Hiebert für ihr sorgfältiges Redigieren des Manuskriptes und Joanna Grand für das Erstellen des Index. Schließlich geht mein Dank auch an Peter N. Nevraumont und an J. Perrini von der Nevraumont Publishing Company, an Natalie P. Chapmann von Macmillan Books und an all die begabten Fotografen, Künstler und andere Kollegen (von denen Diana M. Salles besondere Erwähnung verdient), welche die hervorragenden Ilustrationen beigetragen haben.

Prolog

Die letzte Neandertalerin saß im Windschatten des Felsüberhanges und wärmte sich in den Strahlen der untergehenden Sonne, die sich langsam dem mit Schneefeldern getupften westlichen Horizont näherte. Hinter ihr schürte ihr Enkel aus glühendem Holz ein Feuer, das nicht ausgegangen war, seit die Gruppe diese Stelle besiedelt hatte. Sie war alt – sehr alt – tatsächlich über vierzig. Das Aussehen des Jüngsten mit weniger vorstehenden Augenbrauen als ihren, doch einem groben Gesicht, das die Merkmale der Abstammungslinie seiner Großmutter trug, führte ihre Gedanken in jene längst vergangene Zeit zurück, als sie hierher kam. Sie war gerade zwölf, als Gerüchte in ihrer Familie auftauchten, daß große, schlanke und seltsam aussehende Fremde im Nachbartal aufgetaucht seien – Fremde, die ohne besondere Anstrengungen das Gebiet übernahmen und die Rentierherden niedermetzelten, von denen ihr eigenes Leben und das ihrer Verwandtschaft abhing. Einige ihrer Verwandten kamen über die Berge und schlossen sich der Gruppe an, um nicht von der ungewöhnlichen Gesellschaft der Einwanderer aufgesogen zu werden. Das alles passierte nur kurz bevor die Fremden selbst auftauchten. Mit List hatten sie ihre Familie überredet, sich von ihr und ihrer älteren Schwester zu trennen, um Frauen von zwei niederrangigen Männern der Einwanderergruppe zu werden. Diese frühen Jahre waren schwer für sie. Sie erlebte, wie der Rest ihrer Familie langsam aus ihrem Territorium vertrieben wurde und kämpfte mit der ungewohnten Sprache sowie neuen Lebensbedingungen. Es dauerte auch lange, bis ihre neue Familie aufhörte, sie wegen ihres groben Aussehens zu verspotten. Nach dem Tod ihrer Schwester fühlte sie sich überaus einsam. Aber ihr Sohn war gelehrig, und seine Kraft verschaffte ihm Anerkennung als Jäger. Als sie ihn in der hereinbrechenden Dämmerung mit seinen Kameraden, beladen mit frischem Fleisch zurückkehren sah, fühlte sie plötzlich, daß ihr Leben nicht umsonst gewesen war.

Das Herz klopfte dem letzten Neandertaler bis zum Hals, und er brach hinter einer kleinen Buschgruppe zusammen. Als sein schweres Atmen nachließ, stellte er erschöpft fest, daß er seine Verfolger zumindest für einige Zeit abgehängt hatte. Als diese großen, seltsam aussehenden Fremden jene Hügelkette überschritten, welche die Grenze seines Gruppenterritoriums im isolierten Vorposten der iberischen Halbinsel bildete, hatte sich unter den Seinen instinktiv Furcht ausgebreitet. Sie hatten monatelang keine Menschen gesehen, auch keine der eigenen Art. Aus Gründen, die sie nicht verstanden, tauchten ihre Neandertaler-Nachbarn nicht mehr am Paß zwischen den Bergen auf, wo man sich seit undenklichen Zeiten getroffen hatte, um Gruppenmitglieder auszutauschen. Wer waren diese neuen Leute? Der letzte Neandertaler und seine Begleiter sollten es bald erfahren. Die Fremden hatten die Neandertaler an ihrem Wohnplatz unter dem Felsdach sofort entdeckt, waren ausgeschwärmt und in der niedrigen Buschvegetation verschwunden. Die Neandertaler ahnten Gefahr, wußten aber nicht genau warum. Die Männer ergriffen ihre Jagdwaffen und versammelten sich. Plötzlich sahen sie sich von den Fremden umringt, die mit gellenden Schreien und zustoßenden Speeren in ihre Mitte sprangen. Die überraschten Neandertaler reagierten mutig, waren aber von den agilen Eindringlingen überlistet worden. Als seine Kumpane fielen, schlich sich der letzte Neandertaler davon. Ein Ruf verriet ihm, daß man ihn entdeckt hatte, und er rannte zur nächsten Deckung. Nach einer langen Flucht durch ein Gelände, das ihm, aber nicht den Verfolgern vertraut war, glaubte er in Sicherheit zu sein. Aber für wie lange?

Wir werden die Geschichte des letzten Neandertalers nie genau kennen. Die zwei kurzen Szenarien stellen extreme Möglichkeiten dar, wobei ich persönlich überzeugt bin, daß die zweite der Wahrheit näher kommt als die erste. Sicher ist, daß sich dieser oder ähnliche Vorfälle vor rund 30 000 Jahren abspielten und sich höchstens durch Zufallsfunde belegen lassen. Ähnlich vermitteln uns archäologische Funde und Befunde, die auch nur einen eingeschränkten Bereich der Aktivitäten wiedergeben, viel weniger Informationen, als wir uns wünschten, um Fragen beantworten zu können, wie z.B.: Wie intelligent waren diese nahen Verwandten des Homo sapiens, oder: Konnten sie sprechen, oder: Wie sahen sie ihre Welt? Trotz aller Einschränkung wissen wir viel über die Neandertaler – sicherlich genug, um sie zum Beurteilungsmaßstab für unsere eigene Einzigartigkeit zu machen.

Wer waren die Neandertaler?

[1] Es herrscht einige Verwirrung bezüglich der Schreibweise des Wortes «Neanderthal». Viele neuere Autoren bevorzugen die Form «Neandertal», weil diese Form vom deutschen «Neander Tal» abgeleitet ist. Das Wort «Tal» wurde einst «Thal» geschrieben. Eine Orthographiereform im frühen zwanzigsten Jahrhundert ließ das «h» wegfallen. Hier wird die moderne, orthographisch korrekte Schreibweise verwendet.

[2] Das Adjektiv «menschlich» ist außerordentlich schlecht definiert. Es hatte schon lange bevor jemand erkannte, daß wir mit dem Rest der lebenden Welt verwandtschaftlich verbunden sind, Eingang in die Sprache gefunden. Hier bezieht sich «menschlich» nicht auf die Wesen, die genau jene Eigenschaften besitzen, welche den modernen *Homo sapiens* in der Natur so einzigartig machen, vielmehr wird es benutzt, um alle Primaten seit *Australopithecus* und die mit uns gemeinsame Vorfahren besitzen, zu beschreiben. Diese Bedeutung führt dazu, daß «menschlich» gleichartig gebraucht wird wie «hominid», das von dem zoologischen Begriff Hominidae abstammt, mit dem man uns und unsere fossilen Verwandten benennt. In jüngerer Zeit wird der Begriff «Hominidae» in engerem Sinne verwendet und umfaßt bestimmte große Menschenaffen sowie uns und unsere unmittelbaren Vorfahren. Aus Gründen der Einfachheit folgen wir hier jedoch dem traditionellen Gebrauch von «Hominidae».

NEANDERTAL[1]. Kein Begriff in der gesamten Fachsprache ruft stärkere Assoziationen hervor. Wer von uns kann aber – abgesehen von oberflächlichen Vorstellungen primitiver Rohheit – genauer sagen, was dieser Name wachrufen sollte? Dieses Buch versucht die Fragen, die wir uns zu den Neandertalern stellen, zu beantworten: *Wer* waren sie? *Was* für Menschen waren sie? In welcher Welt lebten sie und wie kamen sie in ihr zurecht? Und natürlich: was wurde aus ihnen?

Fangen wir mit dem Einfachen an. Auf einer bestimmten Ebene ist die Frage, wer die Neandertaler waren, leicht zu beantworten. Benutzen wir das Wort «Neandertaler», beziehen wir uns auf eine entfernte (und jetzt ausgestorbene) Menschenart, *Homo neanderthalensis*, die im späten Abschnitt des Pleistozäns lebte, das uns unter der Bezeichnung Eiszeit bekannt ist. Nach den modernsten Datierungsmethoden lag diese Zeitspanne zwischen 200000 und 30000 Jahren vor heute. *Homo neanderthalensis* ist mit uns nahe verwandt – tatsächlich wahrscheinlich der nächste Verwandte von allen Menschenvorfahren –, aber Neandertaler waren nicht einfach eine Variante unserer Art, *Homo sapiens*.

Der zuletzt genannte Punkt ist unter vielen Paläoanthropologen (Wissenschaftler, welche menschliche[2] Fossilien untersuchen) noch immer strittig; sie bezeichnen die Neandertaler lieber als Unterart: *Homo sapiens neanderthalensis*. Derartige Betrachtungen sind wichtig, da sie die Interpretation der Stellung der Neandertaler in der menschlichen Evolution wie auch die Vermutungen über ihr Verschwinden stark beeinflußt haben. Lassen Sie mich hier daher wiederholen, daß es aus meiner Sicht und derjenigen einer wachsenden Zahl von Kollegen keinen vernünftigen Grund gibt zu bezweifeln, daß die Neandertaler als eigene Art anzusehen sind.

Wie können wir das wissen? Durch Untersuchungen der Morphologie der fossilen Überreste der Neandertaler. Dieser Weg führt jedoch sofort zu einem Problem, da unter sich sexuell fortpflanzenden Organismen Arten als diejenigen großen Populationen definiert werden, in denen sich Individuen erfolgreich fortpflanzen können. Mitglieder solcher Populationen erkennen sich gegenseitig an Merkmalen des Verhaltens und des Aussehens. Feinheiten des Skeletts, die äußerlich nicht zu erkennen sind, spielen für ihre Entscheidung, ob eine Paarung möglich ist, keine Rolle. Daher ist es bedauerlich, daß wir nur die Form der Knochen und Zähne haben, um Fossilien Arten zuordnen zu können, da es überaus selten ist, daß mehr als «dauerhaftes Gewebe» im Fossilbestand erhalten bleibt.

Neandertaler-Fossilien besitzen einen typischen Skelettbau und besonders charakteristische Schädelmerkmale. Wenn Sie die Skelette zweier nahe verwandter Primatenarten (z.B. Mohrenmaki und Brauner Maki) betrachten, finden Sie unweigerlich, daß die Unterschiede signifikant kleiner sind als diejenigen, die ein typisches Neandertaler-Skelett von unserem unterscheiden. Nach allen anerkannten Standards der Säugetiersystematik ist klar, daß – trotz aller konservativen paläoanthropologischen Tradition – *Homo neanderthalensis* eine eigene Art ist.

Da Individuen einer Art untereinander naturgemäß ein wenig variieren, ist der Ver-

Cro-Magnon

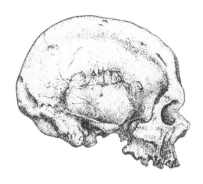 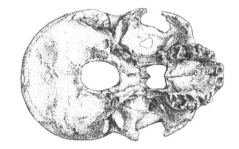 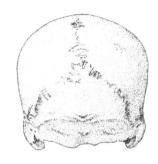

Neandertaler

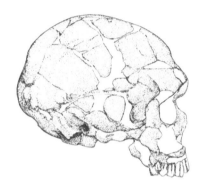  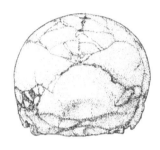

2

Vergleich der Schädel eines Neandertalers (La Ferrassie 1, Frankreich, unten) mit einem frühen modernen Menschen aus Europa (Cro-Magnon 1, Frankreich).

Ansicht von der Seite, von unten und von hinten. Beachten Sie den großen, aber flachen und langen Hirnschadel des Neandertalers sowie die ausgepragten Wulste über den Augenhohlen (vgl Abb 59, S 85) Verglichen mit modernen Menschen besitzt der Neandertaler ein vorspringendes Gesicht mit breiter Nasenregion und geschwungenen Wangenknochen In Ruckansicht ist der Hirnschadel gerundet, der Bereich der großten Schadelbreite liegt beim modernen Menschen viel hoher
Zeichnung von Diana Salles

such zu belegen, daß zwei fossile Schädel, die nur geringe Unterschiede zeigen, zu zwei Arten gehören, selbst dann nicht sinnvoll, wenn man glaubt, daß es so sein könnte. Wenn zwei Formen sich jedoch zuverlässig so deutlich unterscheiden, wie moderne Menschen und Neandertaler, können Sie diesen Schluß mit hoher Sicherheit ziehen.

Wie sahen die Neandertaler aus und wo lebten sie?

Die Neandertaler waren anders als wir, aber wie anders? Sicherlich genügend unterschiedlich, um für einen Nachweis nicht auf feinere Unterschiede der Morphologie zurückgreifen zu müssen. Aber es gibt auch einige sehr signifikante Übereinstimmungen zwischen uns und ihnen. Lassen Sie uns einen kurzen Blick auf diese Ähnlichkeiten und Unterschiede werfen.

Eine wichtige Ähnlichkeit der Schädelkonstruktion von Neandertalern und modernen Menschen – die unsere Interpretation stark beeinflußt hat –, ist die Gehirngröße. Das Hirnvolumen ist für Paläoanthropologen fast «heilig», da in den nachweislich über vier Millionen Jahren der Geschichte der menschlichen Familie die Zunahme der Gehirngröße wahrscheinlich das zuverlässigste Merkmal war. Die «klassischen» Neandertaler, die Europa am Ende der Eiszeit bewohnten, besaßen Gehirne, die durchschnittlich sogar noch größer als unsere heutigen waren. Das Gehirn der klassischen Neandertaler besaß rund 1 500 ml Volumen, während der gegenwärtige weltweite Durchschnitt unter 1 400 ml liegt. Sicher können wir aufgrund der Hirngröße die Neandertaler nicht benachteiligen. Genauso wenig sollten wir uns von dem Merkmal zu stark beeindrucken lassen, da man deutlich darauf hinweisen muß, daß die Gehirngröße kein Kriterium ist, um diese oder jene Form von der Mitgliedschaft zu einer Art auszuschließen oder sie ihr zuzugestehen. Zwar besaßen *Homo sapiens* und *Homo neanderthalensis* ähnlich große Gehirne, dies gilt aber offensichtlich auch für alle anderen Paare nahe verwandter Primatenarten (hier fallen einem die schon erwähnten Mohrenmakis und Braunen Makis ein), um nicht einige entfernter verwandte Arten zu nennen.

Andererseits steckte das Neandertaler-Gehirn in einem Schädel, dessen Form sich von unserem sehr stark unterscheidet (Abb. 2 und 3). Der fossile Hirnschädel der Neandertaler ist lang und flach und krümmt sich aus rückwärtiger Sicht nach innen und oben. Diese Form steht in auffälligem Kontrast zum hohen abgerundeten Schädel des mo-

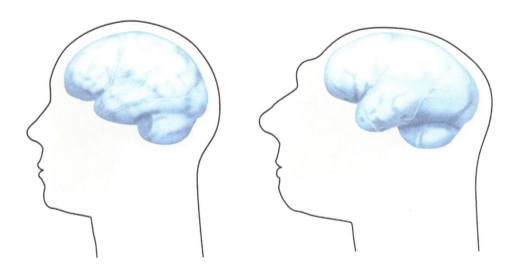

3
Verhältnis von Hirnschädel und Hirnform bei einem modernen Menschen (links) und einem Neandertaler.

Der Hirnschädel wird passiv durch das in ihm heranwachsende Gehirn geformt. Das Gehirn der Neandertaler war genauso groß wie das moderner Menschen. Es war jedoch länger und flacher und lag sowohl etwas hinter als auch unter dem Gesicht. Die Bedeutung dieser Unterschiede ist nicht klar.
Zeichnung von Diana Salles

dernen Menschen mit seiner steilen Stirn und gewölbten Seiten. Am Hinterhaupt des Neandertaler-Schädels findet sich eine charakteristische Vorwölbung – oft als Occipital-Torus (Hinterhaupts-Wölbung) bezeichnet – an der in Grübchen bestimmte Nackenmuskeln mit größerer Wahrscheinlichkeit ansetzten als an den Hinterhauptshöckern (Protuberantia occipitalis), knöchernen Vorsprüngen, die an einem für unseren Schädel typisch gerundeten Hinterhaupt sitzen. Diese spezielle Schädelform ist besonders interessant, da das Schädeldach eine ungewöhnlich entwickelte Struktur darstellt. In dieser Schädelregion wird der Schädelknochen (während der Entwicklung im Mutterleib) als weiche Membran und nicht als knorpelige Substanz vorgeformt. Das Schädeldach wird daher durch das sich ausdehnende Gehirn des heranwachsenden Individuums passiv nach außen gedrückt, so daß die Form des Hirnschädels diejenige Gestalt widerspiegelt, die das Gehirn annehmen möchte. Wenn die Schädelform uns viel über die Struktur der Hirnoberfläche verrät (obwohl einige dünne Membranen und stellenweise Blutgefäße und Liquorräume zwischen Hirn und Knochen liegen), können wir also vom Inneren des Hirnschädels auf das Hirn selbst schließen. Ein Problem ist jedoch, daß das Wissen um die äußere Form des Gehirns uns nichts über dessen innere Organisation verrät, und gerade diese ist besonders wichtig, wenn wir etwas über die Kapazitäten des funktionierenden Organs wissen wollen. Darüber aber später mehr. An dieser Stelle ist für die Entscheidung, ob Neandertaler eine eigene Art darstellen, wichtig, daß sich dem großen Hirnvolumen eine andere Schä-

delform überlagert. Und dies sind noch nicht alle cranialen Unterschiede. Anders als der Schädel des modernen Menschen besitzt der Neandertaler-Schädel ausgeprägte knöcherne Überaugenwülste. Diese sind funktional anscheinend mit der fliehenden Stirn des Neandertalers verbunden, zusammen mit der einzigartigen Beschaffenheit des Neandertaler-Gesichts. Bei *Homo sapiens* ist das Gesicht gewöhnlich ziemlich schmal und liegt unter der steilen Stirn. Bei Neandertalern hingegen liegt das große Gesicht weiter vorn und ist vorspringend. Es erscheint auch in der Mittellinie vorgezogen, während die Wangenknochen hinter die breite Nasenregion zurückweichen. Da eine mehr oder weniger senkrechte Stirn wie bei uns fehlt, macht diese spezielle Gesichtsgeometrie eine Struktur am oberen Gesichtsbereich nötig – die Überaugenwülste –, welche die großen Belastungen, die bei stärkerem Kauen entstehen, absorbieren konnte. Die gewaltige Kaumuskulatur, die dies ermöglichte, könnte sich auch in anderen ungewöhnlichen Strukturen des Neandertaler-Schädels widerspiegeln, wie z. B. dem Mastoidfortsatz, der sich an beiden Seiten am Hinterende des Hirnschädels findet, d.h. an der unteren hinteren Begrenzung der Schläfenmuskulatur, die an den Seiten des Schädeldaches ansetzt. Die hinteren Schläfenmuskeln sind namentlich für die Benutzung der Schneidezähne, welche die Neandertaler für andere Zwecke als das Abbeißen von Nahrung extensiv einsetzten, besonders bedeutsam gewesen.

Es gibt weitere Unterschiede zwischen den Schädeln der Neandertaler und des modernen Menschen. So sind z. B. die Unterkiefer für beide Arten charakteristisch. (Abb.

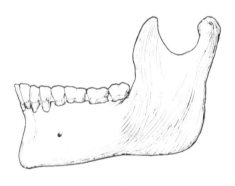
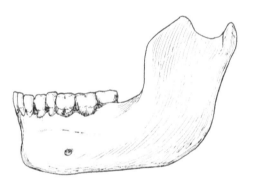

moderner Mensch — Neandertaler

4
Vergleich der Unterkiefer eines modernen Menschen (links) und eines Neandertalers (auf der Grundlage des Exemplars von Amud, Israel).

Der Neandertaler-Unterkiefer ist lang und kräftig mit gering ausgebildetem Kinn. Typisch ist die Lücke zwischen dem letzten Backenzahn und dem aufsteigenden Unterkieferast.
Zeichnung von Diana Salles

4 und vgl. Abb. 1, 81, 82, 106 und 114). Für uns moderne Menschen ist der Besitz eines vorspringenden Kinns wohl am typischsten. Wie anderen ausgestorbenen Menschenformen fehlte den Neandertalern diese Struktur, die für die Front des hochbelasteten, verkürzten modernen Kiefers als Verstärkung dient. Bei ihnen, deren Gesichter stärker vorgewölbt waren, lag diese Verstärkung hinter der Kieferfront. Nur wenige Neandertaler besaßen Ansätze eines Kinns, das überdies nur schwach ausgeprägt war. Die gesamte Zahnreihe liegt weit vorne im längeren Kiefer, so daß von der Seite gesehen zwischen dem letzten Zahn (dem dritten Molaren) und der Vorderseite des senkrecht aufsteigenden Kieferastes, der zum Kiefergelenk führt, eine Lücke erscheint. Bei modernen Menschen tritt diese Lücke sehr selten auf, und in Seitenansicht verdeckt der Unterkieferast den dritten Molaren oft zumindest teilweise.

An der Innenseite des Astes findet sich ein weiterer Unterschied. Im Gegensatz zu fast allen anderen ausgestorbenen und lebenden Menschen haben die meisten Neandertaler in der Nähe des Kieferwinkels eine Öffnung (das Foramen mandibulae), welche den vom Gehirn absteigenden Unterkiefernerv aufnimmt, ein typischer knöcherner Vorsprung. Dieser hängt ursächlich mit der Anheftung des Ligamentum sphenomandibulae zusammen, das den Unterkiefer unterstützt und um das er sich dreht. Wieder erkennen wir eine Besonderheit, die wahrscheinlich mit dem speziellen Kauapparat der Neandertaler einhergeht. Weniger wahrscheinlich sind Unterschiede der Schädelbasis, die wir später genauer betrachten werden, mit dem Gesichts-Kaumuskel-Komplex in Zusammenhang zu bringen.

Unterschiede zwischen Neandertaler und modernem Menschen sind nicht auf den Schädel beschränkt. Viele betreffen auch das Körperskelett (Abb. 5). Zunächst sind Neandertaler wesentlich robuster gebaut als wir. Die wichtigsten Gelenke des Körpers sind bei Neandertaler-Fossilien größer als bei uns

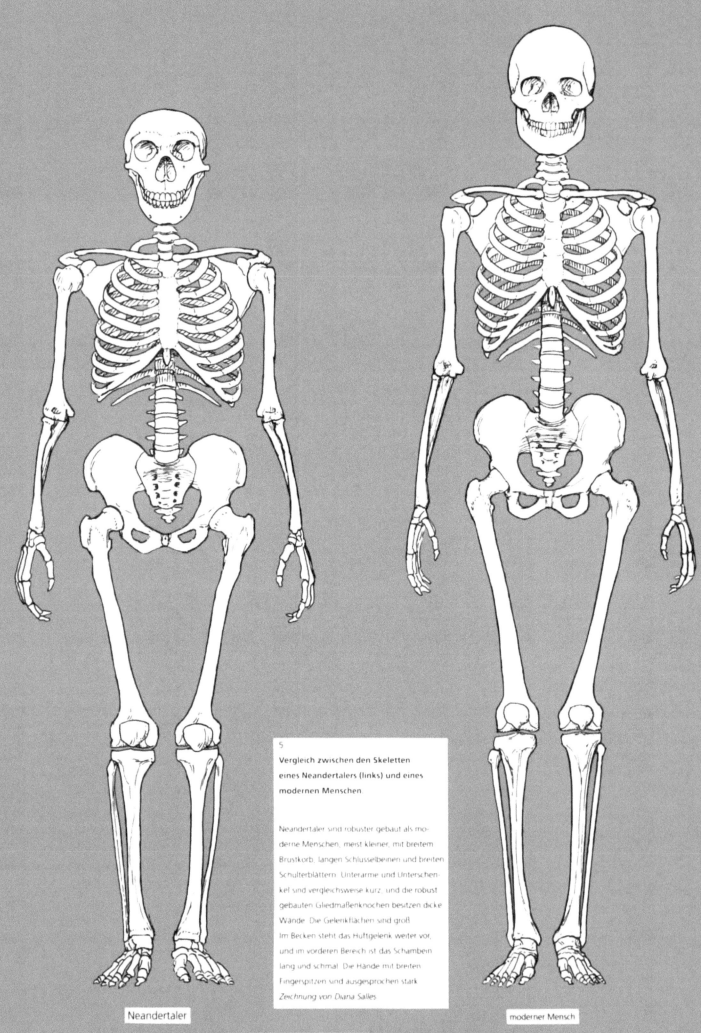

5
Vergleich zwischen den Skeletten eines Neandertalers (links) und eines modernen Menschen.

Neandertaler sind robuster gebaut als moderne Menschen, meist kleiner, mit breitem Brustkorb, langen Schlüsselbeinen und breiten Schulterblättern. Unterarme und Unterschenkel sind vergleichsweise kurz, und die robust gebauten Gliedmaßenknochen besitzen dicke Wände. Die Gelenkflächen sind groß. Im Becken steht das Hüftgelenk weiter vor, und im vorderen Bereich ist das Schambein lang und schmal. Die Hände mit breiten Fingerspitzen sind ausgesprochen stark.
Zeichnung von Diana Salles

Neandertaler

moderner Mensch

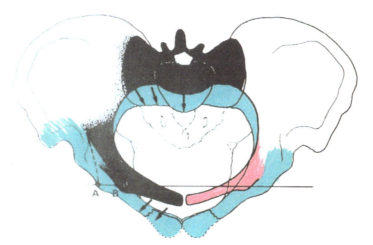

Vergleich des Kebara-Beckens mit dem eines modernen Menschen.

Dieser Blick von oben auf den Beckeninnenraum kombiniert die Form bei einem modernen Menschen (schwarz und rot) mit der des Kebara-Beckens (turkis) Die Dimensionen sind in beiden Fällen annähernd gleich, obwohl sich die Ausrichtung unterscheidet Beachten Sie den verlängerten oberen Schambeinast (unten) beim Kebara-Exemplar
Zeichnung mit freundlicher Genehmigung von Yoel Rak

6

Vergleich des Neandertaler-Beckens von Kebara, Israel (unten) mit dem eines modernen Menschen.

Das Kebara-Skelett enthält das vollständigste bisher bekannte Neandertaler-Becken. Unter anderem besitzt es breitere Hüftbeine und längere sowie dünnere obere Schambeinäste als der moderne Mensch. Das Hüftgelenk ist stärker zur Seite gewandt, ein Unterschied, der offensichtlich mit einer etwas anderen Fortbewegung zusammenhängt
Foto mit freundlicher Genehmigung von Yoel Rak.

und die langen Knochen besitzen dicke Wände mit vergrößerten Oberflächen für den Ansatz der kräftigen Muskulatur. Die Stärke der Arme spiegelt sich in der Form der Schulterblätter wider, die breite Ansatzflächen für die ausgeprägten, vom Oberarm herüberreichenden Muskeln besaßen. Derartige Unterschiede zeigen sich schon bei kleinen Kindern, was die Vorstellung widerlegt, daß die ausgeprägte Muskulatur der Neandertaler ein durch besonders harte Lebensbedingungen erworbenes Merkmal ist.

Besonders interessant ist die Beckenform des Neandertalers, die in jüngster Zeit Yoel Rak von der Universität Tel Aviv an einem Skelett analysierte, das man am israelischen Fundort Kebara entdeckt hatte. Das Becken dieses Kebara-Neandertalers, das erste vollständig geborgene Neandertaler-Becken, besitzt zusammen mit anderen weniger gut erhaltenen Stücken einen vorderen oberen Abschnitt, dessen Morphologie sich von derjenigen moderner Menschen klar unterscheidet (Abb. 6 und 7). Die als Schambein bekannte Struktur ist verlängert und schlank und besitzt einen typischen Querschnitt. Sie liegt weit vorn; bei einer Frau hätte sie den Geburtskanal weit nach vorn verlagert. Derartige Merkmale – so wurde kürzlich spekuliert – könnten Anpassungen sein, die das Durchtreten eines großköpfigen Babys auch nach einer verlängerten Schwangerschaftsperiode erlauben. Das Kebara-Exemplar ist jedoch, wie andere weniger vollständig erhaltene Fossilien mit diesen Merkmalen, männlich. Rak schloß daher, daß die Besonderheiten im Beckenbau des Neandertalers auf Unterschiede in der Gangart von *Homo neanderthalensis* und *Homo sapiens* zurückzuführen sind, eine Folgerung, die von der Tatsache gestützt wird, daß die Hüftgelenkspfanne bei Neandertalern stärker vorspringt als bei modernen Menschen. Ich betone aber, daß Neandertaler vollständig an aufrechtes Gehen angepaßt waren und daß Sie, wenn Sie einen von ihnen vorbeigehen sehen könnten, wahrscheinlich keinen großen Unterschied zu unserer Art des Gehens entdecken würden.

So typisch wie das Neandertaler-Becken sind die Körperproportionen von *Homo neanderthalensis*. Neandertaler waren meist ziemlich klein: zu Lebzeiten erreichten Männer von europäischen Fundstellen wahrscheinlich eine Körpergröße von durchschnittlich rund 1,67 m und Frauen von rund 1,60 m. Neandertaler besaßen relativ lange Oberschenkel und Oberarme, und das Kebara-Skelett belegt, daß – verglichen mit modernen Menschen – ihr großer, tonnenförmiger Brustkorb lang und ihre Beine kurz waren.

Diese Aufzählung der Unterschiede zwischen Skeletten des Neandertalers und des modernen Menschen ist bei weitem nicht vollständig, aber sie zeigt uns, daß sich *Homo neanderthalensis* von *Homo sapiens* in mehr als genügend Merkmalen unterscheidet, woraus wir schließen können, daß es sich um getrennte Arten handelt. Ich kenne kein Beispiel für zwei Gruppen von heute lebenden Primaten, die sich in ähnlich deutlicher Weise in Skelettstrukturen unterscheiden und die man nicht als zwei verschiedene Arten klassifiziert. Wie ich schon betonte, ist die Zuordnung des Artstatus auf der Grundlage von Skelettmerkmalen problematisch.

13

Karte von Europa und dem Nahen Osten mit den wichtigsten Neandertaler-Fundstellen.

Eisbedeckung und Küstenverlauf stellen den Zustand während des Kältemaximums der letzten Eiszeit dar. Zusätzlich ist der heutige Küstenverlauf abgebildet
Zeichung von Diana Salles

8-12

Stadien der Rekonstruktion eines Neandertaler-Gesichts.

Auf der Grundlage des Shanidar 1-Schädels (vgl Abb 76) zeigen die Bilder das Verfahren, bei dem man nacheinander tiefere und höhere Muskelschichten auf die Schädelrekonstruktion aufträgt und anschließend die obersten Schichten und die äußeren Merkmale ergänzt Feinheiten wie Haarfarbe, Haarform und -verteilung, Lippen- und Ohrform sowie Haut- und Augenfarbe sind natürlich vermutet
Rekonstruktion von Vito Cannella und G J Sawyer, Fotos von Vito Cannella

Wenn sich jedoch zwei Primaten voneinander so stark unterscheiden wie Neandertaler und moderner Mensch, kann man mit Sicherheit darauf schließen, daß sie keine Artgenossen sind.

Die Tatsache, daß Neandertaler nicht genau wie wir aussahen und nicht zu unserer Art gehörten, berechtigt natürlich auf keinen Fall dazu, sie für die Primitivlinge der populären Erzählungen zu halten (Abb. 8, 9, 10, 11 und 12). Ganz im Gegenteil. Was die Unterschiede zwischen ihnen und uns jedoch bedeuten, ist, daß wir nicht annehmen können, die Neandertaler wären einfach eine Variante – stillschweigend angenommen, eine minderentwickelte Variante – unserer Art gewesen. Die Neandertaler mit ihren großen Gehirnen waren überaus erfolgreich, sie beherrschten Europa und den Nahen Osten in einer Zeit extrem harter Klimabedingungen mehr als 150 000 Jahre lang, vielleicht sogar länger. Soweit wir sehen können, ist das wesentlich länger, als unsere Art bisher existiert. Die Neandertaler kamen unter Bedingungen zurecht – und zwar gut –, welche den Erfindungsreichtum jeder menschlichen Art herausgefordert hätten. Wir werden sehen wie. Zwischendurch muß ich – um das Bild unseres einführenden Neandertaler-Porträts abzurunden – betonen, daß Neandertaler kein weltweites Phänomen wie wir waren. In der Alten Welt waren während der Neandertalerzeit verschiedene Menschentypen weit verbreitet, hatten aber Amerika noch nicht erreicht. Die typischen Neandertaler bewohnten jedoch nur einen Teil des menschlichen Verbreitungsgebietes (Abb. 13). Fundstellen, an denen man Neandertaler-Fossilien geborgen hat, sind – außer in Westfrankreich – meist spärlich und vom Atlantik im Westen bis nach Usbekistan im Osten sowie von Wales im Norden bis zur Levante im Süden verteilt. Es gibt bisher keinen biologischen Hinweis darauf, daß die Neandertaler nach Afrika oder Arabien vordrangen oder irgend eine Gegend von Zentral- oder Ostasien bewohnten. Wie wir im nächsten Kapitel sehen werden, paßt diese relativ lokale Verbreitung gut zu dem, was wir über die Entstehung und Ausbreitung neuer Arten wissen. Halten wir also fest, daß die Neandertalerzeit nur eine Phase – wenn auch die am besten dokumentierte – in einer offensichtlich überaus ereignisreichen Periode der menschlichen Evolutionsgeschichte darstellt.

Wie Evolution abläuft

Die Neandertaler gehören zu einer ziemlich späten Phase der langen menschlichen Evolutionsgeschichte. In Kapitel 4 werden wir zu deren Ursprung zurückkehren und die 4-Millionen-Jahre-Geschichte zusammenfassen, um die Voraussetzungen, aus denen sich die Neandertaler entwickelten, besser zu verstehen. Aber lassen Sie uns zuerst den Evolutionsprozeß selbst betrachten, da man viele Kontroversen, die es immer noch in der Neandertaler-Forschung gibt, durchschauen kann, wenn man weiß, wie Evolution abläuft und wie sich unser gegenwärtiges Gedankengebäude entwickelte. Außerdem ist es wichtig zu wissen, daß wir – gleichgültig für wie «besonders» wir uns halten – nicht das Ergebnis eines besonderen Vorgangs sind. Wir entstanden aufgrund der gleichen Mechanismen wie alle anderen Arten.

Die frühen Tage

Man kann sicher behaupten, daß die Grundelemente evolutionsbiologischer Gedanken schon im Raum standen, als Charles Darwin und sein Landsmann Alfred Russel Wallace 1858 ihre historischen Vorträge vor der Linné-Gesellschaft von London hielten und damit den Anstoß für die weitere Evolutionsforschung gaben. Diese beiden Männer erkannten, daß es für die komplexe Vielfalt der Natur nur eine Erklärung geben könne und fanden einen überzeugenden Mechanismus, der diese Vielfalt hervorgerufen hatte. Die Haupterkenntnis ist, die Ordnung der Natur bestehe darin, daß man Arten in Serien von immer umfassenderen Gruppen anordnen kann, was schon lange vor der Mitte des 19. Jahrhunderts erkannt worden war. Wir z. B. gehören zu einer Gruppe (der Superfamilie der Hominoiden), die auch die Tieraffen umfaßt; alle Anthropoiden zählt man zu einer weiteren Gruppe (der Ordnung Primaten), welche auch die Lemuren einschließt; Primaten gehören in die umfassendere Gruppe der Säugetiere und so weiter, bis wir die riesige Gruppe erreichen, die alle Lebewesen einschließt (Abb. 14). Der Prozeß, der diese Ordnung in der Natur schuf, ist die Evolution, von Darwin kurz als «Stammbaum mit Veränderungen» bezeichnet. All die vielen Millionen lebenden Arten stammen über eine Fülle von Zwischenformen von einem einzigen, gemeinsamen Vorfahren ab. So teilen wir z. B. einen Vorfahren mit den anderen Hominoiden, der vor kürzerer Zeit existierte als derjenige, den wir mit den Tieraffen teilen usw. Diese Vielfalt konnte entstehen, weil es physische – evolutive – Veränderungen in unserer Vorfahrenlinie gab. Die Triebkraft dieser evolutiven Wandlungen nannte Darwin «natürliche Selektion»: vereinfacht gesagt, ein Ausleseprozeß von einer Generation zur nächsten.

Darwin wußte, daß keine zwei Individuen einer Art identisch sind. Ihm war auch bewußt, was Tierzüchtern seit undenklichen Zeiten klar war, daß Variationen zwischen Artgenossen oft vererbt werden: der Nachwuchs ähnelt meist den Eltern. Die Tatsache, daß er die Mechanismen der Vererbung nicht kannte, spielte keine Rolle; die grundsätzliche Tatsache genügte. Darwin verband diese Beobachtung mit einer weiteren: Alle Arten bringen bei jeder Generation mehr Nachkommen hervor, als zum Erhalt der nächsten Generation nötig sind (Abb. 15

14
Verwandtschaftsverhältnisse wichtiger Gruppen der modernen Primaten.

Die unsicherste Stellung in diesem System besitzen die Koboldmakis (Tarsier), die von einigen in die Nähe der Lemuren und Loris gestellt werden, von anderen in die Nähe der Tieraffen und Menschenaffen.
Zeichnung von Diana Salles; Rekonstruktion aus «The Human Odyssey» von Ian Tattersall (Prentice Hall, 1993).

und 16). Würde sich jedes Individuum mit gleichem Erfolg vermehren, hätte die Welt in kurzer Zeit bald nur noch Stehplätze. In seiner Veröffentlichung der Linné-Gesellschaft berechnete Wallace, daß, selbst bei vorsichtigen Schätzungen der Fortpflanzungsraten, ein einziges Vogelpaar in nur 15 Jahren potentiell 10 Millionen Nachkommen produzieren könnte. Um das gleiche zu veranschaulichen, wählte Darwin mit typischer Vorsicht Elefanten aus, welche zu den Arten mit der geringsten Fortpflanzungsrate gehören. Er stellte fest, daß ein einziges Elefantenpaar mit einer Lebenserwartung von 60 Jahren und einem Geburtenabstand von 10 Jahren nach nur 750 Jahren 19 Millionen Nachkommen hätte, wenn alle Bedingungen konstant blieben. Die Welt ist aber nicht von Vögeln und Elefanten übervölkert. Wie sich zeigt, bleiben die Populationen von Lebewesen normalerweise relativ stabil, weil überzählige Tiere durch frühen Tod oder geringeren Reproduktionserfolg aus der Fortpflanzungsgemeinschaft verschwinden.

Darwins und Wallaces kritische Beobachtungen ergaben folgendes: Wenn einige vererbte Eigenschaften die Überlebensfähigkeit und den Fortpflanzungserfolg ihrer Besitzer in einer gegebenen Umwelt fördern und andere im Vergleich schlechter sind, wird die begünstigte Eigenschaft im Laufe der Zeit in der Art häufiger, während die nachteilige Eigenschaft verschwindet. Im Verlauf der Generationen häufen sich so physische Veränderungen in Arten an – einfach als Ergebnis von unterschiedlichem Fortpflanzungserfolg. Dieser Vorgang wird vom Begriff «natürliche Selektion» umschrieben. Da der Fortpflanzungserfolg stark davon abhängt, wie gut Individuen in ihrer Umgebung überleben

15 *links*
Alfred Russel Wallaces Haus auf Ternate, Molukken.

In diesem einfachen Haus erkannte Wallace während eines Malaria-Anfalls im Februar 1858 die Evolution durch natürliche Selektion. Die Fahnen vor dem Haus sollen jedoch nicht an dieses denkwürdige Ereignis erinnern, sondern sind Teil eines modernen religiösen Festes
Foto von Ian Tattersall

16 *rechts*
Sandweg bei Down House – dem Haus von Charles Darwin in Sussex, England.

Auf diesem von Darwin als «mein Denk-Weg» bezeichneten Weg, dachte er auf Spaziergängen tief über Probleme nach, die sich im Laufe seiner Forschungen stellten
Foto von Connie Barlow

können, fördert die natürliche Selektion normalerweise wirkungsvolle Anpassungen von Populationen an diese Umwelten.

Da er im christlich-viktorianischen England lebte, stand Darwin nicht nur vor dem Problem, einen überzeugenden Mechanismus für Evolution zu finden. Um seine Erkenntnis der evolutiven Änderungen zu verbreiten, mußte er die vorherrschende Idee der Unveränderlichkeit der Arten bekämpfen, die im christlichen Dogma begründet war. Arten sind die *Grundeinheiten* der Organismen. Während wir sie heute als Fortpflanzungsgemeinschaften betrachten – die größte Population, in der erfolgreiche Fortpflanzung möglich ist – betrachtete man die Arten zu Darwins Zeiten mehr oder weniger als idealisierte Typen, zu denen alle Mitglieder – wenn auch nicht perfekt – passen mußten. Arten waren genauso, wie sie existierten, vom Schöpfer der Erde zugeteilt worden, und man erwartete, daß sie auch so bleiben würden. Darwin mußte natürlich einräumen, daß Arten etwas räumlich Reales waren – obwohl ihm offensichtlich die praktischen Schwierigkeiten bekannt waren, denen man häufig begegnet, wenn man sie definieren will. Die Vorstellung der natürlichen Selektion gab ihm jedoch die Möglichkeit, die Annahme der Unveränderlichkeit von Arten abzulehnen. Er sah, daß Arten durch allmähliche adaptive Änderungen über Generationen hinweg keine getrennte Einheiten mehr waren, sondern vielmehr als Teile von sich ständig wandelnden Fortpflanzungslinien: Im Verlauf der Zeit verschwanden sie einfach, indem sie sich veränderten.

Darwin nannte sein großes Werk «On the Origin of Species» («Entstehung der Arten»), aber er vermied recht erfolgreich die im Titel unterschwellig enthaltene Frage. Neue Arten mußten durch Aufspalten der Fortpflanzungslinie entstehen, aber Darwin konzentrierte seine Aufmerksamkeit – und die anderer Forscher – auf physische Veränderungen *in* den Linien. Durch diesen Kunstgriff ging die wirkliche Frage nach dem Ursprung der Vielfalt fast verloren, eine Unterlassung, für die – meines Erachtens – die Paläoanthropologie noch heute, 150 Jahre danach, einen hohen Preis zahlen muß. Technische Probleme mit der klassischen darwinistischen Sichtweise blieben auch zu jener Zeit nicht unbemerkt. So äußerte nur ein Jahr nach dem Erscheinen der «Entstehung der Arten» Darwins Freund und Verteidiger Thomas Henry Huxley große Zweifel daran, daß die natürliche Selektion neue Arten hervorbringen könne, weil ihm kein einziger Fall bekannt war, bei dem die analoge künstliche Selektion durch Tierzüchter innerhalb einer bestehenden Art eine «andere Gruppe hervorgebracht hätte, die auch nur in Ansätzen mit der Ausgangsart nicht fortpflanzungsfähig gewesen wäre.» Diese Beobachtung war der erste klare Hinweis, daß die klassischen Vorstellungen Darwins vom Evolutionsprozeß unvollständig waren. Erst über 100 Jahre später sollte ihre Bedeutung voll verstanden werden.

 Die Synthetische Theorie

Die von Darwin und Wallace gemachte Entdeckung der natürlichen Selektion und der damit einhergehenden Anpassung stellte eine außerordentliche Geistesleistung dar, die eine elegante und einfache Erklärung für die zuvor verwirrend komplexe Organisation der Natur bot. Ein tieferes Verständnis der Evolutionsmechanismen war jedoch erst nach der Entdeckung der Grundlagen der Vererbung möglich, die weitgehend in den ersten Jahrzehnten unseres Jahrhunderts erfolgte. Vererbung körperlicher Merkmale kommt nicht – wie im 19. Jahrhundert angenommen – durch völliges «Vermischen» der Eigenschaften der Eltern zustande. Statt dessen werden Eigenschaften durch vollständige Einheiten – Gene – von Generation zu Generation an die Nachkommen weitergegeben, wobei sie nicht immer im Erscheinungsbild ihres Trägers ausgeprägt sind. Die Gene bleiben solange intakt, als keine Mutationen – genaugenommen Kopierfehler – auftreten, die der natürlichen Selektion neue Varianten zur Verfügung stellen. Da sexuell fortpflanzende Organismen von jedem Elternteil die Hälfte ihrer Gene erhalten und viele Merkmale von zahlreichen Genen beeinflußt werden, stellt die genetische Neukombination bei der Produktion weiterer Generationen eine zusätzliche Quelle von Varianten dar, die begünstigt oder eliminiert werden können.

Nachdem erst einmal die grundlegenden Gesetze der Vererbung formuliert waren, öffnete sich der Weg für Biologen zu erforschen, wie Gene und das Evolutionsphänomen zusammenpassen. Wie zu erwarten, waren die ersten Jahre dieses Prozesses eine Zeit großer Meinungsverschiedenheiten – ja sogar Konfusionen. Alle Beteiligten entdeckten Wege in ein neues wissenschaftliches Forschungsgebiet, und ihre Intuitionen führten in viele verschiedene Richtungen. Einige Genetiker dachten z. B., daß der Mutationsdruck durch eine Ansammlung kleiner Genveränderungen evolutive Entwicklungen vorantreiben würde. Andere sahen den Ursprung neuer Arten in «Quantensprüngen» und begründeten dies mit «Abweichlern» (Individuen, die plötzlich [starke] Abweichungen von der Norm zeigen), die gelegentlich bei Arten auftreten. Bemerkenswerterweise wurde in der daraus resultierenden heftigen Debatte natürliche Selektion weitgehend abgelehnt. Es dauerte einige Jahrzehnte, bis man einen allgemeinen Konsens erreichte und die natürliche Auslese wieder ernsthaft diskutiert wurde. Nachdem R. A. Fisher und J. B. S. Haldane in England und Sewall Wright in Amerika nach der Mitte der dreißiger Jahre die Grundlagen der modernen Populationsgenetik formuliert hatten, kam man – zumindest in der englischsprachigen Welt – zu einer Theorie, die nahezu alle Biologen unterschreiben konnten. Die Erleichterung darüber, daß man endlich Hoffnungen auf Problemlösungen hatte, war vermutlich dafür verantwortlich, daß die neue Sicht sich so schnell ausbreitete.

Überschwenglich «Synthetische Evolutionstheorie» getauft, kombinierte dieses ausgezeichnete, einfache neue Modell des Evolutionsprozesses die Erkenntnisse der natürlichen Selektion mit Verschiebungen von Genfrequenzen in Populationen und befriedigte dadurch sowohl die Naturforscher (die sich mit der Vielfalt der lebenden Natur beschäftigten und die man bisher immer «Systematiker» genannt hatte) als auch die Genetiker. Eine der überzeugendsten Theorien, die diese zwei Themen verband, wurde von dem Genetiker Sewall Wright vorgeschlagen, der metaphorisch von der «adaptiven Landschaft» sprach: Jedes Individuum in jeder Population besitzt eine einzigartige Genkombination (Genotyp), und einige dieser Kombinationen produzieren in bestimmten Umwelten überlebensfähigere und fortpflanzungsfähigere Nachkommen als andere. Wright konstruierte das Äquivalent zu einer topographischen Karte, in der die Konturlinien nicht Punkte gleicher Höhe, sondern gleicher Fitness (die Fähigkeit zu überleben und sich fortzupflanzen) miteinander verbanden. Auf den Hügeln fanden sich die erfolgreicheren Genotypen, während die weniger fitten die Täler bewohnten. Aus Wrights Sicht stand jede Art vor dem Problem, die Anzahl der Hügelbewohner möglichst hoch und die der Talbewohner möglichst klein zu halten, eine Vorstellung, die sich unausweichlich aus der natürlichen Selektion ergab. (Wright erkannte jedoch, daß auch Zufallswirkungen, die er «Gendrift» nannte, die Verteilung von Genotypen beeinflussen konnten.)

Wrights Metapher, die natürliche Selektion und Verteilung von Genotypen passend miteinander verband, erwies sich als außergewöhnlich wirksam. Einige bedeutende Evolutionsbiologen nahmen sie auf und bauten sie auf verschiedene Weise aus, dies besonders, um zu erklären, wie natürliche Selektion auf lange Sicht nicht nur Veränderungen in den Abstammungslinien hervorrufen kann, sondern auch jene Sprünge, die in der Natur so häufig sind. Unter komplexen Organismen stellt – wie Darwin schon zugeben mußte – jede Art eine eigene genetische Einheit dar, die mit keiner noch so nah verwandten Art genetisches Material austauschen kann. Die Hügel in Wrights Landschaft betrachtete man schließlich als ökologische Nischen, an welche die sie besetzenden Arten gut angepaßt waren. Arten versuchen sich nach dieser Vorstellung an die Hügel zu klammern und das feindliche Gebiet der Täler zu meiden. Die Landschaft wurde jedoch nicht als statisch angesehen: in den Worten des Paläontologen George Gaylord Simpson war sie «wie eine bewegte See». Die natürliche Selektion mußte permanent arbeiten, um die Arten auf diesen Hügeln zu halten, die unter ihnen verrutschten, wenn die Umwelt sich änderte; manchmal spaltete sich ein Hügel und trug zwei Populationen einer Art in verschiedene Richtungen weg. Dadurch, daß auf jedem neuen Hügel andere Selektionsbedingungen herrschten, war das Entstehen neuer Arten offenbar unvermeidbar.

Auf diese Art reduzierten die Schöpfer der «Synthetischen Theorie» die vielen Ebenen der evolutiven Änderung (Veränderungen innerhalb der Art, Artaufspaltung und die Bildung größerer Gruppen) auf die Tätigkeit eines einzelnen Mechanismus. Evolution sah man als abgestuften und andauernden Prozeß, der über riesige Zeiträume abläuft und im wesentlichen aus der Ansammlung vieler winziger genetischer Mutationen (und im Fall der sexuellen Fortpflanzung der Rekombination) besteht. Steht genug Zeit zur Verfügung, kann die Summe solcher kleinen Effekte große evolutive Änderungen bewirken. Diese Veränderungen laufen unter der richtenden Wirkung der natürlichen Selektion ab, indem Umweltfaktoren einige Varianten bevorzugen und andere benachteiligen. Schließlich (und womöglich am problematischsten) bildet dieser Vorgang der schrittweisen Ansammlung kleiner genetischer Änderungen auch den Ursprung der biotischen Vielfalt, wenn Fortpflanzungslinien sich unter dem Einfluß der Umwelt auftrennen. Selbst Paläontologen, welche die Fossilbestände studiert hatten und so zu den Wächtern des Archivs der evolutiven Entwicklung geworden waren, verfielen der Verführung der «Synthetischen Theorie» bald. Es gab nur noch wenige standfeste Traditionalisten, nachdem Simpson – einer der führenden Wirbeltier-Paläontologen jener Tage – in seinem 1944 veröffentlichten Buch *«Tempo and Mode in Evolution»* und in späteren Werken brillant für die neue Synthese argumentiert hatte. Die «Synthetische Theorie» wies den Paläontologen bei der Weiterentwicklung der Evolutionstheorie jedoch die Plätze in der letzten Reihe zu. Die Genetiker und zu einem geringeren Anteil die Systematiker besaßen die Schlüssel zum Evolutionsgeschehen; alles, was den Paläontologen übrigblieb war, die im wesentlichen bürokratische Aufgabe zu belegen, daß das Leben wirklich so abgelaufen war, wie die Theorie behauptete.

Forscher, welche die menschlichen Fossilien studierten, waren von der «Synthetischen Theorie» genauso fasziniert wie alle anderen Paläontologen. Als Zuschauer in der Debatte über die Evolutionsmechanismen waren sie von der Theorie, nachdem sie einmal etabliert war, wahrscheinlich noch stärker berührt. Sie waren sicher mehr als bereit zuzuhören, wenn zwei der prominentesten Autoren der Theorie, der Genetiker Theodosius Dobzhansky und der Systematiker Ernst Mayr, ihre neuen Erkenntnisse weitergaben. Die Synthese hatte sich weitgehend aus dem entwickelt, was Mayr «Populationsdenken» nannte: die Einsicht, daß Arten nicht aus Individuen bestehen, die mehr oder weniger gut mit einem zugrundeliegenden Archetypen übereinstimmen, sondern aus Gruppen von einzigartigen Individuen und Populationen. Es gibt keinen «Idealtyp», an dem man das Individuum messen könnte. Die meisten Arten bestehen in der Tat aus bestimmten, aber variablen Populationen, die nicht durch ihr Aussehen verbunden sind, sondern durch die Zugehörigkeit zu einer Fortpflanzungsgemeinschaft. Aufgrund dieser Beobachtung stellte Dobzhansky um 1944 die Theorie auf, der Peking- und der Java-Mensch (ausgestorbene Menschenformen, die viel entfernter mit uns verwandt sind als die Neandertaler) fielen in den Variationsbereich von *Homo sapiens*. Sechs Jahre später behauptete Mayr, daß aus seiner Sicht die Australopithecinen (noch entfernter mit uns verwandt) in unsere Gattung *Homo* einzuschließen seien.

Die Entwicklung des Populationsdenkens war begrüßenswert, es bildet bis heute die Grundlage evolutionstheoretischer Überlegungen. In der Rückschau sind Dobzhanskys und Mayrs Vorschläge zu den menschlichen Fossilien nur zwei Beispiele von vielen für ein recht verbreitetes, menschliches Verhalten: Den Drang, eine gute Idee dadurch lächerlich zu machen, daß man sie überinterpretiert. Trotz alledem wirkten diese Gedanken auf die damaligen Paläontologen, denen allmählich zur Last wurde, daß nahezu jedes menschliche Fossil einen eigenen Gattungs- und Artnamen trug, wie ein frischer Wind, den man willkommen hieß.

Wir werden die Diskussion in Kapitel 5 fortsetzen. Hier reicht es festzuhalten, daß die Paläoanthropologie genau wie andere Bereiche der Evolutionsforschung vollständig unter den Einfluß der Synthetischen Theorie geriet. Sie war für Evolutionsbiologen so beeindruckend, daß es mehrere Jahrzehnte dauerte, bis man bemerkte, daß ihre Einfachheit – so verführerisch sie auch war – ein unvollständiges Bild der Evolutionsprozesse bot. Im nachhinein überrascht es nicht, daß die ersten zaghaften Kritiker aus dem Lager der Paläontologie kamen, dem Fachbereich, den die Synthetische Theorie zum unbedeutenden Bereich der Evolutionstheorie gemacht hatte.

Arten und das Durchbrochene Gleichgewicht

Nicht alle Paläontologen hatten sich der Synthese verschrieben, und vielen war über Jahre in Ansätzen klar, daß Arten eher plötzlich entstanden und verschwanden, als sich über lange Zeiträume langsam zu verändern. Trotz alledem erklärten die Fossilienforscher diese Beobachtung – wie seit Darwins Zeiten – mit der legendären Unvollständigkeit des Fossilbestandes: Die erwarteten Zwischenformen waren einfach noch nicht gefunden. Natürlich sind Fossilbestände unvollständig, und sie werden es immer sein. Nur ein geringer Anteil aller jemals existierenden Lebewesen blieb erhalten und kann von Paläontologen entdeckt und untersucht werden. Um uns jedoch eine zuverlässigere Vorstellung der Evolutionsmuster zu geben, muß der Fossilbestand eigentlich bei weitem nicht vollständig sein. Tatsache ist, daß die Belege gar nicht so unvollständig sind.

Zwei junge Wirbellosen-Paläontologen, Niles Eldredge und Stephen Jay Gould, entdeckten dies und schlugen 1972 vor, daß wir morphologische Lücken im Fossilbestand als Spiegelbild wirklicher Abläufe verstehen sollten, statt einfach als Ergebnis der Unvollständigkeit. Um die traditionelle Sicht, die sie «Phyletischer Gradualismus» nannten, zu ersetzen (oder zumindest zu ergänzen), schlugen sie ein alternatives Modell des Evolutionsprozesses vor, das sie «Durchbrochenes Gleichgewicht» tauften (Abb. 17). Um es kurz zu machen, Eldredge und Gould betonten, daß unter den Tierfossilien, die sie un-

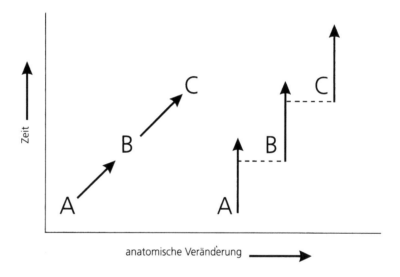

**17
Zwei mögliche Wege der Evolution.**

Das linke Beispiel steht für «Phyletischen Gradualismus», bei dem Arten sich in kleinen Schritten zu neuen Arten umformen. Im Gegensatz dazu sieht das Modell des «Durchbrochenen Gleichgewichts» (rechts) Veränderungen als kurzfristige Ereignisse an, wobei Arten langfristig stabile Einheiten darstellen, aus denen in kurzer Zeit neue entstehen.
Zeichnung von Diana Salles, nach Ian Tattersall «The Human Odyssey» (Prentice Hall, 1993)

tersuchten – Trilobiten (uralte wirbellose Meeresbodenbewohner) und Landschnecken von Bermuda – eine überraschende Stabilität der Arten bemerkbar war. Ihre recht umfangreichen Fossilbestände zeigten über lange Zeiträume nicht die erwarteten graduellen Abwandlungen. Statt dessen erschienen bestimmte Arten plötzlich und existierten dann über einen längeren Zeitraum hinweg mehr oder weniger unverändert (im Fall der Trilobiten einige Millionen Jahre). Gelegentlich verschwanden diese Arten aus dem Fossilbestand genauso schnell, wie sie aufgetreten waren und wurden durch nahe Verwandte ersetzt. Neue Arten entstehen am häufigsten aus isolierten Populationen (vorhandener anderer Arten) mit eingeschränkter geographischer Verbreitung. Selten sind sie an den Stellen entstanden, wo man ihre Fossilien findet. Dieses Muster des plötzlichen Auftretens und Verdrängtwerdens schien in weiten Bereichen der Paläontologie zuzutreffen; die Annahme der schrittweisen Abwandlungen ließ sich durch die paläontologischen Erfahrungen einfach nicht bestätigen und konnte nicht länger durch die «traurige» Unvollständigkeit des Fossilbestandes gerechtfertigt werden. Auf diese Weise wurden Thomas Henry Huxley's Zweifel von vor mehr als einem Jahrhundert schließlich voll bestätigt.

Arten erschienen jetzt als an Raum und Zeit gebundene Einheiten mit einem Ursprung, einer Überlebensdauer und dem schließlichen Aussterben. Und der größere Abschnitt des Überlebens war dadurch gekennzeichnet, daß sie sich *nicht* änderten, ein Phänomen, das Eldredge und Gould «Stasis» nannten. Diese Erkenntnis führte zu einem genauso schwierigen wie bekannten Problem: Wenn Arten nicht einfach das passive Ergebnis langsamer Ansammlungen ad-

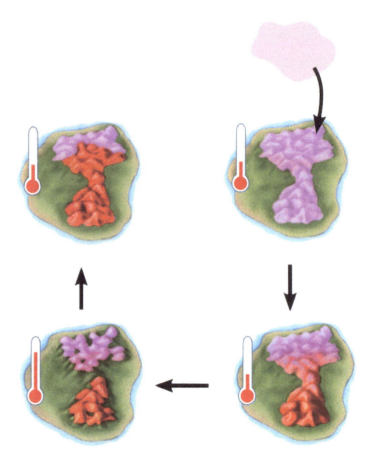

**18
Stadien im Ablauf der allopatrischen Artbildung.**

Von oben rechts: Eine Art besiedelt einen neuen Lebensraum (hier eine Insel). Sie besiedelt schnell alle kühlen Bergregionen und meidet das warme Tiefland. Steigt die Temperatur, wird die Population in zwei Teile aufgetrennt, da sich kühle Gebiete nur noch auf den Berggipfeln finden. Jede Teilpopulation macht eigene evolutive Änderungen durch, wodurch sie von der anderen sexuell isoliert werden kann. Kühlt das Klima erneut ab, breiten sich die Populationen wieder aus, treffen aufeinander, können sich aber nicht mehr miteinander vermehren. Statt dessen stehen sie in Konkurrenz zueinander, und eine verdrängt die andere.
Zeichnung von Diana Salles.

aptiver Veränderungen waren, wie die klassische Darwinsche Sicht es vermutete, wie entstanden sie wirklich? Um den Ursprung der Arten zu erklären, griffen Eldredge und Gould einen Gedanken auf, der weitgehend vom Hauptvertreter der Synthetischen Theorie, Ernst Mayr, entwickelt worden war. Als Systematiker waren ihm Unstetigkeiten in der Natur – die Unterschiedlichkeiten der Arten – genau bekannt und die Frage nach deren Ursprung berührte ihn tief. Auf der Suche nach einer Antwort stellte er das Modell der allopatrischen Artbildung auf, das von der Tatsache ausgeht, daß alle weitverbreiteten Arten aus einer Serie von lokalen Populationen bestehen (Abb. 18). Oft unterscheiden sich diese Populationen bis zu einem gewissen Grad physisch voneinander – das Ergebnis von Zufallswirkungen oder von lokalen Anpassungen unter natürlicher Selektion. Derartige Populationen bezeichnet man häufig als «Unterarten» mit eigenem wissenschaftlichen Namen. Diesen bildet man dadurch, daß man an die ersten zwei Namen (Gattungs- und Artname) einen dritten Namen anhängt. So lautet für diejenigen, die glauben, daß der Neandertaler eine Unterart unserer eigenen Art ist, der richtige Name: *Homo sapiens neanderthalensis*.

So sehr sich lokale Populationen derselben Art auch im Aussehen unterscheiden, können sie sich doch verpaaren, wenn ihre Verbreitungsgebiete sich treffen. Wo derartige Populationen aber getrennt sind – d.h. wo sie allopatrisch leben –, können genetische Unterschiede entstehen, die zwischen ihnen zur sexuellen Isolation führen. Passiert dies, existieren zwei Arten, wo vorher nur eine lebte. Dabei muß man beachten, daß der genetische Umbau, der sexuelle Isolation hervorruft, nicht notwendigerweise – oder überhaupt nicht – die gleiche Art von genetischer Änderung ist, die physische Abwandlungen bewirkt.

Beide Veränderungsformen können gleichzeitig oder nacheinander auftreten; normalerweise treten physische Unterschiede zwischen zwei Populationen auf, die sich zu getrennten Arten entwickeln. Zum kritischen Test kommt es immer dann, wenn diese zwei Arten wieder Kontakt zueinander aufnehmen. Paaren sie sich nicht mehr miteinander, ist der Fall klar. Haben sie jedoch keine Mechanismen im Verhalten oder anderen Bereichen entwickelt, die eine Paarung verhindern, wird ihr Art-Status nur dadurch offensichtlich, daß sie keine Nachkommen produzieren können oder die produzierten Nachkommen weniger fruchtbar oder überlebensfähig sind. Kommt kein wirklicher Kontakt zustande, bleibt viel Raum für Diskussionen, ob beide Populationen wirklich zwei getrennte Arten darstellen.

Aus der Sicht der Synthetischen Theorie sah man diesen Vorgang als das passive Ergebnis adaptiver Veränderung in verschiedenen Lebensräumen an, der eine unbestimmte Zeit benötigte. Eldredge und Gould wiesen jedoch darauf hin, daß Artbildung (in geologischen Zeiträumen) ein schneller Vorgang ist, der, im Gegensatz zu den Hunderttausenden oder Millionen Jahren, die Arten nach dem Fossilbestand existieren können, höchstens Jahrzehntausende benötigt. Darüber hinaus sind – wie schon erwähnt – die mit der Artbildung verbundenen genetischen Änderungen nicht zwangsläufig auch die, welche mit der Ansammlung kleiner adaptiver Änderungen einhergehen. Dies ist leicht erkennbar, wenn man bedenkt, daß einige nah verwandte Arten optisch oft schwer voneinander zu unterscheiden sind (besonders in den Skeletteilen, die fossil erhalten sind), während andere Populationen große morphologische Unterschiede ausbilden, ohne jedoch zu getrennten Arten zu werden – genau dies hatte Huxley seinerzeit betont. Auch der Paläontologe Otto Schindewolf erwähnte später diese Schwierigkeiten, war aber nicht in der Lage, seine Beobachtungen in ein überzeugendes allgemeines Bild der Evolutionsprozesse einzubeziehen.

Selbst heute ist Artbildung sicherlich noch die «black box» der Biologie. Gerade weil graduelle Verschiebungen der Genfrequenzen und die Ansammlung von Mutationen durch natürliche Selektion sich in mathematischen Modellen und Manipulationen in genetischen Experimenten fassen lassen, wissen wir ziemlich viel darüber, wie adaptive Veränderungen in Arten entstehen können. Aber wir haben das Spektrum genetischer Ereignisse, die zur Artbildung führen, noch nicht voll verstanden, obwohl klar ist, daß eine Fülle verschiedener Vorgänge in die Entstehung sexueller Isolation eingebunden sind. Diese können von kleinen Veränderungen der DNA-Moleküle, welche die Vererbung kontrollieren, über Änderungen der Chromosomen (die Strukturen im Zellkern, in welchen die DNA verpackt ist) bis hin zu größeren Abwandlungen reichen, die z. B. die Individualentwicklung oder Verhaltensmuster steuern, die für die innerartliche Verständigung zuständig sind. Was auch immer im Einzelfall die Artbildung vorantreibt, wir wissen, daß sie im Vergleich zu geologischen Dimensionen ein kurzzeitiges Ereignis darstellt. Wir wissen auch, daß sie im Vergleich zu Anpassungsvorgängen eher zufällig abläuft.

Diese Erkenntnisse unterscheiden sich von der klassischen Darwinschen Sicht natürlich stark. In den frühen Tagen der Theorie des «Durchbrochenen Gleichgewichts», als Biologen gerade das sprachliche Gerüst dieser neuen Sichtweise errichteten, wurden Eldredge und Gould oft beschuldigt, die Erkenntnisse von Anpassung und Selektion abzulehnen. Diese Vorwürfe waren ungerechtfertigt: Die Frage war und ist, auf welcher Ebene natürliche Selektion und Anpassung vor sich gehen. Diese Prozesse finden auf der Ebene der Populationen und nicht der ganzen Art statt. Wie wir sahen, bewohnt eine weitverbreitete Art eine Reihe von mehr oder weniger verschiedenen Biotopen, und das ökonomische Geschäft von Überleben und Reproduktion wird durch lokale Bedingungen beeinflußt. Durch die Antwort jeder Population auf lokal-spezifische Gegebenheiten werden viele genetische Neuigkeiten in Lokalpopulationen fixiert, dies läuft – wie Genetiker schon lange wissen – in kleinen Populationen leichter ab. Aus dieser Sicht gibt es für die allopatrische Artbildung einen wichtigen Schluß: Wenn neue Arten aus alten entstehen und die Artbildung – wenn überhaupt – nicht zu großen sichtbaren Veränderungen führt, müssen neue Arten sich von ihren Ursprungsarten nicht stark unterscheiden. Diese Ähnlichkeit im äußeren Bild macht es oft so schwer, Arten optisch voneinander zu trennen. Dies gilt sowohl für die lebende Welt als auch für den Fossilbestand, wo die Differenzierungsmöglichkeiten viel eingeschränkter sind. Daher sind Unterschiede in der Fossilaufzeichnung zwischen neu auftretenden und verschwindenden, nahe verwandten Arten nur schwer zu entdecken, was wiederum leicht dazu führt, daß man den Artenwechsel für schrittweise Veränderungen hält. Die Tatsache, daß die Konkurrenz zwischen neuen Arten und ihren «Eltern» oder anderen nahen Verwandten Entwicklungstrends wie z. B. Zunahme der Hirngröße bei Menschen oder Reduktion der Zehenzahl bei Pferden fördert, schafft eine weitere Komplikation. Derartige Trends können als langsame, schrittweise Abwandlung fehlgedeutet werden.

Die Vorstellung einer langsamen, gerichteten, äonenlangen Veränderung, indem Entwicklungslinien ihre Umweltanpassung verbessern oder sich an langsam verändernde Bedingungen anpaßen, widerspricht unserem Wissen über Umweltstabilität und Zeitläufe. Umwelten bleiben über geologische Zeiten weder stabil noch ändern sie sich langsam. Klimaänderungen und Lebensräume ändern sich gewöhnlich kurzfristig; unter diesen Bedingungen gibt es einfachere Alternativen als die Anpassung an die Veränderung. Z. B. kann man in einen passenderen Lebensraum abwandern oder – im schlimmsten Fall – aussterben. Gleichzeitig schaffen Klimaveränderungen genau diejenigen Voraussetzungen, welche die Artbildung (wenn Lebensräume in Teile zerfallen) und das Aussterben (wenn Lebensräume wieder verschmelzen und vormals getrennte Arten wieder aufeinandertreffen und untereinander in Konkurrenz geraten) begünstigen. Im zweiten Fall werden Arten durch Wettbewerb auf ähnliche Weise ausselektiert wie Individuen durch die natürliche Auslese, wobei sie die oben erwähnten Trends verursachen, die man häufig für einen überzeugenden Beleg der klassischen Darwinschen Sicht von Evolution hält.

Sicherlich sind Arten zwischen Auftreten und Verschwinden nicht statisch. Über die Zeiten ihrer Existenz verändern sie sich – wie wir gesehen haben – lokal, was zumindest ermöglicht, daß Geschwisterarten unterschiedliche morphologische Entwicklungen einschlagen. Aber ich betone noch einmal, Arten werden nicht mit gerichteten Veränderungen auf dauernden Selektionsdruck antworten, wenn ihre Umwelten statisch bleiben, und diese Umweltstabilität hat es für menschliche Populationen in den letzten paar Millionen Jahren oder länger nicht gegeben. Weiterhin trifft jede sich ausbreitende Art auf neue Umweltanforderungen. Vor diesem Hintergrund können wir die Evolutionsbedingungen verstehen, unter denen der Neandertaler entstand.

Die Periode, in der sie lebten – die letzte Eiszeit – war auch in ihrem eurasischen Heimatland von starken Schwankungen der Umweltbedingungen und ebensolchen geographischen Veränderungen geprägt. In dieser Zeit fiel und stieg mit Ausbreitung und Abschmelzen der Eiskappen der Meeresspiegel, trennte Inseln vom Festland ab und verband sie wieder damit. Vegetationszonen verschoben sich nach Norden und Süden und Höhenstufen in Gebirgen nach oben und unten. Die Gletscher dehnten sich über eine vorher von Menschen bewohnte Landschaft aus und ließen nur kleine bewohnbare Areale übrig, die durch schmale Korridore verbunden waren; dann zogen sie sich erneut zurück und gaben das Land wieder frei. Da dies genau die Bedingungen sind, unter denen Artenbildung sowie Konkurrenz unter neuen Arten auftritt, ist zu erwarten, daß der Fossilbestand des Menschen aus dieser Zeit viel komplizierter ist, als sich althergebrachte paläontologische Weisheit, die auf klassischen Darwinschen Theorien beruht, eingestehen möchte. Dieser Gedanke wird dadurch unterstützt, daß wir in diesem Zeitraum größere morphologische Veränderungen im Fossilbestand des Menschen finden, während die Unterschiede bei sehr nahe verwandten Arten ziemlich klein bleiben. Vermutlich haben sich also mehr Arten ausgebildet, als wir bisher vermutet haben, so daß im Fossilbestand eine Fülle ausgestorbener Menschenarten zu erwarten ist. Es könnte sich tatsächlich herausstellen, daß *Homo neanderthalensis* einfach eine – wenn auch die bestbekannte – von einer größeren Gruppe verwandter Arten war, die im Verlauf der Eiszeit in Europa und im Nahen Osten entstanden. Nach der traditionellen Theorie haben wir jedoch genau das Gegenteil erwartet.

So kommen wir wieder zu dem Thema zurück, das ich am Anfang des Kapitels angesprochen habe. Diese kurze Geschichte der Evolutionstheorie stellt nicht nur den Hintergrund für die Sicht auf die Neandertaler dar, die ich persönlich vertrete, denn die Kenntnis um die «Evolution» der Theorie der Evolutionsprozesse ist der Schlüssel zum Verständnis dafür, wie Paläoanthropologen im allgemeinen die Neandertaler interpretiert haben – und weiterhin interpretieren. Dies stimmt auch für die übrigen Fossilien des Menschen, mit denen wir uns in Kapitel 4 beschäftigen wollen.

Fossilien, Daten und Geräte

Die Neandertaler «überleben» als Fossilien, als ein fester Bestandteil der geologischen Ablagerungen, die – wenn auch unvollständig – die Geschichte der Erde und des Lebens dokumentieren. Fossilien sind im wahrsten Sinne des Wortes die Grundlagen der Lebensgeschichte. Und wie in jeder Geschichte müssen Ereignisse datiert werden, damit wir – selbst wenn wir die exakten Daten nicht kennen – wissen, in welcher Reihenfolge sie auftraten. Bevor wir also die Grundlagen für ein Verstehen der Neandertaler zusammentragen, indem wir ihre Vorläufer betrachten, wollen wir vorher kurz erklären, was Fossilien sind und wie man sie datiert.

Was sind Fossilien?

Ein Fossil kann jeder Hinweis auf vergangenes Leben sein. Alte Fußspuren sind z. B. Fossilien. Die überwiegende Mehrheit von Wirbeltier-Fossilien besteht aber aus harten Überresten toter Tiere, hauptsächlich Knochen und Zähnen. Derartige Körperteile widerstehen nach dem Tode ihres Besitzers den zerstörerischen Kräften auf der Erdoberfläche am besten. Der Kadaver eines Tieres kann von vielen Dingen zerstört werden; so fallen Tiere z. B. Raubtieren zum Opfer, die ihre Muskeln, Eingeweide und andere weiche Körperteile fressen und die auch die Knochen zerkauen können. Tun sie es nicht, übernimmt diese Aufgabe wahrscheinlich ein Aasfresser. Diese fressen selbstverständlich auch die eines natürlichen Todes gestorbenen Tiere, es sei denn, sie starben an einem besonders geschützten Ort. So sind die Knochen toter Tiere oft schon zerlegt und in der Landschaft verstreut, bevor Wind und Wasser ihre destruktive Tätigkeit beginnen. Um überhaupt erhalten zu bleiben, müssen sie von schützenden Ablagerungen, z. B. in Sümpfen oder am Ufer von Seen und Flüssen, bedeckt werden. Sind die Sedimente von der richtigen Beschaffenheit (z. B. nicht zu sauer) und wachsen sie weiter an, werden die Knochen in die sich aufschichtenden Gesteine eingeschlossen, und ihre Inhaltsstoffe werden durch eindringende Mineralien ersetzt; diesen Prozess nennt man Fossilisierung.

Die meisten Fossilien bleiben im Boden und kommen nie wieder ans Tageslicht. Diejenigen, die gelegentlich der kritische Blick des Wissenschaftlers trifft, stellen nur einen Bruchteil aller Fossilien dar, die durch Erosion wieder an der Oberfläche erscheinen. Da Fossilien an der Erdoberfläche wiederum durch Erosion zerstört werden, findet man nur einen Teil von ihnen. Sie müssen daher in der kurzen Zeit, bevor sie ebenfalls zerstört sind, von jemandem, der ihre Bedeutung erkennt, geborgen werden. All die Unwägbarkeiten eingerechnet, die Knochen während dieser langen, komplexen Prozesse widerfahren, ist es nicht überraschend, daß vollständige Skelette sehr selten sind; selbst einzelne Knochen sind selten komplett erhalten. Die am häufigsten entdeckten Säugetierfossilien bestehen aus einzelnen Zähnen (Zahnschmelz ist die härteste Körpersubstanz) oder aus Kieferbruchstücken mit einigen erhaltenen Zähnen (Abb. 19).

Zumindest in jüngeren Evolutionsabschnitten ist der menschliche Fossilbestand ungewöhnlich, da sich Überreste nicht selten in Höhlen finden, wo sie etwas besser vor

19
Untere Backenzähne des Neandertalers aus der Breuil-Grotte (oben) und der Guattari-Grotte (unten), Monte Circeo, Italien.

Zähne sind für Paläontologen wertvoll, da sie aus festem Material bestehen und gut fossilisieren. Die Backenzähne der Neandertaler sind nicht besonders typisch, ihre Kronen sind jedoch – verglichen mit denen des modernen Menschen – im Schnitt größer, ihre Wurzeln sind meist untereinander verwachsen und die Zahnfächer vergrößert. Die Breuil-Fossilien (wahrscheinlich weniger als 40000 Jahre alt) sind, wie andere jüngere Neandertaler-Zähne aus Südeuropa, verhältnismäßig klein.
Mit freundlicher Genehmigung von Giorgio Manzi, Museo di Antropologia «G. Sergi» (Dipartimento di Biologia Animale e dell'Uomo), Universität Rom «La Sapienza».

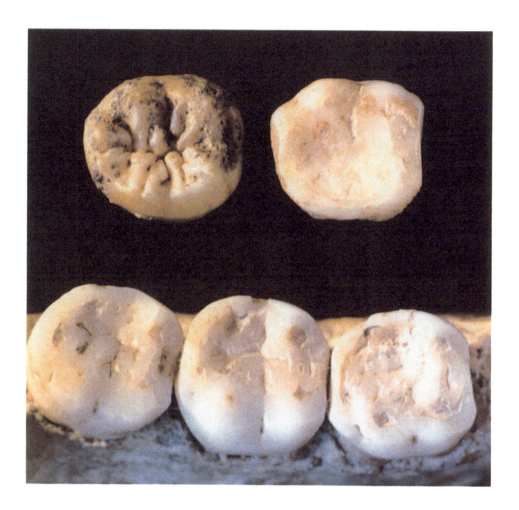

dem Einfluß der Elemente geschützt waren. An manchen Stellen haben Aasfresser oder Raubtiere Knochen, auch Menschenknochen, zusammengetragen; an anderen Stellen boten Höhleneingänge und Felsüberhänge (Abris) Schutz vor Wind und Wetter und damit kurz- oder langfristig attraktive Siedlungsplätze. An solchen Plätzen ist die Erhaltung relativ vollständiger Skelette zwar nicht zwingend, aber wahrscheinlicher als an Freiland-Fundstellen. Die Wahrscheinlichkeit steigt noch, wenn – wie gelegentlich bei Neandertalern – gezielte Begräbnisse vorgenommen wurden.

Relative Datierung

Fossilien finden sich in Sedimentgesteinen, d. h. Felsen, die aus abgelagertem Material bestehen, das wiederum durch Erosion anderer Gesteine entstanden ist. Da Sedimente sich im Laufe der Zeit anhäufen, sind Fossilien aus tieferen Schichten älter als die in höheren. Prinzipiell erlauben diese Fundlagen, Fossilien nach ihrem Alter zu sortieren – ein Verfahren, das man «relative Datierung» nennt, da es keine absoluten Zeitangaben in Jahren zuläßt, sondern nur Aussagen darüber, welches Fossil älter und welches jünger als ein anderes ist. Aber selbst eine relative Datierung eines Fossils ist meistens nicht einfach, da Sedimentfolgen normalerweise lokal begrenzt sind und die interessanten Fossilien an verschiedenen Fundorten auftauchen. Wo man keine direkten physischen Verbindungen zwischen zwei Sedimentfolgen herstellen kann, benötigt man indirekte Hinweise auf eine Korrelation. Da die Verbreitung von Tierarten meist großräumiger ist als diejenige von Rohmaterialien lokaler Sedimente, verwendet man hierfür üblicherweise den Vergleich der in den Sedimenten enthaltenen Fossilien (Abb. 20). Selbst wenn einzelne Arten lange existierten, lassen sich zwei räumlich getrennte Schichten als gleich alt einstufen, wenn sie in einem größeren Teil der Fossilien übereinstimmen. Gleichzeitig kann die Sukzession der Faunen in den örtlichen geologischen Folgen verraten, in welcher zeitlichen Abfolge sie lebten. Obwohl das Zusammentragen dieser Informationen ein ziemlich mühsamer Prozeß ist, stellt es die Basis dar, auf

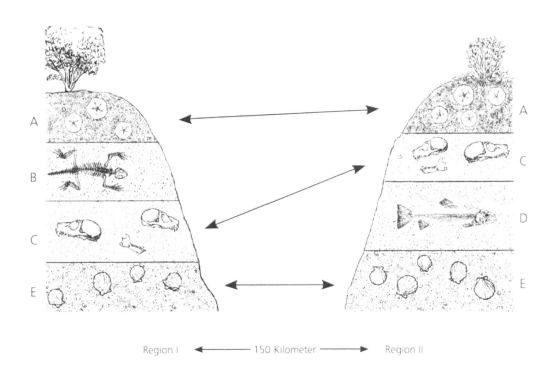

**20
Biostratigraphische Datierung.**

Sedimente wachsen im Laufe der Zeit in die Höhe, enthalten jedoch nicht überall Ablagerungen aus allen Zeitphasen. Das Diagramm veranschaulicht, wie man mit den im Gestein enthaltenen Fossilien aus unvollständigen Folgen verschiedener Fundstellen ein vollständigeres Bild zusammensetzen kann.
Zeichnung von Diana Salles.

der man das eindrucksvolle Gerüst der Geologiegeschichte der Erde errichtet hat. Derartige «biostratigraphische» Datierungen haben gelegentlich für die Anwender der eher «modernen» Datierungstechniken zu überraschenden Ergebnissen geführt.

 Chronometrie

Die Möglichkeit, das Alter von Fossilien in Jahren zu bestimmen, gibt es erst seit der Mitte des 20. Jahrhunderts. Die erste dieser «chronometrischen» Methoden war die in den frühen 50er Jahren entwickelte Radiokarbontechnik. Dieser Ansatz beruht auf der Tatsache, daß alle Lebewesen ein konstantes Verhältnis von radioaktivem (instabilem) und stabilem Kohlenstoff enthalten. Der radioaktive Kohlenstoff «zerfällt» mit einer konstanten Rate in den stabilen Zustand, wird aber, solange der Organismus lebt, immer wieder durch die Nahrung nachgeliefert (Abb. 21). Stirbt ein Lebewesen, beginnt die «radioaktive Uhr» zu ticken, da der radioaktive Kohlenstoff in den Resten des Organismus langsam zerfällt. Da die Menge des zerfallenen Kohlenstoffs mit der Zeit zunimmt, läßt sich durch eine genaue Messung des Verhältnisses von radioaktivem zu stabilem Kohlenstoff bestimmen, wie lange der Tod des Lebewesens zurückliegt. Leider zerfällt radioaktiver Kohlenstoff ziemlich schnell, so daß nach rund 40 000 Jahren zu wenig übrigbleibt, um noch eine genaue Messung zu erlauben. Diese Methode ist daher nur für die späteren Stadien der Humanevolution brauchbar. Zusätzlich ist gerade die Knochendatierung technisch schwierig; bis vor kurzem mußte man hierfür große Mengen einsetzen. Daher hat man menschliche Fossilien meist nicht auf diese Weise datiert, sondern das Verfahren an organischen Materialien angewandt, die man bei den Fossilien gefunden hat, hierbei war Holzkohle besonders beliebt.

Ein Jahrzehnt nach der Einführung der Radiokarbonmethode wurde eine zweite Chronometrietechnik entwickelt. Diese Kalium-Argon-Methode (die inzwischen durch verwandte Techniken verdrängt wurde) beruht auf der Messung von Argon-Gas, das sich bei Zerfall von radioaktivem Kalium in Gesteinen ansammelt (wiederum mit kon-

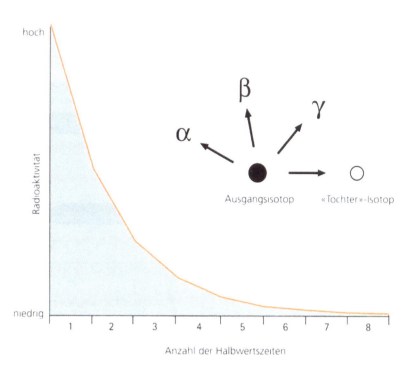

**21
Radioaktiver Zerfall.**

Radioaktive Isotope (instabile Atome eines Elements) zerfallen in stabile «Tochter»-Isotope, indem sie Strahlung, Teilchen oder beides aussenden (oben rechts). Die Geschwindigkeit dieses Zerfalls beschreibt man mit der Halbwertszeit, d. h. derjenigen Zeit, nach der die Hälfte des vorhandenen radioaktiven Materials zerfallen ist. Die Zerfallskurve (links unten) sinkt zunächst stark, später langsamer ab.
Zeichnung von Diana Salles, nach Tjeerd Van Andel, «New Views on an Old Planet. A History of Global Change», 2. Auflage (Cambridge University Press, 1994)

stanter Rate). Obwohl Kalium häufig vorkommt, ist diese Methode aus verschiedenen technischen Gründen praktisch nur für Vulkangestein geeignet. Fossilien lassen sich daher nicht ohne weiteres datieren, und leider sind ungestörte Tuffe (verfestigte vulkanische Ascheschichten) sowie Lavaflüsse seltene Momentaufnahmen der Vergangenheit. Treten Tuffe oder Lava in ungestörten Sedimentschichten auf, kann man sie als «Zeitgenossen» der unmittelbar darüber oder darunter befindlichen fossilführenden Schichten betrachten. Der Nachteil ist, daß radioaktives Kalium sehr langsam zerfällt, so daß sich erst nach längerer Zeit genügend Argon angesammelt hat, um eine genaue Messung zuzulassen. Selbst wenn man also vulkanische Ablagerungen in enger Beziehung zu fossilführenden Gesteinen findet (was bedauerlicherweise nicht häufig vorkommt), lassen sie sich nur dann genau datieren, wenn sie älter als einige hunderttausend Jahre sind.

Lange Jahre klaffte also eine Lücke zwischen der Radiokarbonmethode für jüngeres und der Kalium-Argon-Methode für älteres Material. In diese Lücke fällt leider die Zeit der Neandertaler. In neuerer Zeit hat jedoch eine Fülle neuer Techniken die Altersbestimmung der Ereignisse dieses Zeitraums revolutioniert. Eine der aufregendsten Entwicklungen ist die Thermolumineszenz-Datierung (TL). Diese Methode beruht darauf, daß der Beschuß kristalliner Mineralien durch natürliche radioaktive Strahlung dazu führt, daß freie Elektronen an Fehlstellen der Kristallstruktur eingefangen werden. Nimmt man an, daß alle anderen Faktoren gleich und kontrollierbar sind, ist die Anzahl angesammelter Elektronen proportional zur abgelaufenen Zeit. Natürlich sind Paläoanthropologen nicht daran interessiert, wann die Gesteine selbst entstanden, aber durch Erhitzen und einige andere Vorgänge werden die Elektronenfallen geleert und die «Uhr» auf Null gestellt. Die Zahl der Elektronen, die sich seit dem Zeitpunkt des Startens der Uhr ansammelten, läßt sich aus der Lichtmenge ablesen, die bei erneutem Erhitzen von den wieder frei werdenden Elektronen abgegeben wird, woraus sich das Alter ergibt. Verbrannte Feuersteine, die man in menschlichen Feuerstellen fand, haben sich für diese Datierungsmethode als besonders geeignet erwiesen.

Mit TL lassen sich Datierungen bis in die Zeit vor 150000 Jahren durchführen. Eine verwandte Technik, die unter dem komplizierten Namen Elektronen-Spin-Resonanz (ESR) bekannt wurde, kann uns wahrscheinlich noch weiter in die Vergangenheit zurückführen (Abb. 22). Wie TL arbeitet ESR mit der Ansammlung eingefangener Elektronen, die Messung funktioniert jedoch nicht auf die gleiche Weise. Anders als TL wendet man ESR bei Materialien an, die zeitgleich mit den frühen Menschen entstanden, und nicht bei Objekten, deren Uhren zur Zeit dieser frühen Vorfahren auf Null zurückgestellt

22
Einsatzbereiche faunistischer und chronometrischer Datierungsmethoden.

Einige Datierungsmethoden lassen sich nur für bestimmte Zeiträume einsetzen. Das Diagramm faßt die Zeitbereiche wichtiger moderner Methoden zusammen.
Zeichnung von Diana Salles, nach Ian Tattersall, «The Human Odyssey», (Prentice Hall, 1993)

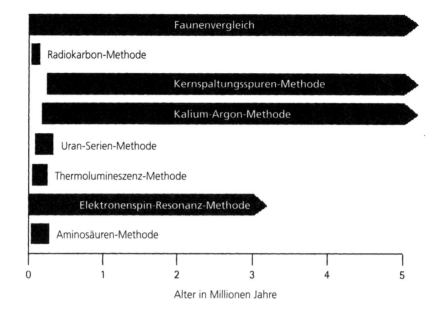

wurden. Kalkige Sedimente (Höhlensinter, Travertine) sind ein geeignetes Material, Zahnschmelz gegenwärtig ein anderer Favorit. Sowohl TL als auch ESR hängen u. a. von der Möglichkeit ab, genau zu messen, wie lange ein Objekt radioaktiver Strahlung ausgesetzt war, was natürlich die Anwendungsmöglichkeiten begrenzt. Sie haben jedoch in der Paläoanthropologie immer mehr Bedeutung gewonnen. Ein weiterer, ganz anderer Ansatz ist als Uran-Serien-Datierung bekannt. Instabile Uran-Atome zerfallen mit gleichmäßiger Geschwindigkeit in «Tochter»-Produkte – hauptsächlich Thorium-230. Uran ist wasserlöslich, Thorium dagegen nicht. In Süßwasser gebildetes Kalkgestein enthält daher Uran, aber kein Thorium. Jedes später gefundene Thorium-Atom muß daher aus Uran-Zerfall stammen, so daß das Uran-Thorium-Verhältnis einer Probe nach umständlichen Berechnungen das Alter eines Fundstückes verrät. Viele archäologische Fundstätten befinden sich in kalkhaltigen Regionen und Höhlen, und die Möglichkeit, das Alter von Stalagmiten, Travertinschichten und ähnlichen Strukturen messen zu können, ist vielversprechend. Zusätzlich lassen sich noch andere kalziumhaltige Objekte wie Schneckenhäuser, Muschelschalen, Knochen und Zähne zumindest potentiell mit dieser Methode datieren.

Das technische Rüstzeug für die Altersbestimmung von Fossilien ist für den Paläoanthropologen heute größer als je zuvor und entwickelt sich schnell weiter. Derartige Entwicklungen versprechen für die Zukunft viel Aufregendes, besonders für die Forschung am Neandertaler, dessen Fossilien meist zu alt sind, als daß man sie mit der Radiokarbonmethode genau datieren könnte.

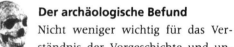 Der archäologische Befund

Nicht weniger wichtig für das Verständnis der Vorgeschichte und unserer Vorfahren sind neben den Fossilien die archäologischen Nachweise von menschlichem und vormenschlichem Verhalten. Daher ist ein kurzer Überblick über die verschiedenen Kulturen des Paläolithikums, d. h. der Altsteinzeit, sinnvoll. Das Paläolithikum (die Zeit zwischen 2,5 Millionen und 10 000 Jahren vor heute) war die Zeit der Menschheitsgeschichte, in der man Steinwerkzeuge nur durch Schlag herstellte. Ihr folgte in verschiedenen Regionen zu unterschiedlichen Zeiten das Neolithikum (die Jungsteinzeit), in der typische Steingeräte ihre endgültige Form durch Schleifen erhielten. Man führte den Begriff «Paläolithikum» ein, um alte europäische Steinzeitkulturen kategorisieren zu können, und obwohl man diese Bezeichnung auf andere Gebiete der Welt übertrug, entwickelten sich in verschiedenen Gebieten für altsteinzeitliche Kulturen parallel auch andere Terminologien. Ich habe hier versucht, die Zahl dieser Begriffe klein zu halten, aber es ist unmöglich, eine gewisse Zahl von Namen und Kulturen ganz zu vermeiden (Abb. 23).

Die ältesten Steingeräte schreibt man einer Kultur zu, die man Oldowan nennt, da man die ersten dieser Geräte in der Olduvai-Schlucht in Tansania entdeckt hat. In Olduvai treten diese einfachen Werkzeuge in rund 1,8 Millionen Jahre alten fossilführenden Schichten auf. Inzwischen hat man sol-

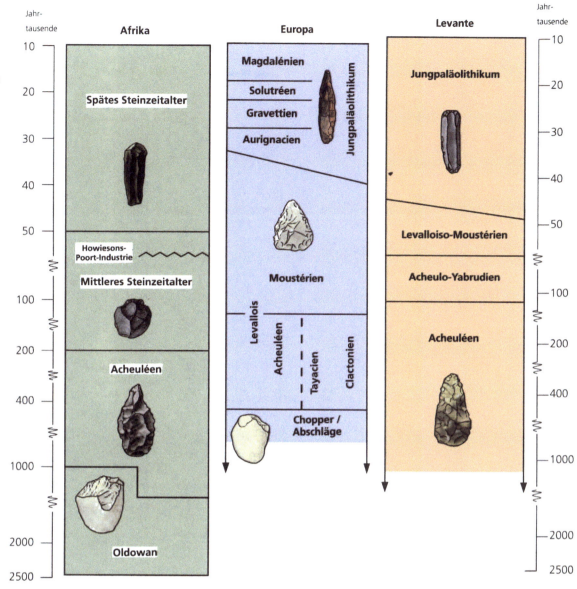

23
Abfolge paläolithischer Kulturen in Afrika, Europa und der Levante.

Archäologen haben die aufeinanderfolgenden Kulturen in unterschiedlichen Gebieten mit verschiedenen Bezeichnungen versehen. Dieser Überblick stellt die Abfolgen dreier großer Kulturräume nebeneinander.
Zeichnung von Diana Salles.

che auch an anderen, zwischen 2,5 Millionen und 1 Million Jahre alten afrikanischen Fundstellen gefunden. Die Werkzeuge bestehen aus kleinen Geröllen bzw. «Kernen» (typischerweise rund 7,5 bis 10 cm lang), von denen man kleine, scharfkantige Abschläge durch Bearbeitung mit einem weiteren Stein (dem Schlagstein) abgetrennt hat. Obwohl man bei den Kernen verschiedene «Werkzeuge» unterscheiden kann, sind die grundsätzlichen Ziele der Werkzeugproduktion offenbar die Abschläge gewesen. Derartige kleine Geräte sind – wenn sie aus dem richtigen Material bestehen – trotz ihrer Einfachheit effiziente Schneidegeräte.

Während man vor rund 1,6 Millionen Jahren weiterhin Oldowan-Geräte herstellte, entwickelte sich in Afrika die Acheuléen-Steinbearbeitungskultur, in der zum ersten Mal Serien aus regelmäßig geformten verschiedenen Werkzeugtypen auftraten, die offensichtlich auf eine zielgerichtete Arbeit des Herstellers hinweisen. Typisch für das Acheuléen waren tropfenförmige Faustkeile, gerade endende Spaltkeile und spitze Picken. Diese Geräte waren beidflächig bearbeitete Kerne und viel größer als Oldowan-Kerngeräte, die meisten länger als 15 cm, einige größer als 30 cm. Im Laufe der Zeit wurden Acheuléen-Werkzeuge dünner, symmetrischer und überaus sorgfältig bearbeitet. Vor rund 350 000 Jahren stellte man auch in Europa Acheuléen-Geräte her; diese Technologie hat sich aber anscheinend nicht bis Ostasien ausgebreitet.

Die Oldowan- und Acheuléen-Traditionen bezeichnet man zusammen als altpaläolithische Industrien. Dem Acheuléen folgt sowohl in Europa als auch in Afrika ein unklarer Übergang zu mittelpaläolithischen Industrien, die wahrscheinlich vor rund 200 000 Jahren entstanden sind. Das Mittelpaläolithikum war durch die Herstellung der Werkzeuge von präparierten Kernen gekennzeichnet, wobei man einen Kernstein so vorformte, daß ein einzelner Schlag einen großen Abschlag abtrennte, der schon mehr oder weniger die Form des endgültigen Gerätes besaß. Dieses Verfahren hatte den Vorteil, daß man um das ganze Werkzeug herum eine durchlaufende, schneidende Kante erhielt. Es setzte aber eine neue Technik der Steinbearbeitung voraus, die man durch den direkten «weichen Schlag» mit Materialien wie Geweih (die schon gelegentlich als Schlaggeräte im späten Acheuléen benutzt wurden) und den Einsatz des indirekten Schlages über ein Zwischenstück (aus Knochen oder Geweih) zwischen Kernstein und Schlaggerät erreichte. Das am besten bekannte Beispiel einer mittelpaläolithischen Technologie ist die für die Neandertaler (und an einigen Fundstellen auch für den frühesten *Homo sapiens*) typische Moustérien-Industrie. In Frankreich begann das Moustérien vor rund 150 000 Jahren, an einigen Stellen womöglich sogar noch früher. Die letzten Nachweise stammen aus der Zeit vor rund 27 000 Jahren aus Spanien. Man kann viele verschiedene Moustérien-Werkzeuge unterscheiden, die aus unterschiedlichen Abschlagformen hergestellt wurden. Die Handwerkskunst des Moustérien war von höchster Qualität.

Die letzte Stufe der Altsteinzeit ist das Jungpaläolithikum, in dem sich *Homo sapiens* in verschiedenen Gebieten zu unterschiedlichen Zeiten entwickelte. Zusammen mit den qualitativ hochwertigen Steinwerkzeugen fanden sich nützliche und dekorative Objekte aus Geweih, Knochen und anderen Materialien. Die meisten Steingeräte waren aus «Klingen» hergestellt, d. h. aus Abschlägen, die mindestens doppelt so lang wie breit waren und durch Überarbeitung zu einer größeren Zahl von Spezialgeräten umgebaut wurden. Erstmals werden Kunst, Symbolik und Aufzeichnungen offensichtlich, und es gibt – wie wir noch sehen werden – Hinweise auf die komplexe Nutzung des Lebensraumes. Die ältesten Nachweise des Jungpaläolithikums in Europa stammen von spanischen und bulgarischen Fundstellen, die rund 40 000 Jahre alt sind und damit aus einer Zeit stammen, als die Aurignacien genannte Kultur erstmals erscheint. In Frankreich, wo die Funde am besten erhalten sind, ist das Jungpaläolithikum in vier aufeinanderfolgende Kulturen unterteilt; in anderen Gebieten ist diese Abfolge völlig anders. Die früheste französische jungpaläolithische Kultur ist – wie im übrigen Europa – das Aurignacien, das die Zeit vor 32 000 bis 28 000 Jahren umfasst. Dieser Kultur folgt das Gravettien (vor rund 28 000 bis 22 000 Jahren oder an einigen Stellen bis vor 18 000 Jahren, an anderen sogar noch länger), das Solutréen (vor 22 000 bis 18 000 Jahren) und das Magdalénien (vor 18 000 bis 10 000 Jahren). All diese Kulturen sind technologisch durch bestimmte Gerätetypen definiert; sie unterscheiden sich aber auch durch künstlerische Traditionen.

Im westlichen Frankreich finden sich in der Zeit vor 36 000 bis 32 000 Jahren einige Hinweise auf eine lithische Industrie, die als Châtelperronien bekannt ist. Diese Industrie besitzt sowohl mittelpaläolithische als auch jungpaläolithische Aspekte, wird aber heute zum späten Moustérien gerechnet. Da sie offensichtlich von Neandertalern begründet worden ist, könnte diese Châtelperronien-Kultur dadurch entstanden sein, daß Neandertaler die Techniken der Jungpaläolithiker übernommen hatten.

Der Ausgang des Jungpaläolithikums fällt in Europa in die Zeit der Erwärmung am Ende der Eiszeit vor rund 10 000 Jahren. Als das Klima milder wurde, ersetzten Wälder die weiten Tundren mit den Großsäugerherden. Mit diesen Säugern verschwand auch die Lebensgrundlage für die außergewöhnlich produktiven Kulturen des Jungpaläolithikums. In Europa folgten eine Reihe materiell verarmter epipaläolithischer Kulturen, während im Osten bahnbrechende technologische Neuerungen, wie frühe Formen seßhaften Ackerbaus entstanden.

Bevor wir die Geschichte der Menschheit weiterverfolgen, muß ich noch eines klären. Die Geschichte beschreibt biologische und kulturelle Veränderungen in einer geologischen Zeitskala. Wir müssen daher lernen, in den Begriffen verschiedener Chronologien zu denken. Geologisch sind die Dinge nicht sehr kompliziert: Die gesamte Menschheitsgeschichte, die in diesem Buch vorgestellt wird, lief während des Pliozäns, das vor rund 1,8 Millionen Jahren endete, und des Pleistozäns ab (vereinfacht ungefähr die Eiszeit), das sich von vor 1,8 Millionen bis vor rund 10 000 Jahren erstreckte. Die Neandertaler tauchten am Ende des Mittelpleistozäns (einer langen Periode von 950 000 bis 128 000 Jahren vor heute) auf und existierten die meiste Zeit des späten Pleistozäns (128 000 bis 10 000 Jahre vor heute) hindurch. (Lassen Sie uns die geologischen Ereignisse des Pleistozäns später diskutieren.) Während des Pleistozäns änderten sich die kulturellen Traditionen und schufen die durch typische Werkzeuge definierte Kulturabfolge, die ich gerade erläutert habe. Biologische Neuerungen dagegen mißt man am Auftreten neuer Arten, deren Namen wir im Laufe der Geschichte noch kennenlernen werden. Obwohl biologische, geologische und archäologisch auswertbare Ereignisse vor dem gleichen Hintergrund der ablaufenden Zeit stattfanden, mißt man ihren Ablauf auf verschiedene Weise. In dieser Hinsicht sind sie unabhängig voneinander.

Vor den Neandertalern

Die Neandertaler repräsentieren eine kurze und späte Phase in der gesamten, langen Evolutionsgeschichte des Menschen. Obwohl diese Phase wichtig und recht gut dokumentiert ist, ist ihre volle Bedeutung schwer zu verstehen, ohne wenigstens eine kurze Betrachtung aller früheren evolutiven Entwicklungen voranzustellen. Hiervon handelt dieses Kapitel.

Am Anfang

Die menschliche Geschichte beginnt nicht mit Fossilien, sondern mit einer Reihe von Umweltänderungen, welche die Welt vor rund 7 bis 6 Millionen Jahren betrafen. Aus dieser Zeit finden sich große Mengen an Pflanzenfressern – an offene Landschaften angepaßte Grasfresser – im Fossilbestand. Die Veränderungen gipfelten in einer bedeutenden Episode des Faunenwechsels. Die Zahl der Blätterfresser ging zurück, während diejenige der Grasfresser zunahm. Viele der heute für offene Grassavannen typischen Gattungen erschienen damals zum ersten Mal. Bisher sind jedoch keine menschlichen oder vormenschlichen Fossilien aus dieser Zeit bekannt. Geologische Ablagerungen, die derartige Vertreter enthalten könnten, liegen entweder nicht an der Erdoberfläche oder sind unbekannt bzw. unerforscht. Da alle Funde, welche die erste Hälfte der Menschheitsgeschichte betreffen, aus Afrika stammen, können wir zu Recht annehmen, daß die menschliche Familie hier entstanden ist. Aus Mangel an Fossilien können wir jedoch nur mutmaßen, wann genau der Mensch erschien und welche veränderten Umweltbedingungen dafür verantwortlich waren. Nachweisbar ist, daß vor 7 Millionen Jahren das Klima in Afrika trockener und saisonaler wurde, was zur Ausbreitung offener Savannen und einer dramatischen Verkleinerung der Waldbestände führte.

Zweifellos waren die Vorläufer der Menschen vierfüßige Waldbewohner, wenn sie auch wahrscheinlich nicht viele der auffälligen Spezialisierungen besaßen, die heute baumbewohnende Affen aufweisen (z. B. sehr lange Arme, lange Greiffüße und –hände). Vermutlich erlaubte gerade dieser Mangel an Spezialisierung ihren Nachfahren, sich an den Waldrändern und Säumen der vordringenden Savannen auszubreiten, als ihre Verwandten, die zu den heute existierenden Menschenaffen führen sollten, in immer stärker schrumpfende Wälder eingeschlossen wurden. Es zeigt sich, daß in Zeiten von Umweltveränderungen Spezialisierung in Anatomie und Verhalten aus evolutiver Sicht ein Risiko sein kann. Sowohl die Artbildungsrate als auch die Aussterberate scheinen unter Spezialisten höher zu sein als unter Generalisten. Obwohl *Homo sapiens* und seine Vorläufer sicher zu den Generalisten gehörten, rechtfertigt dies den von vielen Paläoanthropologen vertretenen Standpunkt zur Arterkennung von menschlichen Fossilien nicht.

Das Fehlen von Fossilien dieses Zeitabschnitts bedeutet, daß uns die Lebensraum- und Lebensstilbedingungen beim Übergang vom Wald zur Savanne unbekannt bleiben. Die vielleicht älteste bisher beschriebene Ho-

25

Dermoplastiken der frühen Menschen, welche die 3,6 Millionen Jahre alten Fußspuren von Laetoli hinterließen.

Die im American Museum of Natural History ausgestellten Figuren zeigen auf der Grundlage von *Australopithecus afarensis*-Fossilien ein noch nicht endgültiges Bild, das zu den Fußspuren von Laetoli paßt.
Rekonstruktion von John Holmes; fotografiert von Dennis Finnin und Craig Chesek.

24

Rund 3,6 Millionen Jahre alte Fußspuren aus Laetoli, Tansania.

Diese zwei bemerkenswerten Fußspuren sind der älteste direkte Nachweis des aufrechten Gangs unserer Vorfahren.
Foto von John Reader.

minidenart, den 4,4 Millionen Jahre alten *Ardipithecus ramidus* aus Aramis in Äthiopien, fand man in Sedimenten, die auf eine stark bewaldete Umwelt hinweisen. Es ist jedoch unsicher, ob diese wenig bekannte Form wirklich ein Hominide war. Der nächste Bewerber, der 4,2 Millionen Jahre alte *Australopithecus anamensis* aus Nordkenia lebte in offeneren Landschaften. Aufgrund der Beinknochen wissen wir, daß *A. anamensis* zweifüßig ging; seine Ober- und Unterkiefer sehen denjenigen seines späteren Verwandten *Australopithecus afarensis* sehr ähnlich.

Die überraschendsten Nachweise für aufrechten Gang stammen nicht von fossilen Knochen, sondern von einer ungewöhnlichen Fossilform: in vulkanischer Asche erhaltenen Fußabdrücken (Abb. 24). 1976 entdeckte ein von der Archäologin Mary Leakey geleitetes Paläontologenteam eine Reihe von Fußspuren, die Tiere vor rund 3,6 Millionen Jahren in Laetoli in Nordtansania hinterlassen hatten. Bald danach fand man eine bemerkenswerte Fußspur, die offensichtlich von zwei aufrecht gehenden Wesen hinterlassen worden war, welche die Landschaft genauso durchstreiften, wie wir heute. Dies war ein überraschender Befund, da Fossilien meist keine Hinweise auf Verhalten geben, denn obwohl sich viele Leute dafür am meisten interessieren, läßt sich Verhalten meist nur indirekt aus Knochenstrukturen erschließen. In Laetoli war es jedoch sichtbar. Es gab Diskussionen darüber, wieviele Individuen die Fußspuren der berühmten Fundstelle Laetoli G verursacht hatten (es waren mindestens zwei, wahrscheinlich nicht mehr) und inwieweit ihre Füße den unseren ähnelten. Zweifellos haben wir es hier mit Spuren aufrecht gehender Lebewesen zu tun, die keinem rezenten Menschenaffen gleichen (Abb. 25). Diese 3,6 Millionen Jahre alten Zweifüßer von Laetoli hatten eine große adaptive Schwelle überschritten und damit Zutritt zur menschlichen Familie erlangt.

Soviel zu ihrer Gangart. Wie sahen diese Wesen, die vor all den Jahren durch die Vulkanasche von Laetoli zogen, aber aus? Obwohl sich die Fußspuren nicht mit hundertprozentiger Sicherheit irgendeiner bekannten fossilen Art zuordnen lassen, vermutet man zu Recht, daß die Spuren von Mitgliedern einer frühen Menschenart stammen, deren Knochen auch in gleichalten Ablagerungen in Laetoli geborgen wurden. Diese Fossilien sind für sich allein betrachtet nicht besonders beeindruckend. Eine Handvoll Kieferfragmente stellt aber eine deutliche Verbindung zu einer viel größeren – tatsächlich einzigartig großen – Serie von Hominidenfossilien her, die man fast gleichzeitig einige tausend Kilometer nördlich in Hadar in der Afar-Region Äthiopiens entdeckte. Diese zwischen 3,4 und 3 Millionen Jahre alten Fragmente wurden ab 1973 vom amerikanischen Paläoanthropologen Don Johanson in Zusammenarbeit mit französischen Kollegen geborgen. Unter den ersten Hadar-Fossilien befand sich das sicherlich berühmteste von allen – Lucy – das 1974 gefundene, zu fast 40% erhaltene Skelett einer jungen Frau. Vervollständigt wird der Fund durch die «Erste Familie», das Prunkstück der Kampagne von 1975: Eine Sammlung von versteinerten Skelettbruchstücken, die neben vielen anderen Fossilien die Reste von 13 Individuen enthalten, die alle zusammen bei einer Flut umgekommen sein könnten. Der letzte Fund, der die 20 Forschungsjahre (mit Unterbrechungen) in Hadar krönte, ist ein Schädelteil. Es machte eine in den siebziger Jahren auf der Grundlage von nicht zusammengehörenden Fragmenten erstellte Schädelkonstruktion weitgehend überflüssig.

In den späten siebziger Jahren arbeitete Johanson mit Tim White zusammen, der den Auftrag hatte, die frühen Laetoli-Hominiden zu untersuchen, um herauszufinden, welche Stellung den Laetoli- und Hadar-Fossilien – den einzigen menschlichen oder vormenschlichen Nachweisen aus der Zeit vor 4 bis 3 Millionen Jahren – zukam. Nach vielen Diskussionen entschied man, daß die Fossilien trotz der starken Unterschiede in der Größe nur eine einzige Art repräsentierten, die man *Australopithecus afarensis* taufte. Die starken Größenunterschiede zwischen den kleinsten und den größten Fossilien erklärte man sich durch Sexualdimorphismus, d. h. Unterschied zwischen den Geschlechtern. Moderne Menschen sind in dieser Hinsicht nur leicht unterschiedlich, aber einige Hominoiden, besonders der Gorilla, zeigen starke Differenzen. Die Vorstellung einer einzelnen, stark dimorphen Art gefiel nicht jedem, wurde langfristig gesehen jedoch akzeptiert. Heute glauben die meisten Paläoanthropologen, in den menschlichen Fossilien aus dieser Zeit eine einzige Art, *Australopithecus afarensis,* zu erkennen. Damals waren Männer rund 1,40 m groß und wogen mehr als 45 kg; Frauen waren bis zu 30 cm kleiner und wogen vielleicht 27 kg. Die meisten Wissenschaftler stimmen – zumindest vorläufig – mit der Anschauung von Johanson und White überein, daß *A. afarensis* die «Stammart» darstellt, aus der sich spätere Hominiden entwickelten.

Australopithecus afarensis ist also derjenige, der dem Urahn unserer menschlichen Familie am nächsten kommt. Was für ein Lebewesen war er? Es ist wahrscheinlich unvermeidbar, daß noch immer darüber diskutiert wird, wie er lebte und sich bewegte, und das, obwohl wir wissen, daß er aufrecht ging und wir – dank Lucy – das Skelett ziemlich genau kennen. Der Anatom Owen Lovejoy, der die Originalanalysen an Lucy's Skelett durchführte, stellt sie sich als wirklich perfekt angepaßten Zweibeiner vor. Randy Susman und Kollegen von der State University in New York sowie Tony Brook meinen, daß die ziemlich langen und leicht gebogenen Hände und Füße auf baumbewohnende Aktivitäten hinweisen, und vermuten, daß diese Hominoiden zur Sicherheit regelmäßig in Bäumen schliefen und hier wahrscheinlich einen Großteil ihrer Nahrung fanden. Obwohl er ein aufrecht gehender Zweibeiner war, stimmte der Körperbau von A. afarensis jedoch nicht exakt mit unserem überein: So waren z. B. seine Beine proportional kürzer als unsere, und der Brustkorb lief nach oben spitz zu.

Im Kopfbereich unterschied sich A. afarensis sogar noch stärker von uns. Paläoanthropologen bezeichnen diese Hominoiden lieber als «zweibeinige Menschenaffen». Wichtig ist, daß diese frühen Vorfahren im Gegensatz zum modernen Menschen große Gesichter besaßen, die unter den kleinen Hirnschädeln hervorragten. Ihr Gehirn lag im Größenbereich moderner großer Menschenaffen (ungefähr 1/3 unserer heutigen Hirngröße), die geringe Größe dieser frühen Hominiden bedeutet jedoch, daß das Verhältnis von Gehirngröße zu Körpergröße bei A. afarensis ein wenig über dem moderner Menschenaffen lag. Das äußerlich menschenaffenähnliche, vorstehende Gesicht ist zumindest teilweise eine Folge eines großen Zahnapparates (wie bei Menschenaffen) mit langen Zahnreihen auf beiden Kieferseiten. Im Gegensatz zu den Menschenaffen sind die Eckzähne von A. afarensis verkleinert, obwohl sie immer noch etwas über die Nachbarzähne hinausragen. Die davorliegenden Schneidezähne sind ziemlich groß (bei Menschenaffen ein Merkmal für Früchtenahrung), und die Prämolaren und Molaren sind beachtlich groß mit flachen Kauflächen. Der gesamte Zahnbogen krümmt sich trotz seiner Länge vorne nur wenig und bildet einen Bogen, der weder parabolisch wie unserer, noch parallelseitig wie bei den Menschenaffen ist. Der Eindruck ist insgesamt eher menschen- als menschenaffenähnlich.

Diese zweibeinigen, aber kleinhirnigen Wesen könnten Holzteile z. B. zum Graben verwendet haben. Es gibt jedoch keinen Hinweis auf Steinwerkzeuge, die Menschen erst viel später herstellten. Ohne weitere archäologische Funde sind wir (abgesehen von den Fußspuren) darauf angewiesen, aus dem Wissen über ihr Skelett und ihre Umwelt Schlüsse auf ihr Verhalten zu ziehen. Die trockenen, offenen Grasländer, in denen diese Laetoli-Zweifüßer ihre Spuren hinterlassen haben, scheinen nicht zu den typischen Wohnräumen von A. afarensis gehört zu haben (obwohl ihr Aufenthalt in dieser ungewöhnlichen Umwelt zu der Vorstellung paßt, daß sie in die Savanne vordrangen, um von einem wasserreichen Waldrand zum anderen zu gelangen). Ihr bevorzugter Lebensraum glich wahrscheinlich eher dem, den die Sedimente von Hadar andeuten: Ein Mosaik aus fluß- und seeuferbegleitenden Galeriewäldern und Wäldern, welches die Vorteile der von den Vorfahren genutzten Waldgebiete mit den neuen Möglichkeiten der sich ausdehnenden Savannen verband. Diese frühen Zweifüßer suchten vermutlich in den Waldteilen Futter und Schutz und stießen in die offeneren Grasländer vor, um nach Aas, Wurzeln und Knollen zu suchen. Sie können auch größere Insekten und kleinere Wirbeltiere, wie Eidechsen, gefangen haben. Wenn ihr Verhalten demjenigen der in Tansanias

Gombe Nationalpark erforschten Schimpansen glich, werden sie ziemlich regelmäßig kleinere Säugetiere wie Colobus-Affen und junge Antilopen gejagt haben. Eine derartige Lebensweise hätte es *A. afarensis* ermöglicht, die alte Fähigkeit des Kletterns, die nicht völlig verloren gegangen war, mit der neuen des aufrechten Ganges in der Savanne zu kombinieren.

Warum aber überhaupt der aufrechte Gang? Irgendwie muß diese neue Anpassung es den Frühmenschen ermöglicht haben, die durch zunehmende Trockenheit eingeleiteten Veränderungen zu bewältigen. Es gab aber eine Fülle von Vierfüßlern, die auch ohne diese dramatische Veränderung der Körperhaltung mit den neuen Bedingungen gut fertig wurden. Wieso «entschieden» sich diese frühen Hominiden für eine derart radikale Lösung? Owen Lovejoy, der Lucy's Skelett analysierte, bot eine Erklärung an, die sich auf die Tendenz des Menschen bezieht, zwischen erwachsenen Männern und Frauen eine Paarbindung aufzubauen. Wir wissen inzwischen, daß evolutiver Erfolg weitgehend dem Fortpflanzungserfolg gleichzusetzen ist. Lovejoy vermutet, daß in einem Lebensraum mit weit verteilten Nahrungsressourcen Frauen ihren Fortpflanzungserfolg erhöht haben, indem sie eine feste Bindung an einen Mann aufbauten. Für Frauen, die Nachwuchs aufzogen, und so in ihrer Bewegungsfreiheit eingeschränkt waren, konnte dieses Handicap durch die Bindung an einen Mann, der weit herumwandern und Nahrung für sie und ihre Kinder herbeibringen konnte, kompensiert werden. Aufrechter Gang machte seine Hände für den Futter-

transport frei, und die Bereitschaft für dieses Verhalten konnte entstehen, weil der zu versorgende Nachwuchs der eigene war.

Varianten dieser Futtertransport-Hypothese gibt es schon lange, sie sind aber bei weitem nicht die einzigen Erklärungsversuche für Zweibeinigkeit. Andere betrachten die im Vergleich zur Vierfüßigkeit relativ bessere mechanische Effizienz. Mein gegenwärtiger Favorit ist eine Hypothese des englischen Physiologen Pete Wheeler, der glaubt, daß die frühen Hominiden beim Verlassen des Schutzes der Wälder auf physiologische Probleme stießen, mit denen sich ihre Vorfahren nie auseinandersetzen mußten. In der brütenden Hitze tropischer Savannen stellten die senkrecht einfallenden Sonnenstrahlen eine Hitzebelastung für den menschlichen Körper dar, die irgendwie vermieden werden mußte, da eine funktionierende Regulation der Körper- und besonders der Hirntemperatur Voraussetzung für alle anderen Körperfunktionen ist. Der einfachste Weg, mit Wärmebelastungen fertig zu werden, besteht darin, zunächst einmal so wenig Wärme wie möglich aufzunehmen; das ist bei der aufrechten Körperhaltung der Fall (Abb. 26). Nimmt man diese Körperhaltung an, minimiert man die wärmeabsorbierende Körperoberfläche, die der direkten Sonnenbestrahlung ausgesetzt ist. Diese Fläche reduziert sich auf die Kopfoberfläche und die Schultern, während bei einem Vierfüßer Kopf und Rücken bestrahlt werden. Darüber hinaus besitzt die aufrechte Haltung zwei weitere Vorteile. Einerseits ist die Abstrahlung der angesammelten Wärme (aus dem Stoffwechsel und der Sonnenbestrah-

26
Konsequenzen, die sich in tropischer Umwelt aus dem vierfüßigen bzw. zweifüßigen Gang ergeben.

Verglichen mit den vierfüßigen Menschenaffen setzt der zweifüßige Mensch der intensiven Sonneneinstrahlung sowie der vom Boden reflektierten und aufsteigenden Wärme weniger Körperoberfläche aus. Die Abkühlung durch verdunstenden Schweiß wird durch Einwirkung des Windes auf den angehobenen Körper erhöht
Zeichnung von Diana Salles, nach «The Human Odyssey» von Ian Tattersall (Prentice Hall, 1993).

lung) durch sie erleichtert. Andererseits ist der aufrechte Körper weiter vom Boden entfernt und so von dessen Wärmeabstrahlung weniger betroffen (jeder, der schon einmal barfuß über heißen Boden gelaufen ist, weiß, wie heiß er sein kann). Der aufrechte Mensch befindet sich also in Schichten, in denen Luftbewegungen die Wärmeabgabe fördern.

Diese physiologische Erklärung des aufrechten Ganges bietet zusätzlich die Möglichkeit, ein weiteres, typisch menschliches Merkmal – das Fehlen einer Körperbehaarung – zu begründen (genauer: die Verkürzung unserer Haare, von denen wir genauso viele besitzen wie jeder andere Menschenaffe. Es ist nur so, daß die meisten Haare bedeutungslos winzig wurden!). Zusammen mit zahlreichen Schweißdrüsen ermöglicht die Haarlosigkeit einen unvergleichlichen Kühlmechanismus. Wir kühlen unseren Körper durch die Verdunstung von Schweiß und direkte Wärmeabstrahlung, Vorgänge, die durch Behaarung behindert würden. Aufrechte Körperhaltung und Haarlosigkeit bilden eine physiologische Einheit, die fraglos für jeden in die Savanne vordringenden Hominoiden vorteilhaft war. Wahrscheinlich bot trotz der offensichtlichen Gefahren, die für einen kleinwüchsigen Hominoiden in der Savanne bestanden, das Verlassen der Wälder (unabhängig davon, daß diese schrumpften) noch andere Vorteile. So verstecken z. B. Leoparden Teile ihrer Beutetiere auf Ästen von Savannenbäumen, wo sie sie (außerhalb der Reichweite bodenbewohnender Aasfresser) zurücklassen. Kann es für einen Hominoiden, der sowohl klettern als auch lange Strecken ohne Überhitzung in der Sonne wandern kann, leichter auszubeutende Nahrungsreserven geben?

27 und 28

Zwei *Australopithecus*-Schädel aus Sterkfontein, Südafrika.

Unten. Sts 5, der klassische Schädel von *A. africanus*

Oben: Sts 71, wahrscheinlich von einer anderen Art. Beide sind rund 2,5 Millionen Jahre alt

Foto von Gerald Newlands.

Die afrikanischen Südaffen

Vor der Entdeckung von *A. afarensis* stammten die ältesten Hominiden von einer Reihe ungewöhnlicher Fundstellen aus der südafrikanischen Region Transvaal. Heute wissen wir, daß diese Fossilien 3 bis 1,5 Millionen Jahre alt sind. Die Fundstellen sind meist ehemalige Höhlen, die von oben mit Sedimenten verfüllt wurden. Auf diese Weise reicherte sich eine Mischung aus Staub, Steinen und Knochen an, die durch Kalkgestein zu einer steinharten Breccie verfestigt wurde. Weil derartige Ablagerungen weitgehend unabhängig von anderen geologischen Vorgängen entstehen, sind sie besonders schwer zu datieren. Der bisher einzige praktikable Weg besteht darin, die enthaltene fossile Fauna mit anderen, eindeutig datierten Funden zu vergleichen. Die komplexe Geschichte der Verfüllungen und Erosionen der südafrikanischen Höhlen hinterließ Stratigraphien, die sich sehr schlecht interpretieren lassen; zusätzlich enthalten sie offensichtlich eine Mischung von unterschiedlich alten Faunenmaterialien.

Die älteste Hominidenart aus den südafrikanischen Breccienhöhlen-Fundplätzen ist *Australopithecus africanus* (wörtlich: südlicher Menschenaffe Afrikas), der 1925 nach einem bei Taung gefundenen jugendlichen Schädel mit Gehirnabguß benannt wurde. Ausgewachsene Exemplare fanden sich später bei Sterkfontein und Makapansgat (Abb. 27 und 28). Die Fundstellen decken einen Zeitraum vor 3 bis 2 Millionen Jahren ab. Soweit wir sagen können, unterschied sich *A. africanus* nicht wesentlich von *A. afarensis*. Wie *A. afarensis* waren Individuen dieser Art kleiner als 1,40 m, aber trotz ihrer recht urtümlichen Körperproportionen eindeutig aufrechtgehend. Mit 440 ml Volumen war ihr Gehirn etwas größer als das von *A. afarensis*. Ihr Gesicht stand immer noch schnauzenhaft vor, und ihre Zähne stimmten weitgehend mit denen von *A. afarensis* überein.

Frühe Studien in Makapansgat überzeugten Raymond Dart, der das Taung-Kind beschrieben und die Art *A. africanus* getauft hat, davon, daß diese frühen Menschen Jäger waren. Er schloß dies aus der Tatsache, daß die zusammen mit den Hominidenresten geborgenen Knochen anderer Säugetiere zerbrochen waren. Einige dieser Fragmente identifizierte er als Werkzeuge, die er der «osteodontokeratischen» Kultur (Knochen-, Zahn- und Horn-Kultur) des *A. africanus* zuschrieb. Diese Hominiden waren, wie Dart einmal schrieb: «Mörder und Fleischjäger», deren Jagdmethoden zu den «blutigsten und mörderischsten Hinterlassenschaften der Menschheitsgeschichte» gehörten. Von populärwissenschaftlichen Autoren übernommen, führte dies zu der Spekulation, daß die Menschheit aus einer Linie von «Killeraffen» abstamme, mit «blutroten Zähnen und Klauen» wie der Dramatiker und Journalist Robert Ardrey einmal formulierte. Die Wirklichkeit scheint weniger dramatisch gewesen zu sein. Die fragmentarische Erhaltung der meisten in der Breccie gefundenen Knochen (diejenigen von *Australopithecus* eingeschlossen) war das Ergebnis natürlicher Vorgänge, wie z. B. der Aktivität von Raubtieren, besonders Leoparden, zu deren Beute die Hominiden wohl in größerer Zahl gehörten. Mikroskopische Analysen der Abnutzungs-

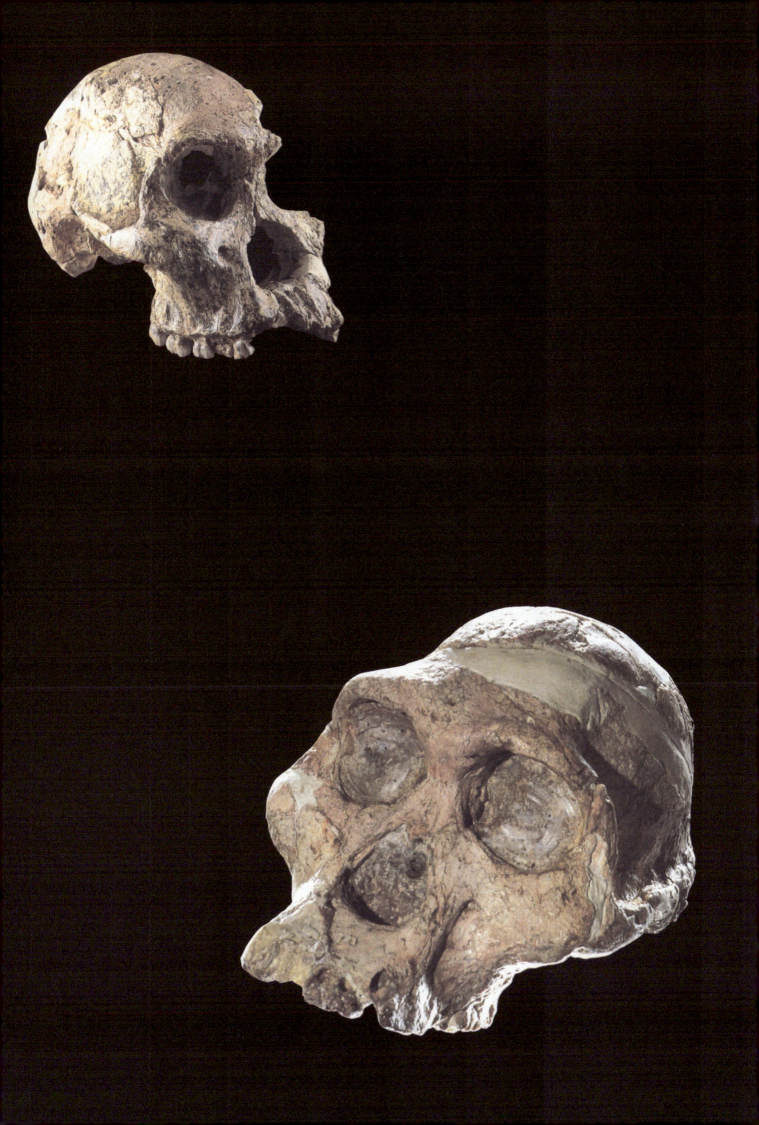

Paranthropus robustus-Schädel aus Swartkrans, Südafrika.

Der am besten erhaltene Schädel (Sk 48) dieser klassischen Fundstelle ist wahrscheinlich rund 1,7 Millionen Jahre alt

Foto von Gerald Newlands

spuren der Zähne von *A. africanus* deuten an, daß diese frühen Menschen Pflanzenfresser waren, die sowohl Früchte als auch Blätter konsumierten. Obwohl genau wie bei *A. afarensis* wahrscheinlich Kleinsäuger zum Nahrungsspektrum gehörten, gibt es ansonsten kaum Hinweise auf Fleischnahrung. «Killeraffen» waren sie sicherlich nicht.

Die «Robustus»-Formen

Hätten wir nur *A. ramidus*, *A. afarensis* und *A. africanus*, bestünde wenig Grund, ein Aufspalten der frühen Abstammungslinie der Menschen anzunehmen. Die letzten beiden Formen könnten sich, wie die Datierung zeigt, vor rund 3 Millionen Jahren zeitlich überlappt haben. Die Nachweise sind jedoch für eine Absicherung zu selten. Man kennt aber aus Südafrika einen weiteren frühen Hominiden, der eine Aufspaltung der Abstammungslinien vor rund 2 Millionen Jahren belegt. Wann genau, werden wir gleich sehen (Abb. 29). Obwohl man ihn manchmal einfach als weitere – wenn auch stark abweichende – *Australopithecus*-Art betrachtet, ist dieser neue Hominide besser bekannt unter seinem ursprünglichen Namen *Paranthropus robustus*, der die Unterschiede zu seinen Vorgängern heraushebt. *P. robustus*, den man in Breccien-Höhlen von Kromdraai und Swartkrans entdeckte und auf ein Alter von 1,9 bis 1,5 Millionen Jahre datierte, ist durch einen massiven Kauapparat mit ausgeprägten Molaren und Prämolaren gekennzeichnet. Die Schneide- und Eckzähne sind im Vergleich zu denen des *A. africanus* kleiner, so daß das Gesicht von *P. robustus* im Vergleich zu dem von *A. africanus* deutlich kürzer war. Der Bau des Gesichtsschädels hängt von der Notwendigkeit ab, die starken Belastungen des massiven Kauapparates auszuhalten. Das Gehirn ist etwas größer als das von *A. africanus*; da jedoch nicht viel über das Körperskelett von *P. robustus* bekannt ist, ist ein Abschätzen der Proportion zur Körpergröße schwer. Das Gehirn war so klein, daß sich die massive Kaumuskulatur in der Mittellinie über dem Hirnschädel traf, wo sie an einem knöchernen Scheitelkamm (Sagittal-Kamm) festsaß, der an denjenigen mancher Gorillas erinnert. Wegen dieser massiven Schädelstrukturen nannte man diese Hominiden «robust», wir wissen aber nicht, ob die Bezeichnung auch auf den restlichen Körper zutrifft.

Im Gegensatz zum grazilen Allesfresser *A. africanus* hat die Bezahnung von *P. robustus* zu der Vermutung geführt, daß sich seine Nahrung ausschließlich auf Pflanzen beschränkte. Gebrauchsspurenanalysen an den Zähnen weisen darauf hin, daß die «Robusten» hauptsächlich härtere und damit widerstandsfähigere Pflanzenteile nutzten als die «Grazilen». Dies muss aber nicht bedeuten, wie Fred Grine von der State University von New York besonders betonte, daß *A. africanus* mehr Fleisch gegessen hat. Warum besaßen beide Formen so unterschiedliche Gebisse, wenn sie doch beide Pflanzenfresser waren? Vielleicht waren Klimaveränderungen verantwortlich. In Südafrika gab es die «Grazilen» früher als die «Robusten». Vor dem Auftreten des *P. robustus* wurde das lokale Klima trockener und die Vegetation spärlicher. Während *A. africanus* in bewaldeten bis halboffenen Buschlandschaften lebte,

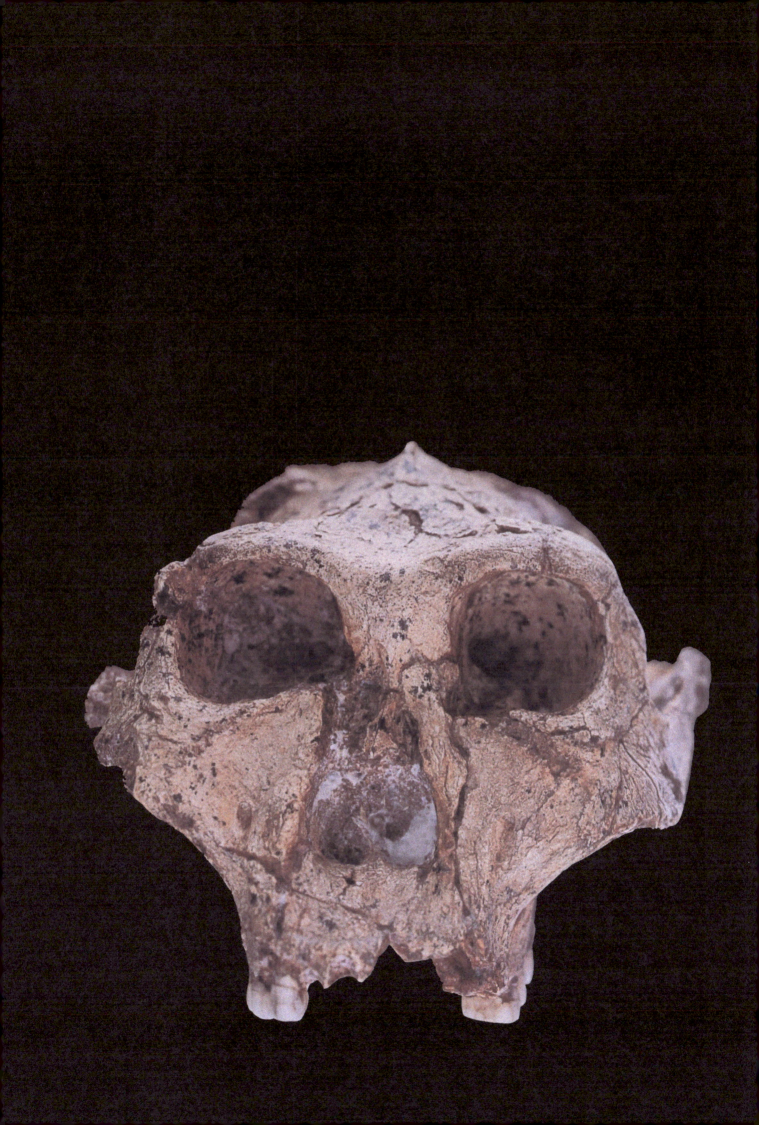

30

Lebensbild einer *Paranthropus robustus*-Gruppe in der Nähe von Swartkrans, Südafrika.

In dieser Rekonstruktion frühen Lebens vor rund 1,7 Millionen Jahren hält sich eine *Paranthropus*-Gruppe im offenen Veld-Hochland auf. Es ist wahrscheinlich, aber nicht ganz sicher, daß diese Hominiden – wie hier gezeigt – Knochen und Knochenzapfen aus Hörnern zum Graben benutzten. *Wandgemälde im American Museum of Natural History und © Jay Matternes.*

31

Fragment eines polierten knöchernen Hornzapfens aus Swartkrans, Südafrika.

Dieses und ähnliche rund 1,7 Millionen Jahre alten Objekte aus Swartkrans tragen Kratz- und Glanzspuren, die man auf ihren Gebrauch als Grabgeräte – wahrscheinlich durch *Paranthropus* – zurückführt.
Foto von Willard Whitson.

bewohnte *P. robustus* bevorzugt offene Grasländer, und sein Gebiß war gut geeignet, die in derartigen Landschaften vorkommenden Pflanzenteile wie Wurzeln, Knollen usw. zu verarbeiten (Abb. 30). Bob Brain vom Transvaal Museum konnte an Tierknochen und Hornzapfen-Fragmenten aus Swartkraans genau den Gebrauchsglanz feststellen, der entsteht, wenn man derartige Geräte zum Ausgraben von Wurzeln einsetzt (Abb. 31). Es gibt aber weder für *Australopithecus* noch für *Paranthropus* weitere sichere Hinweise auf Werkzeugnutzung, obwohl schon vermutet worden ist, daß *Paranthropus* der Hersteller einiger dieser in Swartkraans gefundenen Steinwerkzeuge gewesen ist. Die meisten Fachleute glauben jedoch, daß sie von einem weiteren, hier gefundenen Hominiden stammen, den wir gleich noch kennenlernen werden.

Die «Robusten» Ostafrikas

Unmittelbar nach der Entdeckung von *A. afarensis* begann die Debatte darüber, ob *P. robustus* und seine Verwandten von dieser Form oder vom lange bekannten *A. africanus* abstammen. Beide *Australopithecus*-Arten waren – wie es sich für Vorfahren gehört – weniger spezialisiert als die vermuteten Nachfahren. Der Fund eines 2,6 Millionen Jahre alten Robustus-Schädels 1985 in Kenia lieferte die besseren Argumente zugunsten des älteren *A. afarensis*. Anders als die späteren Robustus-Formen besitzt dieser leider zahnlos geborgene Schädel ein stark vorspringendes Gesicht. Anatomische Details, wie z. B. die starke Kaumuskulatur (aus dem Scheitelkamm zu schließen), verdeutlichen die Ähnlichkeiten. Weitere, 2,8 bis 2,2 Millionen Jahre alte Fragmente aus Äthiopien scheinen zur selben Art zu gehören. Heute nennt man die Art nach diesen Fossilien *Paranthropus aethiopicus*.

Wo auch immer seine Ursprünge lagen, man vermutet in *P. aethiopicus* nicht nur den Vorfahren von *P. robustus*, sondern auch von einer robusten Art, die von vielen Fundstellen Ostafrikas aus der Zeit von vor 2,2 Millionen bis etwas weniger als 1 Million Jahre bekannt ist. Diese neue Art wurde 1959 berühmt, als der Paläoanthropologe Louis Leakey, Mary Leakeys Mann, die Entdeckung des «*Zinjanthropus*»-Schädels in der Olduvai-Schlucht im damaligen Tanganjika (heute

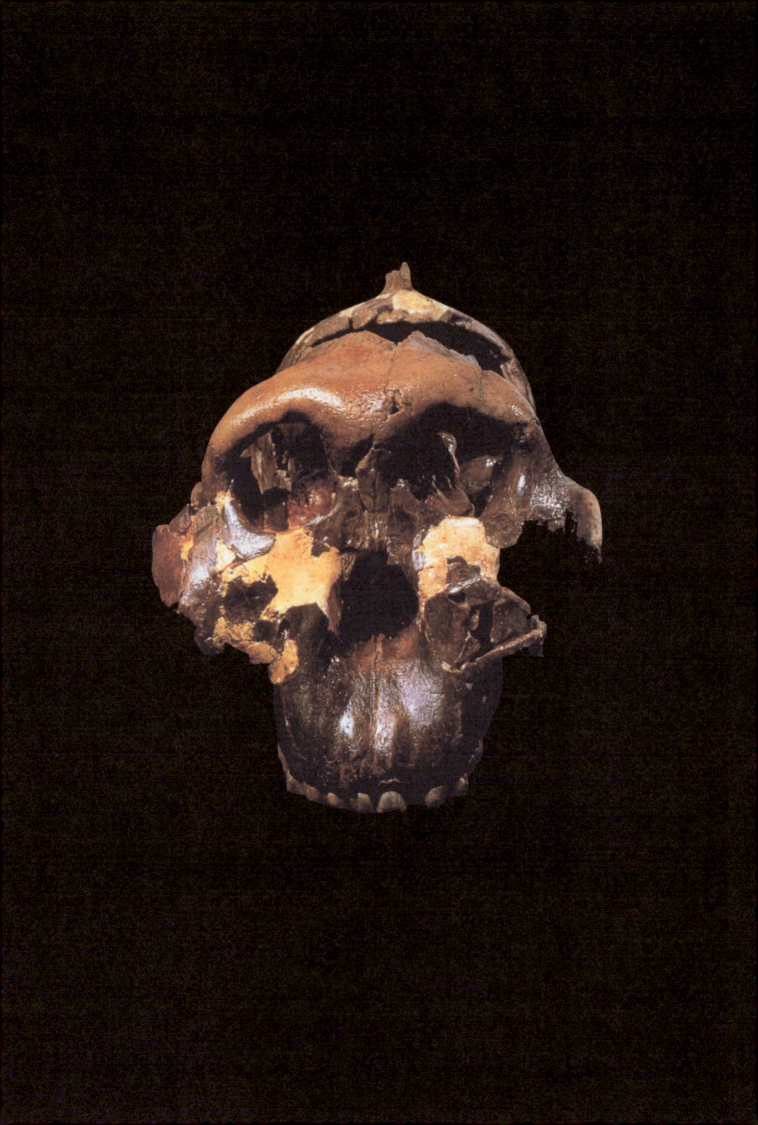

Schädel von *Paranthropus boisei*.

Dies ist der rund 1,8 Millionen Jahre alte Schädel des originalen «*Zinjanthropus*» (OH 5) aus der tiefsten Schicht der Olduvai-Schlucht, Tansania.
Foto von John Reader.

Tansania) meldete (Abb. 32). Die Bedeutung dieses Exemplars wuchs kurze Zeit später, als man anhand von Kalium-Argon-Datierungen ein Alter von damals unvorstellbaren 1,8 Millionen Jahren feststellte. Nachfolgende Funde dieses robusten Hominiden stammen aus Nordtansania, verschiedenen Teilen Nordkenias und Südäthiopien. Diesen neuen *Paranthropus* beschrieb man treffend mit «wie *P. robustus*, aber ausgeprägter», mit noch massiverem Schädel, noch stärkeren Backenzähnen und winzigen Schneide- und Eckzähnen.

P. boisei, wie diese Form heute heißt, bewohnte bemerkenswert unterschiedliche Lebensräume. In Olduvai lagerten die Fossilien in einer Seeuferumgebung. Am Seeufer wuchsen Röhricht und Bäume, die jedoch nach wenigen Metern in trockenes Grasland übergingen. Während der langen Ära von *P. boisei* wurde das Klima im Becken des äthiopischen Omo-River zunehmend trockener, entlang der Flußläufe, wo sich die fossilführenden Schichten befinden, blieben jedoch wahrscheinlich Waldbestände stehen. So tritt *Paranthropus* in Ostafrika nicht wie in Südafrika gleichzeitig mit einer auffallenden Klimaverschlechterung auf. Besonders aufschlußreich ist, daß *P. boisei* über mehr als 1 Million Jahre, in denen es zu merkbaren Klimaveränderungen kam, augenscheinlich unverändert blieb. Als der einst so häufige *P. boisei* schließlich offensichtlich ohne Nachfahren ausstarb, sah er immer noch so aus wie am Anfang. *P. boisei* scheint sich nicht oder nur wenig an die zunehmend trockeneren Bedingungen angepaßt zu haben. Vermutlich war sein Verschwinden die Antwort auf einen ganz anderen Faktor: seine Unfähigkeit, mit einem anderen Hominiden zu konkurrieren, von dem wir im Folgenden hören werden.

 Der früheste *Homo*?

Im Jahr nach dem Fund des «*Zinjanthropus*»-Schädels in Olduvai fand man in nahegelegenen, 1,8 Millionen Jahre alten Ablagerungen die Überreste einer weiteren frühen Menschenform (Abb. 33). Zum Zeitpunkt dieser Entdeckung waren schon seit 50 Jahren Steingeräte aus Olduvai bekannt, aber nur wenige Fachleute hatten Louis Leakeys Vorstellung geteilt, «*Zinjanthropus*» (d.h. *P. boisei*) habe sie hergestellt. Der neue Hominide war dagegen ganz anders und nicht eine weitere Variante des Robustus. Die Fossilien bestanden aus einem Unterkieferfragment, den Schädelteilen eines jungen Individuums und Teilen eines Körperskeletts. 1964 benannten Leakey und zwei Kollegen aufgrund dieser Knochen und weiterer, später aufgefundener Exemplare, die neue Art *Homo habilis* (der geschickte Mensch). Die Entdeckung dieser neuen Art machte ziemlichen Wirbel, nicht nur weil sie sich stark von *Zinjanthropus* unterschied und viel wahrscheinlicher als Werkzeughersteller in Frage kam, sondern auch, weil sie sich nicht besonders stark vom südafrikanischen *A. africanus* abhob. Als sich die Wogen der wissenschaftlichen Diskussionen geglättet hatten, blieben die Fakten, daß *Homo habilis* ein größeres Gehirn besaß (der teilweise erhaltene Hirnschädel hatte 680 ml Volumen) und anders geformte Prämolaren. Dies ist wenig, um sicher eine neue Art zu definie-

ren. *Homo habilis* steht daher weiterhin im Zentrum der Aufmerksamkeit.

Was läßt sich über die Werkzeuge des neuen Olduvai-Hominiden sagen? Kurz gesagt, sie waren ziemlich einfach und bestanden aus Geröllen, von denen man durch Schlag mit einem anderen Stein Abschläge entfernt hat (Abb. 34). Mary Leakey fand heraus, daß sich verschiedene Formtypen dieser Olduvai-Geräte unterscheiden ließen und daß die Olduvai-Handwerker einen kompletten Werkzeugsatz für verschiedene Zwecke entwickelt hatten. Neuere Untersuchungen zeigen aber, daß man eher die scharfen Abschläge als die Kerne als Werkzeuge nutzte. Die Artefakte, von denen Mary Leakey dachte, sie seien sorgfältig herausgearbeitet, scheinen nur Nebenprodukte der Abschlagherstellung zu sein. Jene kleinen und scheinbar einfachen Abschläge sind hervorragende Werkzeuge. Man konnte mit ihnen in Experimenten sogar große und dickhäutige Säuger wie einen Elefanten häuten und zerlegen (Abb. 35).

Als grundlegende Neuerung müssen diese ersten Steinwerkzeuge das Leben der Hersteller vollständig verändert haben. Da aber wahrscheinlich nicht alle frühen Werkzeuge aus derartig hartem und dauerhaltem Material bestanden, sind die ältesten bekannten Werkzeuge nicht zwingend auch die ältesten von menschlichen Vorfahren benutzten. Es ist sehr gut möglich, daß die ersten Geräte der primitiveren Hominiden einfache Grabstöcke waren, die unsere entfernten Vorfahren benutzten, um im Savannenboden Wurzeln und Knollen zu suchen. Der Einsatz schneidender Geräte muß die ökologischen Spielregeln gewaltig verändert haben. Frühere menschliche Vorfahren können natürlich eßbare Teile von gefundenem Aas und auch kleinere, selbst gefangene Tiere verzehrt haben. Die ersten Werkzeugmacher waren aber in der Lage, Großtierkadaver zu zerteilen und so ein größeres Spektrum hochwertiger Eiweißnahrung zu nutzen. Darüber hinaus ermöglichte die Fähigkeit, tote Körperteile abzutrennen, diesen verhältnismäßig kleinen Hominiden, mit einem Minimum an Zeit in der gefährlichen offenen Savanne auszukommen, da sie die Beute auf zwei Beinen

33
Typus-Exemplar des *Homo habilis*.

Das 1,8 Millionen alte Typus-Exemplar des
Homo-habilis stammt aus der Olduvai-
Schlucht. Nach jahrelangen Kontroversen
akzeptiert man diese Art, wenn auch mit Vor-
behalt, als ein Mitglied unserer Gattung
Foto von John Reader

34
Gerät aus dem Oldowan.
Typischer Oldowan Geröll-«Chopper» aus der Olduvai-Schlucht, Tansania
Foto von John Reader

35
Zerlegen des weltweit größten Landtieres der Welt mit der einfachsten Technologie der Welt.
Die Archäologin Kathy Schick demonstriert, wie man mit einfachen Abschlägen einen Elefanten zerlegen kann (der eines natürlichen Todes gestorben war)
Foto mit freundlicher Genehmigung von Kathy D. Schick und Nicholas Toth, CRAFT Research Center, Indiana University. Aus Schick und Toth, 1993 167

gehend wegtragen und in der Sicherheit von Baumkronen verzehren konnten. Frühe Steinwerkzeuge dienten aber sicher nicht nur dem Zerlegen. Die Kanten tragen typische, nutzungsabhängige Gebrauchsspuren. Deren mikroskopische Analyse zeigte, daß man diese einfachen Geräte für die Holzbearbeitung, das Schneiden weicher Pflanzenteile, zum Zerlegen von Fleisch und Zerschneiden von Sehnen einsetzte.

Ein weiterer Aspekt früher Werkzeugherstellung verschafft uns interessante Einblicke in die kognitiven Fähigkeiten der Werkzeughersteller. Nicht alle Steinmaterialien eignen sich gleich gut für die Bearbeitung, und obwohl sie ihre Geräte nur bei Bedarf herstellten, wählten sie das Ausgangsmaterial sorgfältig aus. Sie nahmen nicht einfach den nächstbesten Stein; tatsächlich fanden sich die für die Werkzeuge verwendeten Rohmaterialien oft zwei oder mehr Kilometer von den Fundstellen entfernt. Frühe Werkzeugmacher kannten also offensichtlich ihre zukünftigen Bedürfnisse und nahmen geeignete Steine über ziemlich weite Distanzen mit, bevor sie daraus die benötigten Werkzeuge herstellten. Da sich die an Schlachtplätzen aufgefundenen Stücke aus Kernsteinen, Abfällen und Abschlägen wieder in die vollständigen Ausgangsgerölle zusammensetzen ließen, scheint es nicht so, daß sie die Werkzeuge andernorts herstellten und die Fertigprodukte mitführten. Obwohl ihr Gebrauch vorhergesehen wurde, stellte man die Werkzeuge erst bei Bedarf her. Da sich ganze Gerölle leichter als ein Haufen Kerne und Abschläge transportieren lassen, ist das vielleicht nicht überraschend.

Während man den *Homo habilis* ziemlich schnell als den Hersteller der Olduvai-Werkzeuge anerkannte, war dies mit der Vorstellung, er sei einer von uns gewesen, etwas schwieriger. Wie konnte man ein derartig primitives Wesen als Mitglied unserer eigenen Gattung akzeptieren? Erst als Leakeys Sohn Richard 1972 in Ost-Turkana (Nordkenia) einen bemerkenswerten, 1,9 Millionen Jahre alten Schädel fand, erkannte man *Homo habilis* allgemein als frühes Mitglied unserer Gattung *Homo* an (Abb. 36). Der neue Schädel – bekannt unter seiner Museums-Katalog-Nummer KNM-ER 1470 – fiel besonders durch sein großes Gehirn von rund 750 ml auf. Da er sich auch in anderer Hinsicht von jeder *Australopithecus*- und *Paranthropus*-Art unterschied, hielt man diesen Vertreter nach einer anfänglichen Phase der Unsicherheit (die durch die irrige Vorstellung, er sei 2,6 Millionen Jahre alt, verlängert wurde) für ein Musterbeispiel von *Homo habilis*. 1973 fand man in Ost-Turkana einen weiteren, außergewöhnlich vollständigen Schädel (KNM-ER 1813). Obwohl dieses Exemplar die Entdecker zunächst durch seine Ähnlichkeit zum südafrikanischen *Australopithecus africanus* verblüffte, erinnerten sie seine Zähne an die in der Olduvai-Schlucht aufgelesenen. Heute glaubt man, daß es sich um eine *Homo habilis*-Frau handelt, während ER 1470 von einem Mann stammt. Bemerkenswert ist der relativ kleine Hirnschädel von ER 1813, dessen Volumen nur wenig über 500 ml liegt.

Ironischerweise führte die Annahme, der Schädel gehöre zu *Homo habilis*, dazu, daß 1470 zu dem Exemplar wurde, das die meisten Forscher von der Bedeutung dieser Art und der richtigen Zuordnung zur Gattung *Homo* überzeugte. In der Rückschau ist heute sicher, daß 1470 nicht zur Spezies gehört, deren Knochen am Boden der Olduvai-Schlucht gefunden wurden. Andererseits gehörten 1813 und weitere Exemplare aus Ost-Turkana sicherlich dazu. Weiterhin könnte es sich auch bei einem Schädel aus 1,6 Millionen Jahre alten Ablagerungen aus Sterkfontein (Südafrika), die ebenfalls Steinwerkzeuge enthalten, um einen *Homo habilis* handeln. Trotz alledem bleibt *Homo habilis* nicht nur wegen der geringen Gehirngröße von 1813, sondern auch wegen der außerordentlichen Primitivität eines im Jahr 1985 in Olduvai geborgenen Skelettes ein problematischer Vertreter der Gattung *Homo* (Abb. 37). Dieses stark fragmentierte Skelett wurde aus der gleichen stratigraphischen Schicht wie der originale *Homo habilis* geborgen, und ist demzufolge auch rund 1,8 Millionen Jahre alt. Es ist vollständig genug, um zu verraten, daß das Individuum sehr klein war – nicht viel größer als 90 cm –, und mit seinen kurzen Beinen und langen Armen *A. afarensis* ähnelte. Primitiver Körper, *Australopithecus*-ähnlicher Schädel, kleines Gehirn:

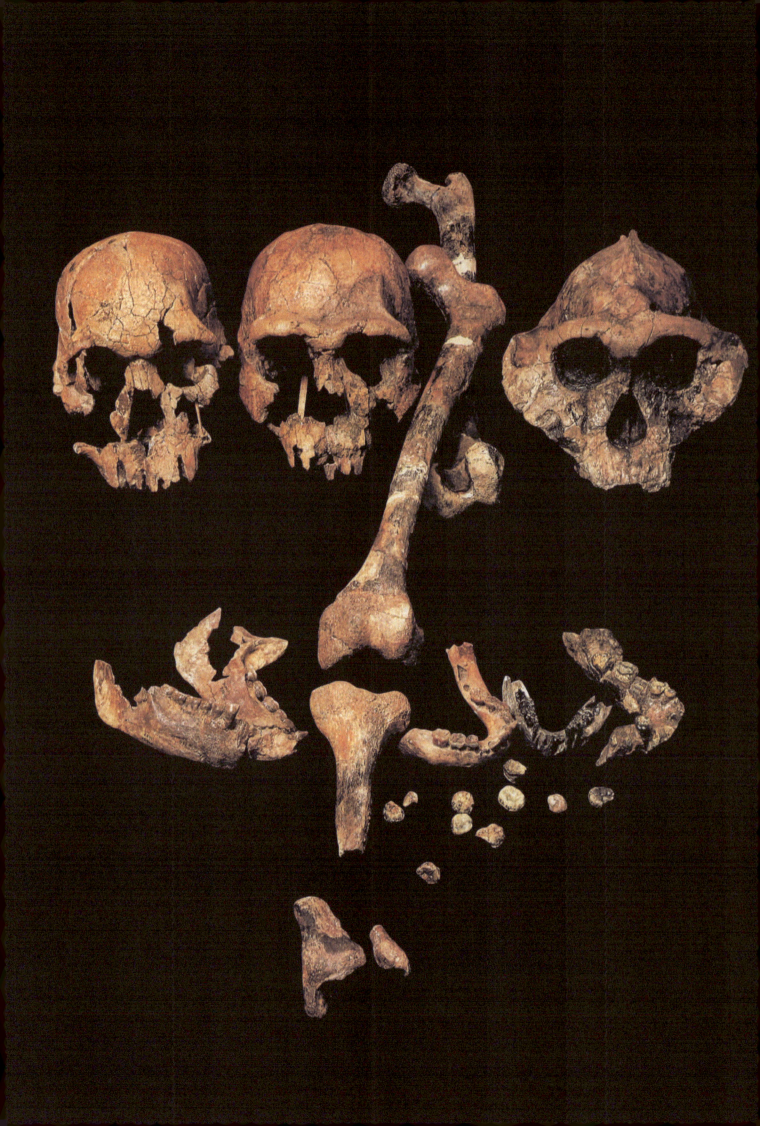

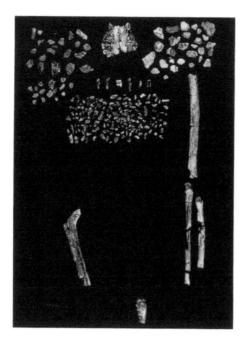

37

Das fragmentarische Skelett OH 62 aus der Olduvai-Schlucht, Tansania.

Obwohl es unvollständig und fragmentarisch vorliegt, läßt dieses *Homo habilis*-Skelett auf überraschend primitive Gliedmaßenproportionen schließen. Es ist rund 1,8 Millionen Jahre alt.

Mit freundlicher Genehmigung des Institute of Human Origins

36

Zusammenstellung von drei Hominidenschädeln und Knochen des Körperskeletts aus Ost-Turkana, Kenia.

Ironischerweise überzeugte der bemerkenswerte 1,9 Millionen Jahre alte Schädel KNM-ER 1470 (links) die Wissenschaftler in den siebziger Jahren, daß *Homo habilis* tatsächlich eine eigene Art darstellt. Gerade dieses Exemplar wird heute zunehmend als eigene Art *H rudolfensis* betrachtet. In der Mitte ist KNM-ER 3733 abgebildet, der heute weitgehend der Art *Homo ergaster* zugerechnet wird und rechts KNM-ER 406, *Paranthropus boisei*.

Foto von John Reader

nicht gerade das Porträt einer frühen Art unserer eigenen Gattung, zumindest nicht für mich und eine wachsende Anzahl meiner Kollegen. Trotzdem besteht kaum Zweifel daran, daß *Homo habilis* in der gut dokumentierten Zeitspanne seiner Existenz vor rund 1,9 bis 1,6 Millionen Jahren Werkzeuge herstellte. Die Identität des ersten Werkzeugmachers überhaupt bleibt jedoch im Dunkeln. Die ältesten, aus 2,5 Millionen Jahre alten Fundstellen in Ostafrika geborgenen Steingeräte sind nicht mit Fossilien vergesellschaftet, die uns etwas über ihre Hersteller verraten könnten. Überhaupt gibt es aus dieser Zeit nur sehr wenige Hinweise auf Hominiden.

Obwohl sich langsam herauskristallisiert, daß der Fund 1470 eine eigene Art, *Homo rudolfensis,* darstellt, verbleibt er in der Gattung *Homo*. Einige Extremitäten-Knochen aus Ost-Turkana, die *Homo rudolfensis* zugeordnet werden (vielleicht nur, weil sie anders aussehen als andere, die man *Homo habilis* zuschreibt), besitzen eine modernere, weniger *Australopithecus*-ähnliche Anatomie. Trotz eines eher fortschrittlichen Körperbaus werden jedoch nur wenige Forscher den *Homo rudolfensis* für den Vorfahren späterer Menschen halten. Wie schon diskutiert, muß jeder Vorfahr unspezialisierter als seine vermuteten Abkömmlinge sein, und der Schädel von *Homo rudolfensis* besitzt eine Reihe spezialisierter Merkmale. Der wesentlich primitivere *Homo habilis* stellt einen besseren Kandidaten für unsere Vorfahrenlinie dar, auch wenn es nicht viel Sinn macht, ihn in unsere Gattung einzuordnen.

Die Fülle der Fossilien aus der Zeit vor rund 2 Millionen Jahren scheint daher vor allem zu belegen, daß die Hominidenarten damals eine bemerkenswerte Blütezeit erlebten. Statt eines langsamen Übergangs von *Australopithecus* zu *Homo* finden wir Hinweise darauf, daß die Abstammungslinie sich mindestens einmal – vielleicht sogar mehrfach – aufspaltete (einerseits zu *habilis* und andererseits zu *rudolfensis*). Unser Problem ist, daß wir nur einen Ausschnitt des Gesamtbildes sehen, und die sich im vorhandenen Fossilmaterial verbergenden Arten nur ungenau identifizieren, geschweige denn ahnen können, wie viele Hominidenarten damals wirklich existierten. Noch ungewisser ist unser eigener Ursprung. Für eine klarere Aussage müssen wir nicht nur auf weitere Fossilien, sondern auch auf eine genaue Artzuordnung der bekannten Fossilien warten. Das Bild der Zeit vor 1,9 bis 1,8 Millionen Jahren ist verwirrend. Wir müssen jedoch nicht mehr lange auf das Erscheinen eines überzeugenden Kandidaten für eine frühe Mitgliedschaft in der Gattung *Homo* warten.

39 *(Seite 59)*
Schädelrekonstruktion des Pekingmenschen.

Dieser neuen Rekonstruktion des *Homo erectus*-Schädels aus dem American Museum of Natural History liegen Fragmente eines männlichen Schädels aus Zhoukoudian, China, zugrunde. Die Originale gingen im 2. Weltkrieg verloren. Er war wahrscheinlich 300 000 Jahre alt.
Rekonstruktion von G.J. Sawyer; Foto von Craig Chesek.

38
Java-Mensch.

Die Schädelkalotte des 1891 von Eugene Dubois entdeckten *Homo erectus*, der mindestens 700 000 Jahre alt, aber vielleicht auch wesentlich älter ist
Foto mit freundlicher Genehmigung von John de Vos.

Die ersten modernen Zweibeiner

Arbeiten von Richard Leakey und seinem Team in der Umgebung des Turkana-Sees in Kenia führten während der siebziger und achtziger Jahre zur Entdeckung einer Serie von Hominidenfossilien, die keinem der bis hier besprochenen Typen glichen. Angefangen mit einigen Unterkieferfragmenten, fand man bald zwei Schädel, die als KNM-ER 3733 und KNM-ER 3883 bekannt wurden (vgl. Abb. 36). Der vollständigere, 3733, besitzt ein Hirnvolumen von 850 ml, ein relativ leicht gebautes und hochgewölbtes Schädeldach, klare, wenn auch kleine Überaugenwülste, ein flaches Gesicht und ein menschenähnliches, aber – im Vergleich zu uns – großes Gebiß, das leider unvollständig vorliegt. 3733 wurde auf ein Alter von 1,7 Millionen Jahre datiert und war mit keiner *Australopithecus*-Art vergleichbar; eher forderte er zu einem Vergleich mit *Homo erectus* heraus, einer im späten 19. Jahrhundert vom niederländischen Paläoanthropologen Eugene Dubois in Java gefundenen und beschriebenen Art (Abb. 38). Das Dubois zur Verfügung stehende Material bestand aus einem Schädeldach, einem vollständigen Oberschenkel mit knöchernem Auswuchs und einigen Oberschenkelfragmenten. Der Oberschenkel (der nicht eindeutig mit dem Schädelrest vergesellschaftet war) ließ sich kaum von dem eines modernen Menschen unterscheiden (daher wählte Dubois den Artnamen *erectus* = der Aufrechte), aber der Hirnschädel wies völlig andere Merkmale auf. Er war lang, flach und bestand aus dicken Knochen. Der Hinterkopf war scharf gewinkelt und besaß vorne über den Augenhöhlen ausgeprägte Wülste. Dubois schätzte das Gehirnvolumen auf etwas über 900 ml (nach moderneren Berechnungen rund 940 ml). In den achtziger Jahren des 19. Jahrhunderts war dies eine nie zuvor gesehene Merkmalskombination, die Dubois veranlaßte, die neue Gattung *Pithecanthropus* (Affenmensch) zu schaffen, ein Name, der seine Sicht dieses Wesens widerspiegelte – ein evolutiver Übergang zwischen Menschenaffen und Menschen. Seit den fünfziger Jahren rechnet man diese Art gewöhnlich zu unserer Gattung *Homo*.

Da die Fossilien aus Java meist nicht genau genug lokalisiert werden konnten, war keine stratigraphische Datierung möglich. Man glaubt heute jedoch, daß die Schädelkalotte rund 700 000 Jahre alt ist (oder älter). Seit Dubois' Zeiten fand man in javanischen Ablagerungen weitere frühe Hominiden des gleichen Typs, die beträchtlich älter (1 Million Jahre oder in einigen Fällen offensichtlich wesentlich mehr) und auch jünger sind. Der «Pekingmensch» von Zhoukoudian in China ist jünger. Die wahrscheinlich 400 000 bis 250 000 Jahre alten Vertreter gehören aber eindeutig zur selben Art (Abb. 39). Die Zhoukoudian-Funde – fast ein Dutzend Schädel, leider ohne Gesichtsteil – sind aufgrund der Hirngrößen zwischen 850 und 1200 ml besonders interessant.

Von Anfang an betonte man trotz der großen Zeitlücke zwischen den Funden die Ähnlichkeit zwischen den Vertretern aus Ost-Turkana und denen von Zhoukoudian. Aber trotz aller offensichtlichen Ähnlichkei-

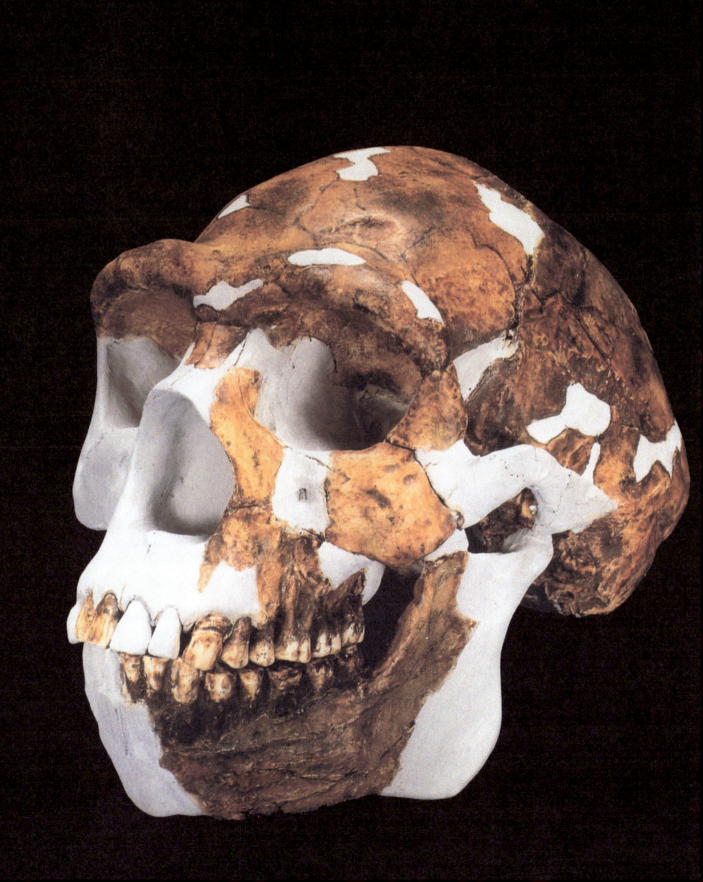

Skelett des «Turkana-Jungen».

Das rund 1,6 Millionen Jahre alte Skelett eines heranwachsenden *Homo ergaster* aus West-Turkana, Kenia, ist das erste mit auffallend modernen Körperproportionen
Foto des aufgestellten Abgusses von Dennis Finnin und Craig Chesek

ten besitzt *Homo erectus* spezialisierte Merkmale – besonders den langen, flachen Schädel und die massive Knochensubstanz –, welche die Ostafrikaner nicht aufweisen. Zusätzlich besitzt der asiatische *Homo erectus* Spezialisierungen, die dem *Homo sapiens* fehlen. Während die Mehrheitsmeinung wahrscheinlich immer noch daran festhält, all diese Fossilien *Homo erectus* zuzuschreiben und in der Gesamtgruppe im weitesten Sinn die Vorfahren heutiger Menschen zu sehen, gibt es eine wachsende Tendenz, die kenianische Form als eine eigene Art *Homo ergaster* (Handwerker) abzutrennen. Diese Art könnte gut als vermuteter Vorfahr für *Homo erectus* und *Homo sapiens* stehen, die drei scheinen aber nicht in linearer Anordnung hintereinander zu passen. Es sieht eher so aus, als ob der asiatische *Homo erectus* ein ausgestorbener, spezialisierter Seitenzweig der menschlichen Linie war.

So steht *Homo ergaster* im Rampenlicht. Wie war dieser uralte Vorfahre wirklich? Die Frage wurde 1984 durch einen glücklichen Zufall beantwortet, als man im Westen des Turkana-Sees ein überraschend vollständiges Skelett eines Jugendlichen in 1,6 Millionen Jahre alten Sedimenten entdeckte (Abb. 40). Man vermutet, daß dieses unglückliche Individuum – ein Junge – neun Jahre alt war, als er in einem Sumpf starb. Seine Überreste versanken schnell im Schlamm und wurden so vor der Zerstörung durch Aasfresser bewahrt. Da er ungefähr das Entwicklungsstadium hatte, das ein moderner Heranwachsender zwischen 11 und 12 Jahren erreicht, lag seine Körpergröße zum Todeszeitpunkt mit rund 1,62 m deutlich unter der von rund 1,83 m, die er als Erwachsener erreicht

hätte. Darüber hinaus war er ausgesprochen schlank und langgliedrig, genau das Gegenteil zum konventionellen Bild des untersetzten, muskulösen *Homo erectus*, das man aufgrund der wenigen bekannten Langknochenfragmente erstellt hatte. Der «Turkana-Junge» ähnelte in den Proportionen viel eher den Menschen, die noch heute die Turkana-Region bewohnen. Deren schlanke Körper sind daran angepaßt, die von der intensiven tropischen Sonne ihres Lebensraumes eingestrahlte Wärme wieder abzugeben.

Obwohl es feine Unterschiede gibt, ist das Skelett des Turkana-Jungen das bisher älteste, das weitgehend wie unseres gebaut ist. Andererseits besaß der Turkana-Junge keine so breiten Schultern wie wir. Sein sich nach oben verjüngender Brustkorb war schmaler als unserer – offensichtlich ein kleines Überbleibsel aus der Vergangenheit, als man häufiger kletterte. Der vom Gehirn durch die Wirbelsäule ziehende Rückenmarkskanal war eingeengt, was man als Hinweis auf eine beschränkte Kontrolle der bewußten Atmung deutete. Dies wiederum könnte darauf hinweisen, daß der Turkana-Junge die Luftsäule, welche bei uns Geräusche beim Sprechen erzeugt, nicht wie wir kontrollieren konnte. Weiterhin unterschied er sich von uns in den Oberschenkelknochen, die ziemlich lange Oberschenkelhälse besaßen, was im weiblichen Skelett möglicherweise eine Kompensation für ein schmaleres Becken mit einem engen Geburtskanal wäre. Die Enge des Beckens paßt zur beschränkten Hirngröße, die, wie wir von den Funden 3733 und 3883 sowie vom Turkana-Jungen wissen, für diese Art typisch war.

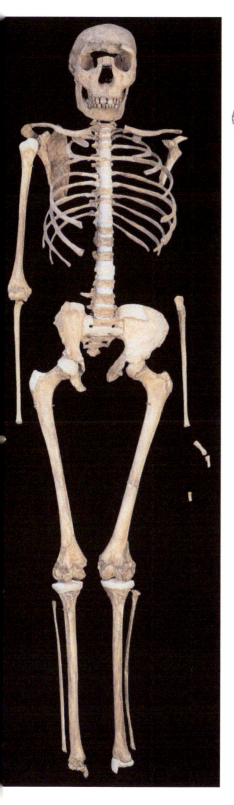

Lebensweisen

Homo ergaster war in den meisten Merkmalen vom Nacken abwärts eine frühe Menschenart, die aber ein relativ kleines Gehirn und einen Schädel mit primitiven Merkmalen besaß. *Homo ergaster* taucht in Ost-Turkana im kurzen Zeitraum vor 1,8 bis 1,5 Millionen Jahren auf. Natürlich ist das nur der bisher nachgewiesene Zeitraum. Wesentlich jüngere Sedimente sind in der Turkana-Abfolge nicht überliefert. Sie zeigen aber, daß in diesem beschränkten Gebiet zumindest während kleiner Abschnitte dieser kurzen Periode eine überraschende Vielfalt von Hominidenarten existierte. In der Turkana-Region lebten neben *Paranthropus boisei*, *Homo habilis* und *Homo rudolfensis* frühe fortschrittliche Menschen mit einem Körper, der unserem sehr ähnlich war. Sie alle wollten in ein und derselben Umwelt überleben. Wie setzte sich *Homo ergaster* schließlich gegenüber den anderen drei Arten durch? Was machte er anders? Am Anfang offensichtlich nicht viel. Die frühen Werkzeugtypen von Turkana unterscheiden sich nicht wesentlich von denjenigen, die man zusammen mit *Homo habilis* in Olduvai fand, und auch die archäologischen Fundstellen deuten auf keine wesentlichen Innovationen, z. B. in der Jagdtechnik, hin. Dies ist die zweite Erkenntnis aus dem Fossilbestand; die erste ist das fast völlige Fehlen von physischen Unterschieden zwischen den ersten Werkzeugherstellern und ihren Vorläufern – d. h. physische und technologische Veränderungen gingen in der Evolutionsgeschichte des Menschen nicht Hand in Hand.

Im Turkana-Beispiel finden sich eher stärkere physische Veränderungen, während technologische Fortschritte fehlen. Auf alle Fälle ist die Abkopplung der biologischen Entwicklung von der des Verhaltens schon sehr früh aufgetreten und sollte ein ständiges Merkmal der Menschheitsgeschichte bleiben. Oberflächlich betrachtet wäre die Entstehung einer neuen Art die einfachste Erklärung für das Auftreten neuer Technologien. Denkt man aber einen Augenblick nach, ist das beobachtete Muster nicht überraschend. Wo anders als *in* einer bestehenden Art können Neuerungen auftreten? Letztlich können neue Technologien nur von Individuen ausgehen, und diese können sich weder physisch noch mental stark von ihren Eltern unterscheiden.

Vor nicht mehr als 1,5 Millionen Jahren, nachdem *Homo ergaster* rund 250 000 Jahre existiert hatte, finden sich in Turkana und überall in Afrika starke Veränderungen in den archäologischen Befunden. Um diese Zeit tauchen neue Steingeräte auf, für die die Faust- und Spaltkeile des Acheuléen, benannt nach Saint-Acheul in Frankreich, beispielhaft sind, wo man derartige Werkzeuge (aber aus viel späterer Zeitstellung) in den dreißiger Jahren des letzten Jahrhunderts zum ersten Mal identifizierte (Abb. 41). Sie waren das Ergebnis gezielter Herstellung einer gewünschten Form, wahrscheinlich durch Mitglieder von *Homo ergaster*. Bei diesen Werkzeugen handelt es sich um die ersten genormten Geräte, deren Grundform als Idee in der Vorstellung des Handwerkers existiert haben muß, bevor er die Arbeit begann. Mit dieser Innovation wurde die einfachere Oldowan-Tradition jedoch nicht aufgegeben. Die tropfenförmigen Faustkeile und die breit endenden Keile, zwischen 15

41
Steinwerkzeuge des Acheuléen.

Unter den Werkzeugen aus Stelle WK in Bed 4 der Olduvai-Schlucht, Tansania, befinden sich klassische Faustkeile und Cleaver. *Foto von John Reader.*

cm und 30 cm lang, waren auf beiden Seiten von der Kante her umlaufend bearbeitet. Sie wurden noch über einige Jahrhunderttausende oder länger von einfacheren Kernsteinen und Abschlägen begleitet, und auch die bei der Faustkeilherstellung entstandenen Abschläge wurden weiter benutzt. Diese Koexistenz zweier Werkzeugtypen ist für ein weiteres Merkmal technologischer Neuerungen typisch, nämlich die Tendenz, alte Technologien parallel zu modernen Erfindungen z. T. über lange Zeiten beizubehalten.

Der Acheuléen-Faustkeil wurde schon einmal anschaulich als das «Schweizer Messer» der Paläolithiker beschrieben, mit dem man effizient schneiden, schaben, hacken oder graben konnte. Es gibt jedoch wenig Hinweise, daß seine Einführung das Leben der Erfinder wesentlich veränderte. Die gezielte Herstellung bestimmter Gerätetypen, wie Acheuléen-Faustkeile, Grobspitzen und Breitkeile, stehen in starkem Kontrast zur «ad hoc»-Produktion scharfer Abschläge im Oldowan-Stil. Acheuléen-Geräte finden sich oft in großer Zahl, als ob man sie in bestimmten Werkstätten hergestellt hätte. Diese beiden Tatsachen deuten auf einen Sprung in der geistigen Entwicklung bei den Acheuléen-Leuten hin. Das gleiche gilt für die frühen Hinweise auf kontrollierten Feuereinsatz, der um die gleiche Zeit einsetzte. Die Vorstellungen, daß *Homo erectus* oder seine Zeitgenossen Großwild jagten, indem sie es in Sümpfe trieben, gelten heute als überholt. Neuere Forschungen ergeben ein differenzierteres Bild. Jüngste Entdeckungen von hervorragend erhaltenen, 400000 Jahre alten hölzernen Wurfspeeren an der niedersächsischen Fundstelle Schöningen belegen die aktive Jagd auf Pferde. Vergleichbare archäologische Belege sind selten.

Dies wirft natürlich die Frage auf, warum ihr Gehirn im Verhältnis zur Körpergröße zugenommen hatte, denn es muß betont werden, daß eine Hirngrößenzunahme – selbst eine geringe – nicht nur von Vorteil ist. Das Gehirn verbraucht vergleichsweise mehr Energie als alle anderen Organe und muß durch komplizierte Regelprozesse auf konstanter Temperatur gehalten werden. Der energetische Nachteil eines vergrößerten Gehirns ist also deutlich, der Vorteil wird gegenwärtig ausführlich diskutiert. Vielleicht veränderte die Fähigkeit zu planendem Handeln die Evolutionsbedingungen, indem abstrakte intellektuelle Fähigkeiten belohnt wurden, was die zukünftige biologische und kulturelle Entwicklung ermöglichte. Wahrscheinlich haben selbst kleine technologische Fortschritte – solche, die nicht notwendigerweise in den spärlichen archäologischen Befunden erkennbar sind – den Individuen evolutive Vorteile gebracht, die sie zu nutzen verstanden. Diese Fortschritte können schließlich die geistigen Fähigkeiten kleiner Gruppen dieser frühen Menschen verändert haben, Gruppen, zwischen denen in diesem Klima und dem zunehmend instabileren Lebensraum scharfe Konkurrenz herrschte.

Technischer Fortschritt

Bis vor nicht allzu langer Zeit nahm man an, daß die ersten Menschen Afrika vor rund 1 Million Jahre zum ersten Mal verließen. Neue Datierungen aus Java ergaben für einige Hominidenvertreter (die sich leider nicht sicher einer Art zuordnen lassen) ein Alter von 1,8 bis 1,6 Millionen Jahren und weisen genauso wie ein wahrscheinlich 1,6 Millionen Jahre alter Hominidenkiefer aus Georgien darauf hin, daß dieses Ereignis viel früher stattgefunden haben muß. Zweifellos trat die nächste technologische Entwicklung erst vor 1 Million Jahren auf. Aber selbst dann findet sich nur eine Verfeinerung in der ursprünglichen Technik der Faustkeilproduktion: Die Faustkeile wurden dünner und schnitten daher effektiver. Dies war die Folge der Erfindung der «Schlagflächenpräparation». Bei dieser Methode stumpft man die Kante des Faustkeils bewußt ab, um eine Schlagfläche herzustellen, auf die man bei der Herstellung der endgültigen Arbeitskante mit größerer Wirkung zielen konnte.

Zusammen mit Werkzeugen dieser etwas überraschenden Technik finden sich gelegentlich Geräte, die in der Geschichte der Steinbearbeitung zum ersten Mal mit «weichem Schlag», d. h. durch Schlag mit Geweih- oder Holzschlegeln, hergestellt sein mußten. Diese im Vergleich zum bisher verwendeten, unnachgiebigen Stein eher elastischen Materialien, erlaubten wesentlich elegantere Bearbeitungsmethoden als vorher.

Welche Menschenart bewirkte diesen wichtigen Fortschritt? Wieder wissen wir es nicht, da wir aus dieser Zeit nur wenige Fossilien besitzen. Womöglich waren ihre Erfinder zumindest in Afrika *Homo ergaster*-Vertreter (in Asien sind Steinwerkzeuge dieser Zeitstellung ausgesprochen selten, und die Faustkeilkultur drang nie wirklich hierher vor). Oder vielleicht sahen sie dem Olduvai-Hominiden OH 9 ähnlich, benannt nach einem Schädeldach, das die Leakeys 1960 in Olduvai fanden. Der OH 9 paßt aufgrund des im Vergleich zu den Turkana-Schädeln größeren und kräftigeren Baus mit einem Hirnvolumen von wenig unter 1100 ml und einer Datierung von vor rund 800000 Jahren am ehesten zum *Homo erectus*, der auch im Turkana- und in ostasiatischem Material auftaucht. Diese Einschätzung ist jedoch eher das Ergebnis von Überzeugungen als von biologischen Tatsachen. Welche Stellung OH 9 im großen Zusammenhang einnimmt, bleibt noch sorgfältig zu analysieren.

Frühe Europäer – und andere

Es wäre zu erwarten, daß es, seitdem die *Homo ergaster/Homo erectus*-Gruppe in Afrika und Ostasien verbreitet war, auch Vertreter in Europa gab, wo über mehr als 1 Million Jahre eine einfache Steinwerkzeugtradition nachweisbar ist. Dies ist jedoch nicht so. Die ältesten europäischen Hominidenfossilien von der Gran Dolina-Fundstelle in den Atapuerca Hügeln Spaniens sind rund 780000 Jahre alt und wurden einer völlig

42

Der Unterkiefer des Heidelberger-Menschen.

Den 1907 in den Tiefen einer Kiesgrube in Mauer bei Heidelberg gefundenen Unterkiefer hält man für rund 500 000 Jahre alt. Er ist das Typusexemplar des *Homo heidelbergensis*
«Ancestors»-Foto von Chester Tarka; mit freundlicher Genehmigung von Reinhard Kraatz

neuen Art zugeordnet: *Homo antecessor*. Die genaue Morphologie dieser bisher noch ziemlich unbekannten Art wird noch diskutiert, ihre Erstbeschreiber halten sie für einen möglichen gemeinsamen Vorfahren zweier getrennter Abstammungslinien, den Neandertalern auf der einen und dem *Homo sapiens* auf der anderen Seite. Zwischen *Homo antecessor* und den Neandertalern liegt – wie sie glauben – *Homo heidelbergensis*, ein Menschentyp, der vor rund einer Million Jahren in Europa nachweisbar ist (in Afrika schon früher). Welche Verwandtschaft man diesen Fossilien am sinnvollsten zuordnen kann, ist genauestens überlegt worden, und für mich ist klar, daß sie weder zu *Homo erectus* noch zu *Homo sapiens* gehören. Da jedoch nach überkommener Lehrmeinung keine Übergangsformen zwischen diesen Arten zulässig sind, haben sich unter den Paläoanthropologen zwei Denkschulen herausgebildet. Eine davon (weitgehend in der englischsprachigen Welt) glaubt, daß die in Frage kommenden Fossilien zu *Homo sapiens* gehören – wenn auch zu einer archaischen Form –, da sie nicht zu *Homo erectus* gehören. Die andere (weitgehend französische) Schule behauptet, daß man diese Individuen, da sie keiner *Homo sapiens*-Form entsprechen, als fortgeschrittene *Homo erectus*-Vertreter betrachten muß. Die Vertreter beider Schulen würden

mit feinsinnigen Argumenten zurückweisen, daß ihre Überlegungen so simpel sind, wie hier dargestellt wird. Aber es gibt trotzdem für derartige Schulenbildung keine andere rationale Erklärung als die Macht überkommener Lehrmeinungen, denn diese Fossilien gehören zu einer (vielleicht sogar mehr als einer) gänzlich anderen Art.

Die fraglichen Fossilien sind eine zusammengewürfelte Gruppe von rund 500 000 bis 250 000 Jahre alten Fundstücken. Das älteste ist ein einzelner Unterkiefer, den man 1907 in einer Kiesgrube in Mauer bei Heidelberg gefunden hat (Abb. 42). Unterkiefer sind jedoch immer schwer einer Art zuzuordnen. Wir müssen bis zur 400 000 Jahr-Marke warten, um auf Material zu stoßen, das uns mehr über die betreffende Art verrät. Diese Nachweise zeigen sich ganz dramatisch in der Höhle von Arago, in der Nähe von Tautavel in den französischen Pyrenäen. Hier barg man in den letzten 25 Jahren mehrere Dutzend weitgehend fragmentarische Hominidenvertreter (vgl. Abb. 90, S. 131). Zu den am besten erhaltenen Stücken gehören ein Gesichtsteil sowie Teile eines Schädeldachs, die man – von einigen widersprochen – einem männlichen Individuum zurechnet (Abb. 43). Dieses Fossil mit einem Hirnvolumen von fast 1200 ml ähnelt sehr einem vollständigeren, aber schlecht datierten

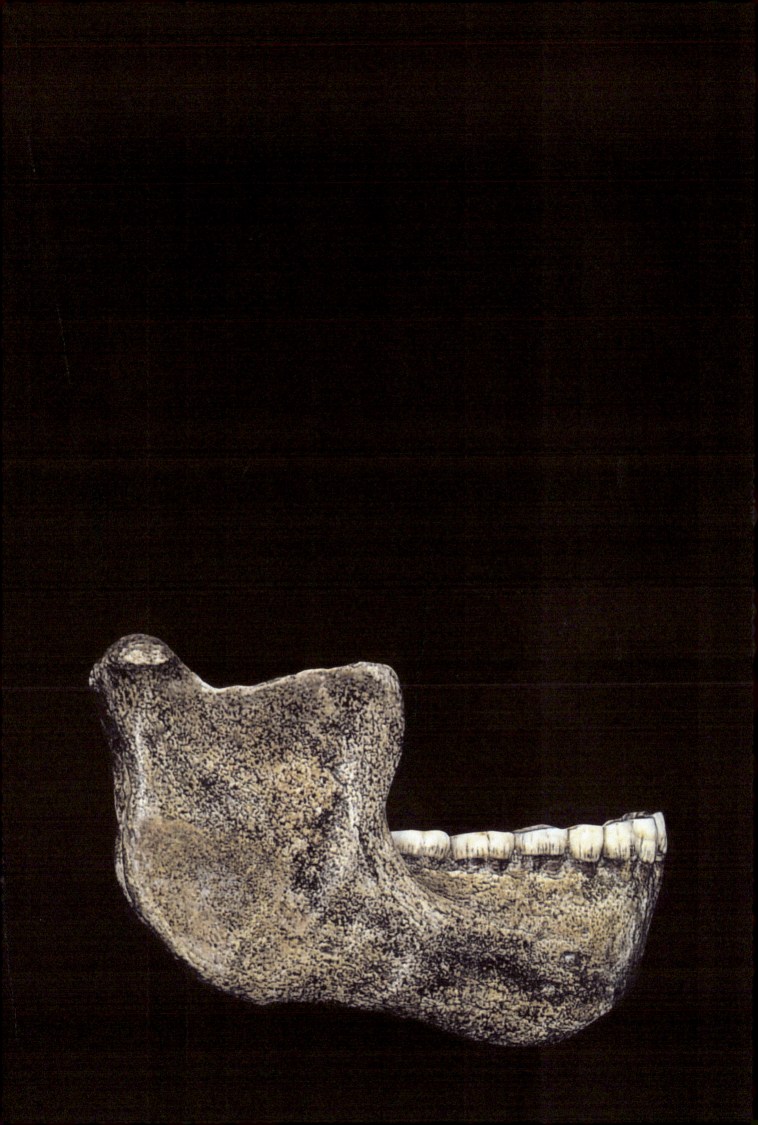

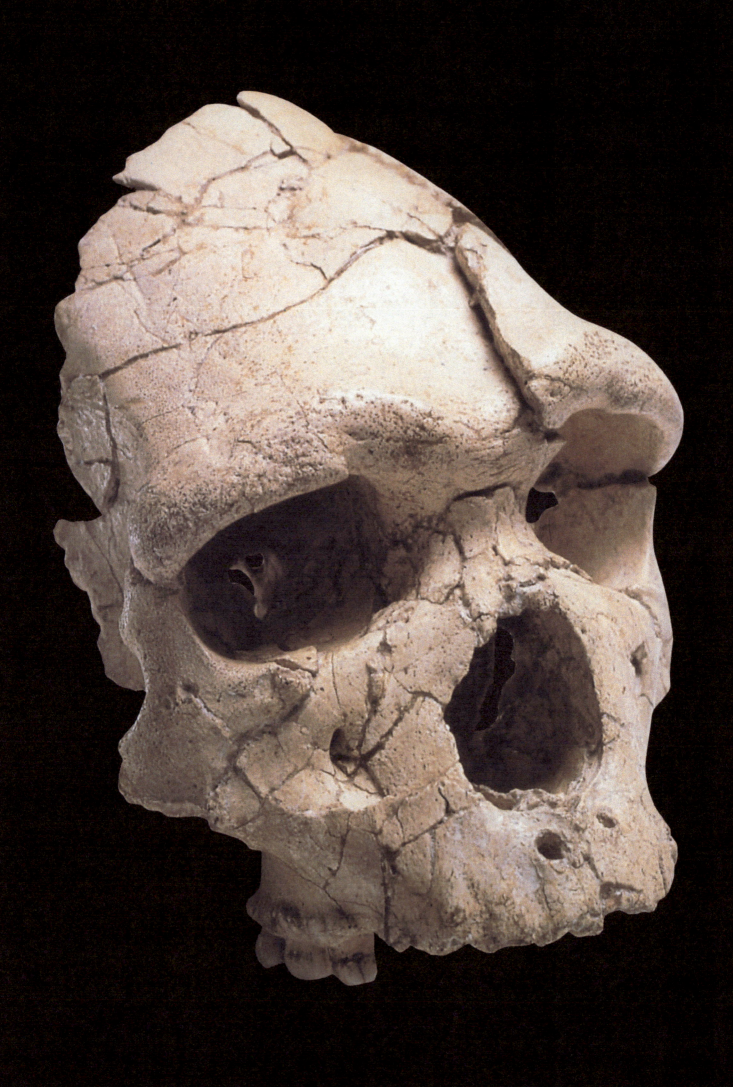

43 *links*

Der Arago-Schädel.

Dieses rund 400 000 Jahre alte Fundstück aus der Arago-Höhle in der Nähe von Tautavel, Frankreich, zählt zusammen mit weiteren Funden zu den am besten erhaltenen Fossilien des europäischen *Homo heidelbergensis*.
Foto von John Reader

44 *rechts*

Schädel des *Homo heidelbergensis* aus Petralona, Griechenland.

Der unsicher datierte Schädel (vielleicht rund 450 000 Jahre alt) ist das besterhaltene Exemplar des europäischen *Homo heidelbergensis*.
Foto mit freundlicher Genehmigung von George Koufos.

45 *(Seite 68)*

Schädelrest aus Bodo, Äthiopien.

Mit mehr als 600 000 Jahren Alter stellt dieser Schädel wahrscheinlich den robusten Vertreter des *Homo heidelbergensis* aus Afrika dar.
Foto von Donald Johanson, mit freundlicher Genehmigung des Institute of Human Origins.

46 *(Seite 69)*

Schädel des Rhodesien-Menschen aus Kabwe, Sambia.

Der schlecht datierte, wahrscheinlich mindestens 300 000 Jahre alte Schädel ist das am besten erhaltene Exemplar eines *Homo heidelbergensis* aus Afrika.
Foto von John Reader.

Schädel, den man 1960 im griechischen Petralona fand und dessen Hirn annähernd gleich groß ist (Abb. 44 und vgl. Abb. 91, S. 131). Diese Fossilien zeigen einen Menschen mit einem im Vergleich zu allen *Homo erectus*-Funden aufgewölbten Schädel, dessen Stirn jedoch immer noch hinter ausgeprägten Überaugenwülsten zurückweicht, die (beim Petralona-Exemplar) große Stirnhöhlen beherbergen. Diese Wülste sind jedoch im Vergleich zu den asiatischen Formen individuell über jedem Auge verschieden stark ausgeprägt. Der Hinterkopf ist stärker gerundet als bei *Homo erectus*, und die Wangen sind – ähnlich wie beim Neandertaler – leicht vorgewölbt, dagegen ist das Gesicht flacher. Die mit diesen Fossilien vergesellschafteten Werkzeuge sind allgemein ziemlich einfach. Die Fülle der Werkzeuge besteht aus einfachen Geröllgeräten und kleinen Abschlaggeräten wie Spitzen und Schabern.

Die von den Petralona- und Arago-Fossilien repräsentierte Art sollte man wahrscheinlich nach dem ersten Fund des Mauer-Unterkiefers *Homo heidelbergensis* nennen. Diese Art stellt aber kein rein europäisches Phänomen dar. Die Bodo-Fundstelle in Nordostäthiopien lieferte z. B. einen Gesichts- und Teile des Gehirnschädels eines robusteren, aber sehr ähnlichen Hominiden, der rund 600 000 Jahre alt ist (Abb. 45). Eine Mine in Kabwe (Sambia) gab einen gut erhaltenen Schädel mit vergleichbaren Merkmalen frei (Abb. 46). Auch er ist, wie das Bodo-Exemplar, nicht gut datiert, dürfte aber rund 400 000 Jahre alt sein. Elemente des Körperskeletts aus Kabwe passen zu den Fossilien von Arago und anderen Fundstellen, sie belegen einen zwar robusten, aber insgesamt modernen Körperbau. 20 000 km weiter im Osten konnte man auf der Dali-Fundstelle in China einen bisher unzureichend beschriebenen Schädel bergen, der in diese Gruppe gehören könnte. Dieses Exemplar – wieder nur ungenau datiert – könnte rund 200 000 Jahre alt, vielleicht sogar jünger sein. Andere Vertreter dieser Zeit vor 600 000 bis 200 000 Jahren lassen sich nicht so sicher dem *Homo heidelbergensis* zuordnen. Dazu zählen ein verformter Schädel aus Steinheim (Deutschland), der rund 250 000 Jahre alt, vielleicht sogar wesentlich älter ist (vgl. Abb. 66 und 67), der hintere Abschnitt eines Schädels aus Swanscombe (England) von wahrscheinlich ähnlichem Alter (vgl. Abb. 92) und ein rund 350 000 Jahre altes Schädelteil vom Ndutu-See in Tansania. Jüngst beschrieb man eine Fossilgruppe vom Sima de los Huesos-Fundplatz in den spanischen Atapuerca-Bergen als potentielle frühe Neandertaler (Abb. 47 und vgl. Abb. 94 und 95). Die ESR-Datierung einer den Fund überlagernden Calcit-Ablagerung lieferte ein Alter von rund 300 000 Jahren, der Zusammenhang zwi-

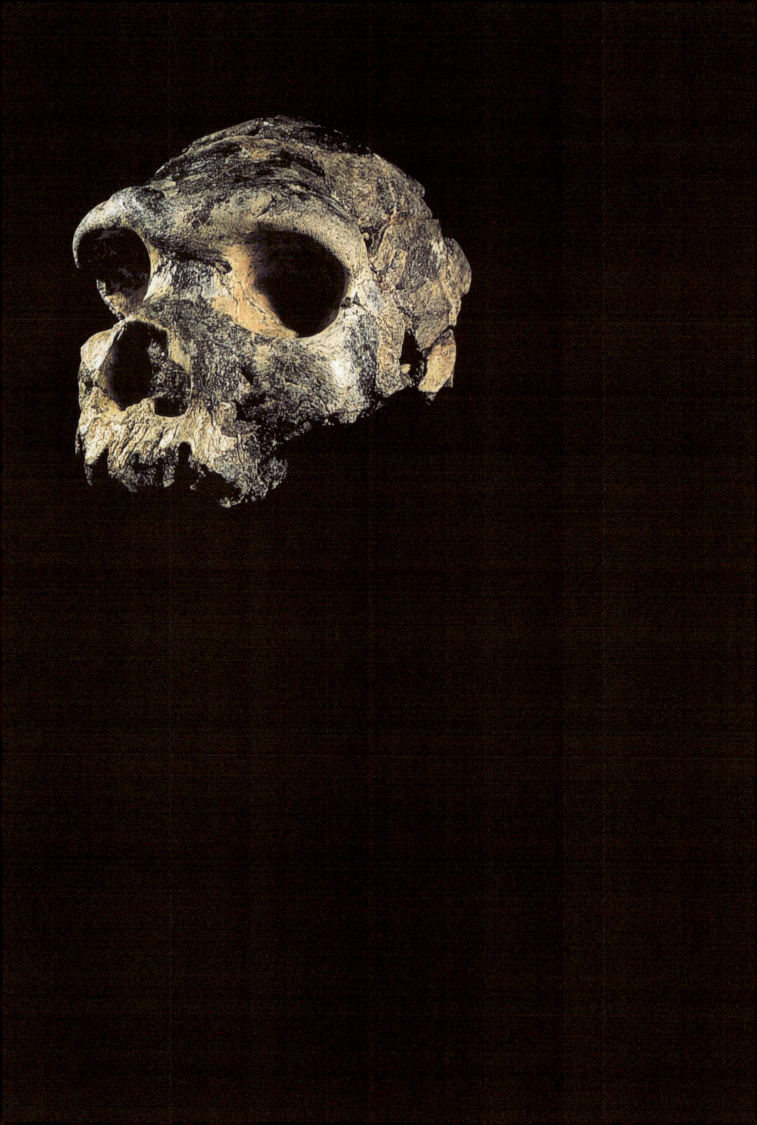

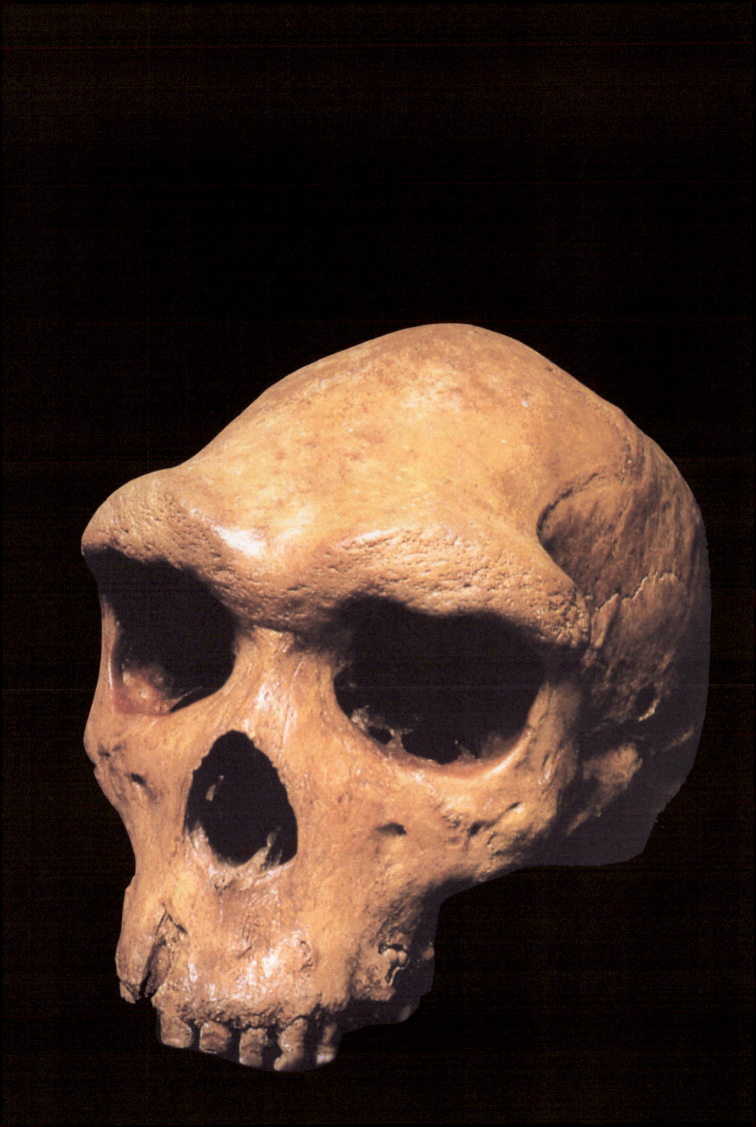

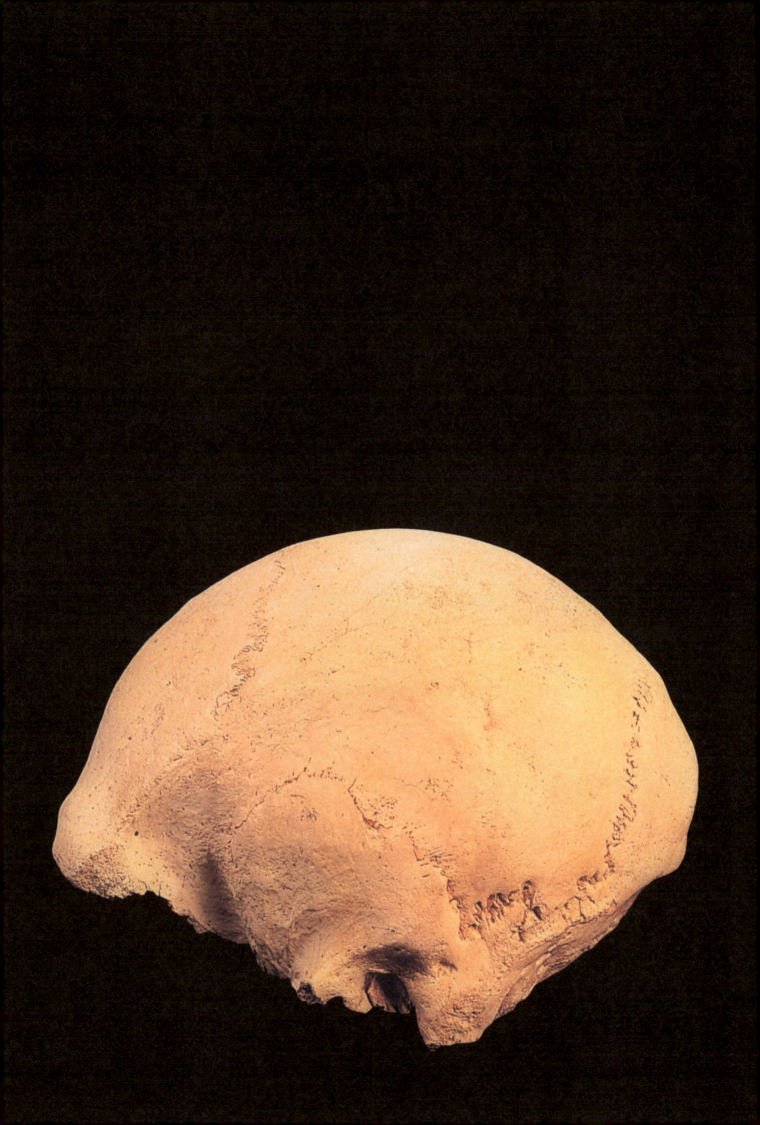

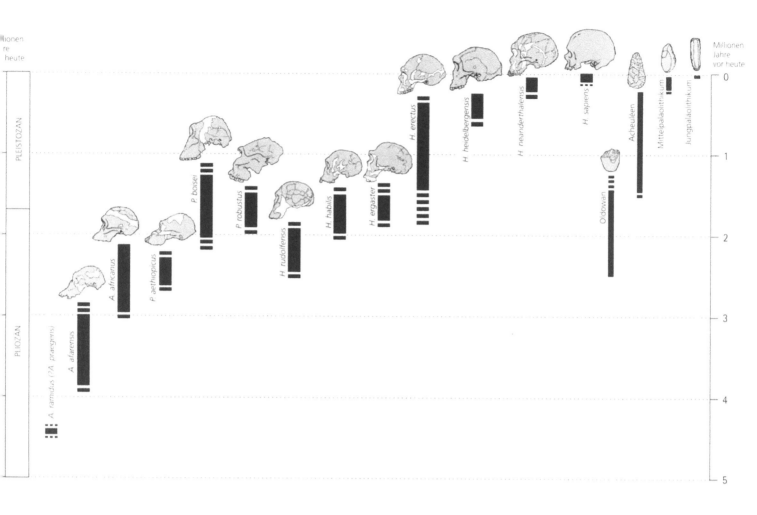

48

Die Abbildung zeigt, in welchen stratigraphischen Bereichen verschiedene Hominiden vorkommen, die in diesem Buch angesprochen werden. Bedenken Sie jedoch, daß bekannte Datierungen unzweifelhaft die wirkliche Existenzdauer unterrepräsentieren und daß einige Exemplare unsicher datiert sind.
Zeichnung von Diana Salles, nach Ian Tattersall, «Puzzle Menschwerdung», Spektrum Verlag, 1997)

47

Schädel 4 aus Atapuerca, Spanien.

Dies ist der vollständigste Schädel aus der «Grube der Knochen» in Atapuerca. Den Atapuerca-Funden schrieb man bestimmte Proto-Neandertaler-Merkmale zu. Sie sind rund 300000 Jahre alt.
Foto von Javier Trueba, © Madrid Scientific Films, mit freundlicher Genehmigung von Juan-Luis Arsuaga

schen Knochen und diesen Ablagerungen ist aber unsicher. Ein Urteil über die endgültige Artzuordnung der Atapuerca-Fossilien läßt sich erst nach einer grundsätzlichen Untersuchung fällen.

Homo heidelbergensis wäre ein einleuchtender Abkömmling von *Homo ergaster* und gleichzeitig ein potentieller Vorfahre der Neandertaler und von *Homo sapiens*, obwohl man auch andere Vertreter, wie die von Steinheim und Swanscombe, schon für mögliche Neandertaler-Vorgänger gehalten hat (Abb. 48). Wir werden in Kapitel 7 auf dieses Problem zurückkommen. Was wissen wir nun über menschliches Leben in diesem Abschnitt der Menschheitsgeschichte?

Wie wir gesehen haben, sind die Steingeräte von Arago einfach; es kommen nur einzelne faustkeilartige Werkzeuge vor. Die Fundstelle wurde aber auch – zumindest sporadisch – von *Homo heidelbergensis* bewohnt. Am Fundort ließen sich etwas über 20 Kulturschichten unterscheiden, die aus verschiedenen Phasen mit kaltem und trockenem Klima (daher baumlose Umwelt) und eher wärmerem und feuchterem Klima mit mehr Baumbestand stammen. In allen Schichten kommen zahlreiche Tierreste vor, die nahelegen, daß gejagt wurde. Auch in diesem Fall sind genauere Angaben unmöglich. Bessere Vorstellungen vom Leben im damaligen Europa kann die französische Fundstelle Terra Amata liefern, die innerhalb der Stadtgrenzen von Nizza liegt. Diese etwa 400000 Jahre alte Fundstelle deuteten die Ausgräber – nicht unwidersprochen – als jahreszeitlich genutztes Strandlager, an dem die frühen Menschen eine Schutzhütte errichtet hatten. Sollten die verbreiteten Vorstellungen vom Fundort richtig sein, waren diese Hütten mit bis zu 7,60 m Länge und mehr als 3,65 m Breite überraschend groß (Abb. 49). Sie bestanden aus in den Boden gesteckten Ästen, die man an der Hüttenspitze zusammenband. Ob man diese Konstruktionen durch Tierhäute wasserdicht gemacht hat, wird noch diskutiert, wahrscheinlich war es nicht der Fall. Interessan-

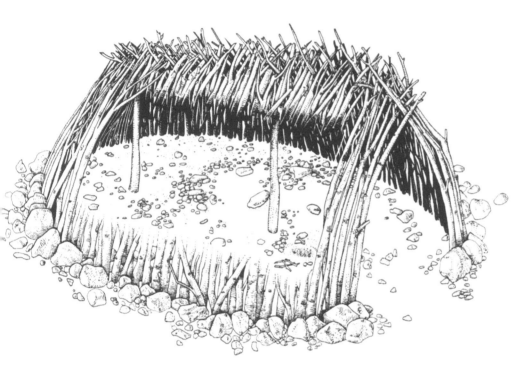

**49
Rekonstruktion der «Hütte» von Terra Amata, Südfrankreich.**

Die vielleicht 400 000 Jahre alte Anlage, an einer alten Uferlinie des Mittelmeeres gelegen, war 7,60 m lang. Der Ausschnitt aus der Hüttenwand gibt den Blick auf das Innere mit einer runden Feuerstelle und Abfällen von der Steinbearbeitung frei
Zeichnung von Diana Salles, nach einem Entwurf von Henry de Lumley.

terweise gab das Innere der am besten erhaltenen Hütte die Überreste einer alten Feuerstelle frei – einen der frühesten gut dokumentierten «Herde». Es gibt aber auch aus Afrika Hinweise auf Feuergebrauch vor 1,4 bis 1,5 Millionen Jahren. Kontrollierte Feuernutzung in Herdstellen stellte einen besonderen Fortschritt im Leben der Hominiden dar, so daß die Seltenheit früher archäologischer Feuerstellennachweise überrascht, obwohl das Verfahren so früh etabliert war. In der Hütte fanden sich zahllose zerbrochene Knochen unterschiedlich großer Tiere, von denen aber auffällig wenige Brandspuren aufweisen. Tiere wurden sicher weiterhin zerlegt, und das Inventar aus zahlreichen geborgenen Geräten, die man weitgehend aus den am Strand vorhandenen, schlecht geeigneten Kalksteingeröllen herstellte, enthält beidflächig bearbeitete Faustkeile und weitere, eher primitive Geräte.

Die vor rund 1 Million Jahren entwickelte Technik, flachere Faustkeile herzustellen, war für lange Zeit die letzte Erfindung. Erst vor rund 400 000 bis 200 000 Jahren (die Datierung ist unsicher) kommt es zu einer weiteren, größeren Innovation der Werkzeugherstellung. Diese Entwicklung setzte einen größeren Gedankensprung voraus. Faustkeile waren nützliche Werkzeuge, ihr weitverbreiteter Gebrauch sowie die zahlreichen Nachweise in Europa und Afrika über einen langen Zeitraum belegen den Erfolg dieser Technologie. Im Grunde waren Faustkeile für die meisten Aufgaben jedoch nicht besser geeignet als große scharfkantige Abschläge. So wurden sie im Laufe der Zeit langsam durch bessere Abschlaggeräte ersetzt. Derartige neue Werkzeuge stellte man her, indem man einen Kernstein so vorformte, daß sich ein einziger Abschlag in der gewünschten Form, normalerweise mit einem «weichen Schlag» abtrennen ließ (Levallois-Technik, Anm. d. Übersetzers) (Abb. 50). Diese Geräteherstellung setzte beim Steinbearbeiter große Materialkunde, Werkzeugbeherrschung und Erfahrung voraus: eine Technik, die sich in der Produktion eines Werkzeuges bezahlt machte, das eine lange, scharfe, umlaufende, schneidende Kante besaß. Abschläge von präparierten Kernen waren nicht immer schon das Endprodukt. Diese Grundformen überarbeitete man durch vorsichtiges «Retuschieren» und stellte so eine Reihe von Endprodukten her. Die Herstellung derartiger Geräte setzte außerdem ein Ausgangsmaterial voraus, das zuverlässig voraussagbare Brucheigenschaften besaß. Aus diesem Grund finden sich solche Geräte weitgehend in Regionen, in denen Rohstoffe wie Feuerstein und Hornstein, die genau diese Eigenschaften besitzen, häufig sind.

Wie die ersten Hersteller dieser Geräte von präparierten Kernen aussahen, ist unbekannt. Es erscheint jedoch einleuchtend, daß die Technik wahrscheinlich in Afrika in einer Population des *Homo heidelbergensis* entstand. Da sich die Neandertaler irgendwo in Europa oder dem westlichen Asien entwickelten, waren sie sicher kein afrikanisches Phänomen. Aber schließlich waren sie die Nachkommen des *Homo heidelbergensis*, die zu den unübertroffenen Meistern dieser Werkzeugtechnik wurden. Sie produzierten eine Vielfalt wunderschöner Abschlaggeräte.

Nach diesem kurzen Blick auf die lange Entstehungsgeschichte sollten wir zu den Neandertalern zurückkehren und zunächst darüber sprechen, wie sich unser Wissen über sie in den letzten rund 150 Jahren entwickelte und wie sie in das Blickfeld der Wissenschaft gerieten.

50

Präparierter Kern mit abgetrenntem Abschlaggerät.

Die Replik eines mittelpaläolithischen Kerns mit dem dazugehörenden Abschlag zeigt die lange umlaufende Kante, die bei Einsatz dieser Technik entsteht
Replik von Dodı Ben-Amı; Foto von Willard Whıtson.

Fund und Deutung der Neandertaler

51 *links*
Blick von Süden auf den Eingang der «Neanderhöhle», wie sie Mitte der dreißiger Jahre des 19. Jahrhunderts aussah (J. H. Bongard).

Die Neanderhöhle war die größte und bekannteste von mehreren Höhlen im Neandertal. Dort fand man 1856 die Neandertaler-Fossilien in der «Kleinen Feldhofer Grotte»
Mit freundlicher Genehmigung von Gerhard Bosinski.

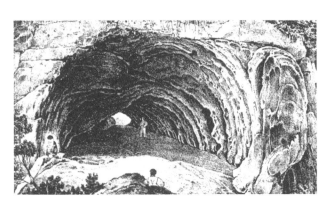

52 *rechts*
Porträt von Joachim Neander (1650–1680), von H. Ackermann.

Das Neandertal, durch das die Düssel ihren Weg zum Rhein sucht, wurde nach dem ins Griechische transponierten Familiennamen (ursprünglich Neumann) des Komponisten und Theologen Joachim Neander benannt. In den Steilwänden des Tales befand sich die Feldhofer Grotte, in der sich die Original-Neandertaler-Fossilien fanden
Mit freundlicher Genehmigung von Gerhard Bosinski.

Der Mann vom Neandertal

Das schlechte Image des Neandertalers wurzelt in der Geschichte seiner Erforschung. Ein Neandertaler (tatsächlich *der* Neandertaler) war das erste Fossil, in dem man eine von uns verschiedene Menschenform erkannte. Das war drei Jahre bevor Darwins großes Buch «Die Entstehung der Arten» erschien, das in dem (versteckten) Hinweis gipfelte, daß auch wir eine evolutive Vergangenheit haben. Im August 1856 legten Arbeiter auf der Suche nach Kalkstein den Eingang einer kleinen Höhle (der Feldhofer Grotte) frei, die hoch in den steilen Wänden des Neandertales lag, durch das sich die Düssel ihren gewundenen Weg zum Rhein sucht (Abb. 51 und 52). Im Sediment des Höhlenbodens fanden die Arbeiter ein Schädeldach, wie man es nie zuvor gesehen hatte: lang und flach, mit ein paar kräftigen Vorsprüngen über den fehlenden Augenhöhlen (Abb. 53). In der Nähe gruben sie einige Knochen des Körperskeletts dieses stark fossilisierten und robust gebauten Individuums aus (vgl. Abb. 107, S. 156). Die Arbeiter machten sich keine großen Gedanken über ihren Fund und nahmen an, daß es die Knochen eines Höhlenbären waren. Glücklicherweise legten sie zumindest einen Teil zur Seite, um ihn vom ortsansässigen Lehrer und Amateur-Naturkundler Johann Carl Fuhlrott begutachten zu lassen. Fuhlrott erkannte, um was es sich dabei wirklich handelte: um die Reste eines bisher unbekannten Menschentyps. Mit dieser Entdeckung erwarb er sich bleibenden Ruhm. In der Annahme, daß das, was er in den Händen hielt, Teile eines vollständigen Skelettes seien, besuchte Fuhlrott mit den Arbeitern die Höhle, aber es war zu spät. Die Grotte enthielt nichts mehr, was weitere Informationen über dieses bemerkenswerte Wesen hätte liefern können.

Fuhlrott hatte zwar erkannt, um was es sich handelte, besaß aber nicht die persönlichen Verbindungen, um diesen außergewöhnlichen Fund der Wissenschaft vorzustellen. So brachte er seine Knochen zu Hermann Schaaffhausen, damals Professor der Anatomie an der Universität Bonn. Beide stellten nach einer vorherigen Ankündigung auf einem Treffen der örtlichen Naturhistorischen Gesellschaft im Juni 1857 der Welt den Neandertaler vor (Abb. 54). Dabei faßte Fuhlrott die Entdeckungsgeschichte dieser Fossilien zusammen, die auf sorgfältiger Befragung der Arbeiter basierte, die die Funde ausgegraben hatten. Er betonte das Alter der Knochen, das sowohl durch die Dicke der sie überlagernden Erdschichten (über 1,50 m), als auch durch die starke Mineralisierung und Dendritbildung auf der Oberfläche, die sich auch auf den Knochen der ausgestorbenen riesigen Höhlenbären fanden, belegt war. Die Beschreibung und Deutung des Fundes war

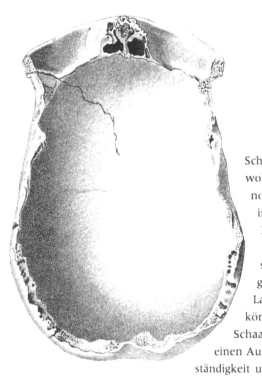

53 *(Seite 75)*
Schädelkalotte des Neandertalers.

Das originale Schädeldach aus dem Neandertal ist wahrscheinlich rund 50 000 Jahre alt. Die Entdeckung dieses Exemplars im Jahr 1856 führte zur Entwicklung der Paläoanthropologie, und der Fundort verlieh der gesamten Gruppe dieses ausgestorbenen Menschentyps – dem dieses Buch gewidmet ist – seinen Namen.
Mit freundlicher Genehmigung des Rheinischen Landesmuseums, Bonn.
Anmerkung des Übersetzers: Nach Datierungen an jüngsten Funden aus dem Neandertal sind die Knochen rund 40 000 Jahre alt.

54

Hermann Schaaffhausens Illustrationen der Neandertaler-Schädelkalotte aus dem Jahr 1857.

Die Lithographien auf dieser Seite stammen aus Schaaffhausens Originalbeschreibung der Neandertaler-Funde. Die Abbildungen der gegenüberliegenden Seite zeigen den «urtümlichsten» Schädel eines modernen Menschen, den Schaaffhausen finden konnte (beachten Sie die ausgeprägte Brauenregion).

Schaaffhausens Aufgabe. Obwohl Darwins großes Buch erst noch erscheinen sollte, gab es in Deutschland und anderen Ländern schon heftige Debatten darüber, ob sich Lebewesen aufgrund innerer Anlagen oder äußerer Einflüsse im Laufe der Zeit verändert haben könnten. Tatsächlich hatte Schaaffhausen fünf Jahre zuvor einen Aufsatz mit dem Titel «Über Beständigkeit und Umwandlung der Arten» veröffentlicht, in dem er darstellte, daß «die Unveränderlichkeit von Arten ... nicht belegt ist.»

Damals stellte Schaaffhausen theoretische, sogar philosophische Überlegungen an. Der Neandertaler war aber zweifellose Realität, die eine Erklärung forderte. Dieses Skelett war – während es viele menschliche Merkmale, einschließlich der Hirngröße aufwies – dennoch anders als alles, was Schaaffhausen oder sonst jemand je zuvor gesehen hatte. Er lieferte eine eindrucksvolle Detailbeschreibung der Knochen und meinte, daß der massive Knochenbau auf ausgeprägte Muskelbildung schließen ließ, die vielleicht auf anstrengende Lebensbedingungen hinwies. Die ungewöhnliche Form des Schädeldaches erregte seine besondere Aufmerksamkeit, vor allem die niedrige, fliehende Stirn und die knöchernen Wülste über den Augen. Er hielt diese Merkmale eher für natürlich als für die Folge von Krankheit oder abnormer Entwicklung. Sie erinnerten ihn an die großen Menschenaffen. Trotzdem war dies kein Menschenaffe, und wenn seine Merkmale nicht pathologisch waren, waren sie möglicherweise dem Alter der Funde zuzuschreiben. Also durchforstete Schaaffhausen die Literatur von Altertumsforschern, die alte Skelette ausgegraben hatten, nach Hinweisen auf vergleichbare Stücke. Obwohl seine Suche nach Exemplaren, die dem Neandertaler ähnlich waren, erfolglos blieb, kam er zu dem Schluß, daß die Knochen zu einem Vertreter eines Ureinwohner-Stammes gehörten, der Deutschland vor der Ankunft der Vorfahren des modernen Menschen bewohnt hatte.

Da Schaaffhausen die Fossilien nur mit den Begriffen seiner Sicht der Welt beschreiben konnte, war dieses Urteil ganz rational, besonders vor dem Hintergrund, daß nach den klassischen Chronisten (den Autoritäten der Vergangenheit) Deutschland in vergangenen Zeiten von behaarten Wilden bewohnt gewesen war – je älter desto primitiver. Trotzdem war er nicht sehr glücklich mit der Vorstellung, daß es sich hier einfach um die Reste eines barbarischen, uralten Germanen handeln sollte. Er meinte dazu: «Die Menschenknochen vom Neandertal übertreffen alle anderen in diesen Baueigentümlichkeiten, was zu dem Schluß führt, daß sie zu einer barbarischen, wilden Rasse gehören.» Wie nahe Schaaffhausen der evolutionären Erklärung

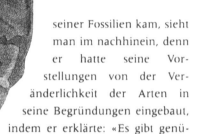
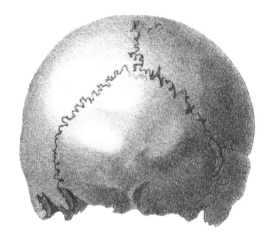

seiner Fossilien kam, sieht man im nachhinein, denn er hatte seine Vorstellungen von der Veränderlichkeit der Arten in seine Begründungen eingebaut, indem er erklärte: «Es gibt genügend Gründe für die Annahme, daß der Mensch zusammen mit Tieren des *Diluviums* (Sintflut; ein alter Begriff für das Pleistozän/Eiszeitalter) existierte, und viele barbarische Rassen könnten vor aller historischer Zeit zusammen mit den Tieren der vergangenen Welt verschwunden sein, während die fortschrittlicheren Rassen die Gattung erhielten.» Seine Bemerkung war zumindest in Ansätzen evolutiv, aber 1857 war die Zeit noch nicht reif für die Idee, daß der Neandertaler – uns so nah und doch so fern – nichts anderes als eine primitivere Version unserer Art sein sollte.

Meinungsverschiedenheiten gibt es aber immer, und die löste Schaaffhausens Bericht zu Hauf aus. Leider waren die einflußreichsten Leute nicht auf seiner Seite. In Deutschland wurden die biologischen Wissenschaften zu jener Zeit von Rudolf Virchow beherrscht, dem Vater der modernen Zellbiologie und aus politischen Gründen einem Gegner evolutionären Gedankenguts. Virchow vertrat sozialistische Ideale. Er kämpfte für eine Gesellschaft, in der nicht Herkunft, sondern die Fähigkeiten des Einzelnen über seine Zukunft entscheiden sollten. Die Evolutionstheorie war für ihn ein Elitedenken, eine naturgegebene Bevorzugung einer bestimmten «Rasse», die mit seinen Idealen unvereinbar war. Virchows Spezialität war die Pathologie, und diese lieferte ihm die gewünschte Erklärung für das ungewöhnliche Aussehen des Neandertalers. Für ihn lagen hier die Reste eines normalen Menschen vor, der an einer besonders unglücklichen Krankheit litt. Daher begrüßte er die Erklärungen, zu denen Schaaffhausens Kollege am Bonner Institut, Professor August Mayer, kam. Dieser ging als der Autor des wohl fantasievollsten Szenarios der Humanevolution in die Geschichte ein, das je erträumt worden ist.

Mayers Untersuchungen der Knochen aus der Feldhofer Grotte verrieten ihm mehrere Dinge. Er bemerkte, daß die Oberschenkelknochen und der obere vordere Bereich des Beckens wie bei einem Menschen gebogen sind, der sein Leben lang geritten ist. Diese Merkmale könnten – wie er feststellte – auch die Folge einer kindlichen Erkrankung an Rachitis (einer Vitaminmangel-Erkrankung) sein. Der rechte Arm war gebrochen und schlecht verheilt, und Mayer behauptete, diese Verletzung sei der Grund für die ungewöhnliche Schädelform: Das ständige Stirnrunzeln über den Schmerz der Verletzung hatte die Ausbildung der Überaugenwülste bewirkt! Alles in allem kam er zu dem Schluß, daß die Knochen von einem unglücklichen Deserteur aus der Kosakenkavallerie stammen mußten, die 1814 nahe des Rheins gelagert hatte, um von hier aus Frankreich anzugreifen. Diese Interpretation erklärte bequem viele der problematischen Merkmale des Neandertalers, war aber kein hinreichend überzeugender Beweis. Tatsächlich widersprach sie allem, was über die Ursachen der Rachitis bekannt war – ein Gebiet, auf dem Virchow ein anerkannter Experte war. Aber selbst Virchow, der genau wußte, daß Rachitis geschwächte Knochen verursacht, während diejenigen des Neandertalers ausgesprochen robust waren, akzeptierte Mayers Analyse weitgehend, so daß dank seiner Unterstützung im deutschsprachigen Raum auf Jahre hinaus pathologische Veränderungen die allgemein akzeptierte Deutung dieser seltsamen Funde war. Die einzige überzeugende Erklärung für ein derart seltsames Verhalten eines begnadeten und hervorragenden Wissenschaftlers findet sich in Virchows politisch motivierter Ablehnung des Evolutionsgedankens, der 1864, dem Jahr der Veröffentlichung der Schmähschrift Mayers, in Deutschland im Kreuzfeuer der Debatten stand.

Die Neandertaler-Debatte im Ausland

Das Zentrum rationaler Diskussionen über den Neandertaler verlagerte sich daher in andere Länder, besonders nach England, wo der Anatom George Busk 1861 die Übersetzung des Schaaffhausen-Artikels, ergänzt durch einen zustimmenden Kommentar, veröffentlicht hat. In England wie in Frankreich stellte man sich in den Debatten den Neandertaler manchmal als «Idioten» vor. Die Interpretation im Sinne von Virchows Pathologie war jedoch vom Tisch. Thomas Henry Huxley veröffentlichte 1863 in seinem berühmten Sammelband mit dem Titel *Evidence as to Man's Place in Nature* eine der ersten tiefer gehenden englischen Analysen. Nach sorgfältigen Überlegungen schloß er weitgehend aus dem großen Gehirn, «daß die Schädelkalotte des Neandertalers die am stärksten pithecoide (menschenaffenähnliche) von allen menschlichen Hirnschädeln ist», und «den extremen Ausgangspunkt einer Serie darstellt, die schrittweise zu den best- und höchstentwickelten menschlichen Hirnschädeln überleitet». Von einem eindeutig evolutiven Standpunkt ausgehend, konnte er fragen: «Harren in noch älteren Schichten die fossilen Knochen eines noch menschlicheren Affen oder eines noch affenähnlicheren Menschen der Entdeckung durch einen noch ungeborenen Paläontologen?» Huxley konnte Schaaffhausens Folgerungen nur wenig hinzufügen. Vielleicht war die Kürze dieser Bemerkungen wegen des Fehlens weiterer alter Humanfossilien unvermeidbar. Neben dem Neandertaler selbst besaß die Wissenschaft nur ein einziges fossiles Exemplar vergleichbaren Alters. Dies war der Schädel eines zweieinhalb Jahre alten Kindes, den man 1829 zusammen mit Fossilien ausgestorbener Tiere bei Engis in Belgien gefunden hatte (Abb. 55). Die Schädel eines jungen – in diesem Fall besonders jungen – Neandertalers und eines entsprechenden modernen Menschen unterscheiden sich viel weniger als die der Erwachsenen, und man glaubte fälschlicherweise, daß ein nachweislich moderner Schädel aus der Engis-Höhle mit dem Kinderschädel vergesellschaftet war. Unglücklicherweise zog der Erwachsenenschädel die Aufmerksamkeit

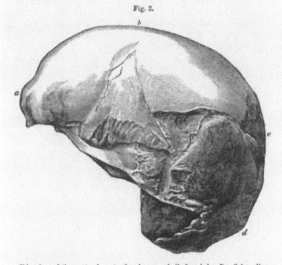

55

Schädel eines jungen Neandertalers aus Engis, Belgien.

Das Schädelfragment eines Zwei- oder Dreijährigen wurde 1829 von Philippe-Charles Schmerling geborgen. Es ist das erste aufgefundene Neandertaler-Fossil, wurde aber erst ein Jahrhundert später richtig eingeordnet. Sein hohes Alter erkannte man jedoch von Anfang an (es wird heute auf 70000 Jahre geschätzt). Die Abbildung publizierte Charles Lyell 1863 in seinem Buch *Antiquity of Man*. Mit freundlicher Genehmigung von Peter N. Nevraumont.

der Wissenschaftler (auch Huxleys) auf sich. Das Kind wurde bis 1936 nicht richtig eingestuft.

Nicht alle waren so vorsichtig wie Huxley. Beim Treffen der British Association for the Advancement of Science 1863 verfocht William King, Professor für Geologie am Queen's College in Galway, die Vorstellung, daß der Neandertaler eine eigene Art des *Homo, Homo neanderthalensis*, darstellt. Er war der erste und damals einzige Vertreter dieser Idee. Dies war eine Zeit, in der europäische Wissenschaftler einige menschliche Populationen für weniger entwickelt als andere (insbesondere die Europäer) hielten. Die Neandertaler schienen King einfach zu primitiv zu sein, um sie noch der «niedersten» Rasse von *Homo sapiens* zurechnen zu können. Demzufolge meinte King in der im folgenden Jahr vorgelegten Veröffentlichung seiner Rede, der Feldhofer Schädel sei dem eines Schimpansen ähnlich und wies darauf hin, daß die «Dumpfheit» des Schimpansen «das Wesen charakterisiert, zu dem der Schädel gehörte». Diese Beschreibung unterstellte Rohheit – sogar Verderbtheit – und spiegelte eine unterschwellige Einschätzung des moralischen Status der Neandertaler wider, die weit über das 19. Jahrhundert andauerte. Je länger King über den Neandertaler nachdachte, desto mehr war er offensichtlich von dessen «dunklen Seiten» beeindruckt, denn er ergänzte in einer Fußnote seines Artikels, daß er seit seinen ersten Aussagen immer «stärker überzeugt» sei, den Neandertaler in eine eigene Gattung einzuordnen. Aber während fast jeder der Vorstellung von der «Dumpfheit» des Neandertalers zugestimmt hätte, beeindruckte keinen die Begründung dieser abstammungsmäßigen Unterschiede so stark, wie Kings Idee, daß hier eine weitere Menschenart vorlag.

Für die seltsame Morphologie der Neandertalerfossilien hatte man so in der ersten Hälfte der sechziger Jahre des 19. Jahrhunderts alle möglichen Erklärungsversuche ins Feld geführt: Pathologie, Schwachsinn, Verletzungen, die Extremwerte der normalen Variationen des Menschen und die Zugehörigkeit zu einer anderen Art oder sogar Gattung. Es wurde Zeit, die richtigen Antworten herauszusuchen. Der erste unwiderlegbare Nachweis, daß der Neandertaler

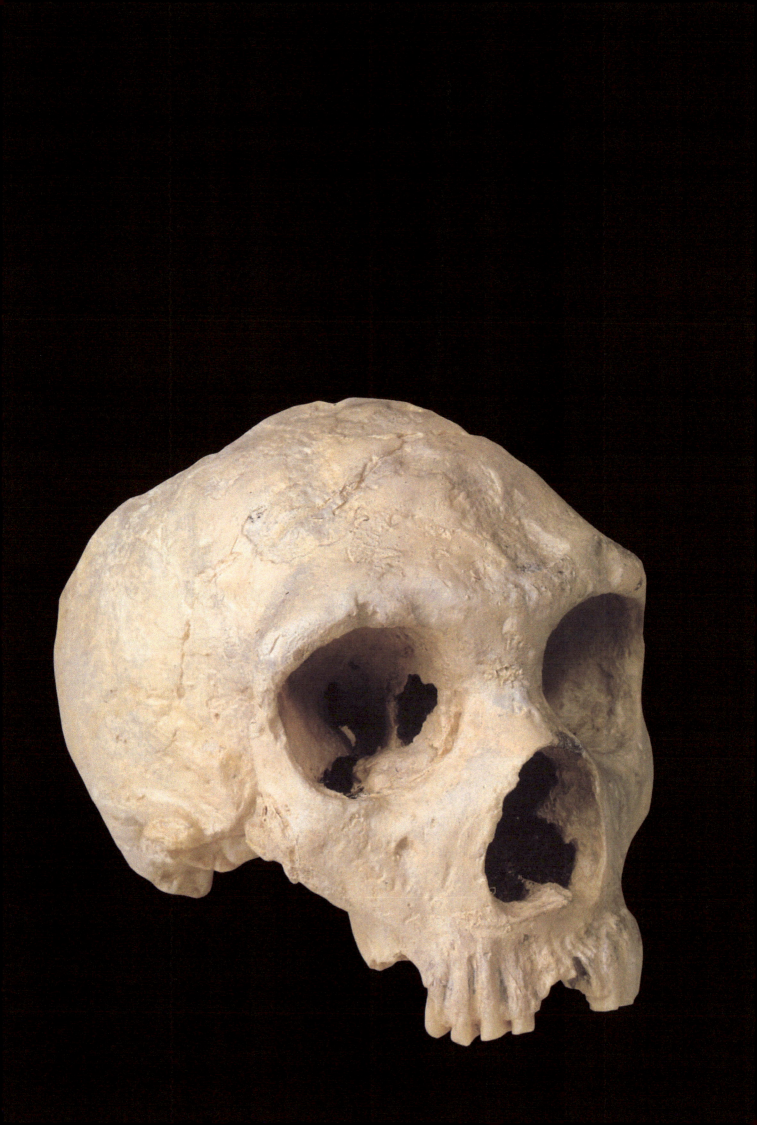

Der Gibraltar 1-Schädel.

Der 1848 in den Forbes-Steinbruchen, Gibraltar, geborgene Schädel ist wahrscheinlich rund 50 000 Jahre alt und das erste gefundene Exemplar eines erwachsenen Neandertalers Seine Zuordnung wurde erst erkannt, als man die Funde aus der Feldhofer Grotte beschrieben hatte
Mit freundlicher Genehmigung des Natural History Museum, London

nicht einfach nur eine Ausnahmeerscheinung war, erfolgte 1863, als George Busk, Schaaffhausens Übersetzer, einen Schädel erhielt, den man vor 1848 in den Forbes-Steinbrüchen in Gibraltar gefunden hatte (Abb. 56). Dieses Exemplar gleicht dem Neandertaler, ist jedoch etwas leichter gebaut und stammt womöglich von einer Frau. Anders als der Original-Neandertaler besitzt es jedoch ein großes und in der Mittellinie wenig vorspringendes Gesicht mit weiter Nasenöffnung und scharf zurückweichenden Wangenknochen. Busk erkannte sofort die Bedeutung des Gibraltar-Fossils, denn es belegte, daß der Neandertaler «nicht eine zufällige, individuelle Besonderheit darstellt». «Selbst Professor Mayer», fügt Busk ironisch hinzu, «wird kaum vermuten, daß sich ein rachitischer Kosak des Feldzuges von 1814 in die versiegelten Spalten des Felsen von Gibraltar verkrochen hat.»

Aber selbst das hervorragende Fundstück von Gibraltar führte nicht dazu, daß man die Neandertaler als eigenen Menschentyp anerkannte. Dies lag vielleicht daran, daß Busk und sein Kollege Hugh Falconer nie eine vollständige Beschreibung nachlieferten. Wie auch immer, die meisten Autoritäten schlossen sich Busks Meinung erst an, als man 1886 im belgischen Fundort Spy zwei fast vollständige Neandertaler-Skelette fand. Die Zustimmung beschränkte sich aber auf die Anerkennung der Tatsache, daß hier ein alter und eindeutig unterscheidbarer Menschentyp vorlag. Seine Bedeutung mußte man noch diskutieren. Selbst nachdem das Pathologie-Argument aufgrund zusätzlicher Funde derartiger Menschentypen vom Tisch

war, dauerte es noch weitere Jahre, bis man auch die Vorstellungen von «niederer Rasse» und «barbarischen Wilden» verwarf. Bis heute können sich viele Anthropologen nicht mit dem Gedanken anfreunden, daß der Neandertaler eine eindeutig unterschiedliche Menschenart war. Diese Weigerung, den Neandertaler als eigene Art anzuerkennen, ist teilweise auf den historischen Hintergrund zurückzuführen, daß man den ersten Neandertaler zu einer Zeit und in einem Umfeld diskutierte, in dem die Zugehörigkeit zu einer anderen als unserer Art für die meisten undenkbar war und in der zusätzliche Menschenfossilien, die eine genauere Untersuchung der Eigenarten hätten unterstützen können, fehlten.

Für dieses Zögern ist meines Erachtens auch z. T. die völlig falsche Vorstellung verantwortlich, daß wir – wenn wir den Neandertaler als eigene Art anerkennen – die modernen «Rassen» des *Homo sapiens* mit eigenen Unterart-Namen versehen müssen. Diese irrige Annahme spiegelt nur allgemein die Isolation der Humanpaläontologie von den anderen Zweigen der Wirbeltierpaläontologie wider. Seit ihrer «Geburt» in der Debatte über das Neandertalerskelett war die Paläoanthropologie von einer *Homo sapiens*-zentrierten Sicht überschattet. Im Gegensatz zu anderen Paläontologen, deren Aufgabe es ist, die Artenvielfalt der Natur aufzudecken und zu erklären, waren Paläoanthropologen von einer einzigen Art – *Homo sapiens* – von deren Variabilität und von dem Versuch besessen, die Ursprünge linear in die Vergangenheit zurückzuverfolgen. Die Tatsache, daß heute unwiderlegbar nur eine Art die

[4] De Mortillet vermutete zunächst am Anfang der Reihe eine weitere, d. h. siebte Periode der Steinwerkzeugproduktion. Er nannte sie «die Zeit der Eolithen». In dieser Phase soll ein weit zurückliegender, hypothetischer Vorfahre *Anthropopithecus* außergewöhnlich einfache Steinwerkzeuge hergestellt haben, die zerbrochenen Steinstücken ähnelten. Und obwohl es keine Möglichkeit gab, Eolithen von natürlichen Steinfragmenten zu unterscheiden, akzeptierte man die Idee weitgehend. Dies stiftete viel Verwirrung, bis man allgemein erkannte, daß Eolithen nicht als Nachweis menschlicher Aktivitäten gelten können.

Erde bevölkert, hat diese Vorstellung sicher gefördert. Ich bin überzeugt, daß die vorherrschende Sicht der heutigen Paläoanthropologen direkt auf eine Tradition zurückzuführen ist, die 1856 im Neandertal begann – in einer Zeit, als es für eine sachgerechte Deutung dieser außerordentlichen Funde noch nicht das evolutionstheoretische Rüstzeug gab.

Die Altsteinzeit

Während die Anatomen sich gegenseitig über die Bedeutung der Besonderheiten von Knochenserien in die Haare gerieten, arbeiteten die Altertumsforscher intensiv an der Entwicklung der Archäologie und einer Chronologie der menschlichen Kulturgeschichte, die wir schon kurz betrachteten. Schon 1819 hatten die dänischen Archäologen C. J. Thomsen und J. J. A. Worsaae eine Einteilung der europäischen Vorgeschichte in aufeinanderfolgende Phasen der Stein-, Bronze- und Eisenzeit vorgeschlagen. Der englische Archäologe Sir John Lubbock unterteilte 1865 die Steinzeit in das frühere Paläolithikum (Altsteinzeit mit charakterisch geschlagenen Steinwerkzeugen) und das spätere Neolithikum (Jungsteinzeit mit geschliffenen Steinwerkzeugen). Von diesen beiden Perioden war das Paläolithikum so lang, daß man es wiederum unterteilte.

Die erste Unterteilung stammt vom französischen Paläontologen Edouard Lartet, der feststellte, daß drei der von ihm im Tal der Vézère in Westfrankreich ausgegrabenen Fundstellen nicht «übereinstimmende, menschliche Werkzeugproduktionen» besaßen. Als Experte von Säugetierfossilien benannte Lartet die von ihm unterschiedenen Perioden der Werkzeugherstellung nach den zusammen mit ihnen gefundenen Tieren: Höhlenbär-Periode, Wollhaar-Mammut-Periode usw. Dieses Begriffssystem paßte den Artefakt-orientierten Archäologen jedoch nicht, so daß der französische Forscher Gabriel de Mortillet bald eine Chronologie aufstellte, die vier getrennte Perioden des französischen Paläolithikums unterschied – jede nach einem typischen Fundort benannt. In späteren Arbeiten vergrößerte er die Zahl auf sechs Abschnitte[4]. Die älteste war das Chelléen, charakterisiert durch schwere Faustkeile und Cleaver. Dieser Periode folgte das recht ähnliche Acheuléen, dessen Name heute auch das Chelléen mit abdeckt. Als nächstes kam mit dem Moustérien eine ausgefeilte Variante der Technologie mit präparierten Kernen. Daran schloß sich das Aurignacien mit Knochenspitzen und Steinwerkzeugen aus langen, dünnen Klingen an, die man von zylindrischen Kernen abtrennte. Dann kam das Solutréen, charakterisiert durch überraschend fein gearbeitete Lorbeerblattspitzen und schließlich das Magdalénien mit vielen, sehr schönen Knochen- und Geweihwerkzeugen und zahlreichen verzierten Gebrauchsgegenständen. Heute ist es gebräuchlich, das Acheuléen in die Zeit des Altpaläolithikums (das sich bis an den Anfang der Steinwerkzeugherstellung erstreckt und so auch das Oldowan Afrikas umfaßt) einzuordnen. Das Moustérien und einige ältere Traditionen bilden das Mittelpaläolithikum, und das Aurignacien markiert den Beginn des Jungpaläolithikums. Gelegentlich hat man im Laufe der Jahre einige

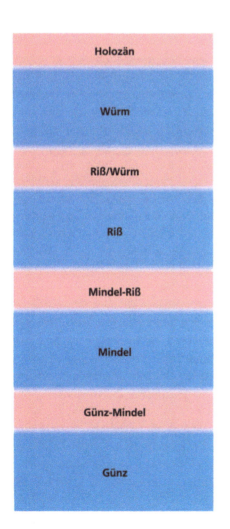

57
Die alpine Eiszeitenfolge.

1909 entwickelten Penck und Bruckner ein Schema mit vier Glazialperioden, die durch wärmere Interglaziale getrennt waren. Es stellte solange die Grundlage der Pleistozänchronologie dar, bis es in den sechziger und siebziger Jahren langsam von der Sauerstoffisotopenmethode verdrangt wurde.
Zeichnung von Diana Salles

andere Begriffe ergänzt, wie z. B. das Châtelperronien, eine Werkzeugindustrie, die nur schwer zwischen Mittel- und Jungpaläolithikum unterzubringen ist und über die wir später noch mehr erfahren werden.

 Die Eiszeiten

Während des 19. Jahrhunderts entwickelte man auch eine Vorstellung von den geologischen Abläufen in Europa. Geologen haben für den Nachweis des großen Alters der Menschheit eine entscheidende Rolle gespielt, indem sie die Vergesellschaftung der vom Frühmenschen hinterlassenen Geräte mit den Resten ausgestorbener Tierarten belegten. Sie deckten auch diejenigen Kräfte auf, die die Oberfläche der Erde geformt hatten. In der Mitte des 19. Jahrhunderts wurde deutlich, daß infolge von Klimaverschlechterungen eine Reihe von Vereisungen (Vorstöße der polaren Eiskappen) die Geländeformen im Norden und in den Höhenlagen Europas geformt haben. De Mortillet griff diese Sicht der sich verändernden vergangenen Umwelten sofort auf. Schon um 1880 entwickelte er ein Schema, in dem die physische und kulturelle Evolution des Menschen Hand in Hand mit den Klimaveränderungen des Pleistozäns fortschritt (Pleistozän ist die geologische Bezeichnung der Eiszeit, die, wie wir heute wissen, vor rund 1,8 Millionen Jahren begann und mit dem Zurückweichen der Gletscher vor rund 10000 Jahren endete – falls sie überhaupt endete, denn es gibt keinen eindeutigen Grund für die Annahme, daß die Gletscher nicht zurückkommen). Kurz vor Beginn des 20. Jahrhunderts stellten die österreichischen Geographen das klassische System der pleistozänen Vergletscherung Europas auf. Untersuchungen in den deutschen Alpen – die in Höhenlagen immer noch Gletscher tragen – führten Penck und Brückner zur Entdeckung von vier ehemaligen, größeren Gletschervorstößen, während derer die alpine Eisbedeckung anwuchs und sich die Eiskappe des Nordpols nach Süden ausbreitete. Jeder dieser Vorstöße erhielt einen Namen: gestaffelt nach Alter waren es die Günz-, Mindel-, Riß- und Würmeiszeit (Abb. 57). Die Namen beziehen sich auf vier Nebenflüsse der Donau, neben denen Schotterterrassen von den Schmelzwassern der Eisflächen abgelagert worden sind. Zwischen den vier größeren Eiszeiten finden sich wärmere «Interglaziale», in denen die Gletscher wieder kleiner wurden. Wenn das Eis schmolz, schnitten sich die Flüsse aufgrund der zunehmenden Wassermengen in die Schotterablagerungen ein. Indem sie abschätzten, wieviel Zeit nötig war, die verschiedenen Flußgerölle aufzubauen bzw. abzutragen, wagten Penck und Brückner die Angabe, daß der Vorgang der wiederholten Abkühlung und Erwärmung rund 600000 Jahre gedauert haben muß.

Die Arbeit von Penck und Brückner war außerordentlich; sie verknüpfte eine Fülle verschiedener geologischer Daten zu einem stimmigen, historischen Bild. Obwohl sich langsam herausstellte, daß das Pleistozän dreimal so lang gedauert hatte, wie der von ihnen berechnete Wert, und daß die Abfolge der geologischen Ereignisse um einiges komplexer war als von ihnen angenommen, bildete das von ihnen aufgestellte Schema über

58
Das Felsdach (Abri) von Cro-Magnon.

Diese Fundstelle in der südwestfranzösischen Stadt Les Eyzies gab den ersten frühen modernen Menschen, die Europa besiedelten, ihren Namen.
Foto von Ian Tattersall.

59 *(Seite 85)*
Schädel des «alten Mannes» von Cro-Magnon, Frankreich, (rechts) im Vergleich zum Neandertaler von La Ferrassie.

Die 1868 geborgenen Cro-Magnon-Fossilien lieferten den ersten überzeugenden Nachweis für eine Vergesellschaftung moderner Menschen mit einer ausgestorbenen Fauna. Marcellin Boule nutzte Knochen aus La Ferrassie, um fehlende Teile des La Chapelle-Neandertalers zu ergänzen, er beschrieb die vollständigen Funde aus La Ferrassie jedoch nie genau. Die Cro-Magnon-Funde sind rund 30 000 Jahre alt oder vielleicht etwas weniger, die aus La Ferrassie rund 20 000 Jahre älter.
Foto von John Reader.

fast 50 Jahre das Zeitgerüst, in das man die Hominidenevolution in Europa stellte. Die dadurch geschaffene Möglichkeit der Aufstellung einer relativen Chronologie für Menschenfossilien war für die Paläoanthropologie entscheidend. Die Höhlen, in denen man die meisten Reste von frühen Menschen (besonders von Neandertalern) fand, ließen sich jetzt zumindest theoretisch über einen Vergleich der gleichzeitig geborgenen Tierreste mit denjenigen aus typischen eiszeitlichen Ablagerungen verschiedener Perioden zeitlich einordnen (wie in Kapitel 3 beschrieben). Darüber hinaus entdeckte man um 1909 – als Penck und Brückner ihr Schema veröffentlichten – zunehmend mehr Neandertaler-Reste.

Die Funde mehren sich

Zum Ende des 19. Jahrhunderts machte die Fossilforschung durch neue Funde menschlicher Überreste große Fortschritte. Schon 1866 fand man in der belgischen Höhle La Naulette unter Umständen, die zweifellos ein hohes Alter belegten, den ersten, leider unvollständigen und zahnlosen Neandertaler-Unterkiefer. 1868 erfolgte der berühmte Fund am Felsüberhang von Cro-Magnon in der Dordogne (Abb. 58). Hier entdeckten Eisenbahnarbeiter auf der Suche nach Füllmaterial mindestens fünf Individuen (darunter ein Kind), die – weil sie mit Aurignacien-Geräten und Knochen ausgestorbener Tierarten vergesellschaftet waren – mit Sicherheit sehr alt waren, aber eine völlig moderne Anatomie besaßen (Abb. 59). Dies waren die ersten sicheren Nachweise von wirklich alten und doch modern aussehenden Menschen. Ihren Namen – Cro-Magnon – übertrug man schließlich auf alle frühen *Homo sapiens*-Funde Europas, die offensichtlich im Osten an einigen mährischen Fundstellen viel früher nachweisbar waren. 1874 entdeckte man in Pontnewydd in Wales einige Fragmente, die möglicherweise zum Neandertaler gehören. Dieser Fundort ist bis heute der nördlichste und einer der ältesten dieser Art. Einige Jahre später fanden sich weitere Hinweise bei Rivaux in Südfrankreich. Die größte Verwirrung stiftete jedoch 1880 die Bergung des winzigen Unterkieferfragments eines juvenilen Neandertalers auf der mährischen Fundstelle Šipka. Trotz eindeutiger Altersnachweise wie Moustérien-Steinwerkzeugen und gleichzeitig geborgenen Resten ausgestorbener Säuger, wurde dieser Fund durch den allgegenwärtigen Rudolf Virchow als pathologisch eingestuft. Hermann Schaaffhausen dagegen verteidigte das Stück als eindeutig zu einem *Homo primigenius* (eine bis dahin von ihm vorgezogene Bezeichnung für *Homo neanderthalensis*) gehörig.

Als sich die alte Virchow/Schaaffhausen-Debatte mit unveränderter Heftigkeit wiederholte, tauchten im belgischen Spy zwei fast vollständige Neandertaler-Skelette auf und beendeten die Auseinandersetzung. Diese Spy-Exemplare, die wieder mit Moustérien-Werkzeugen vergesellschaftet waren und zweifellos ein hohes Alter hatten, wurden von Max Lohest (einem der Entdecker) und Julien Fraipont (beide von der Universität Lüttich) untersucht. Sie belegten, daß diese Skelette ohne Frage sowohl «neandertaloid» als auch menschlich waren, wenn

auch mit vielen affenähnlichen Merkmalen, wie Augenwülsten und fliehender Stirn, die ja schon für die Funde aus dem Neandertal und Gibraltar typisch waren. Während die Anatomie des sich langsam herauskristallisierenden Neandertaler-Typs zweifellos ungewöhnlich war, ließen diese wiederholten Funde eine Deutung als pathologisch nicht mehr zu. Die Funde vom Neandertal, aus Gibraltar und Spy gehörten zu einem bestimmten Menschentyp, der einst von Nordeuropa bis Gibraltar lebte und heute ausgestorben ist.

Die Knochen der Skelette von Spy waren – wie die aus dem Neandertal – massiv mit ausgeprägten Muskelansatzflächen. Aus der Anatomie der Beinknochen schlossen Fraipont und Lohest, daß diese Menschen aufrecht gingen, aber mit ähnlich gewinkelten Knien wie Menschenaffen, die auf zwei Beinen gehen. Hier begann der Mythos vom «krummbeinigen» Neandertaler, der mehr als ein halbes Jahrhundert überleben sollte. Zumindest ging es in diesem Mythos aber um einen klar zu beschreibenden Menschentyp, der in vergangener Zeit in ganz Europa und darüber hinaus zu finden war, und nicht um irgendeinen zweifelhaften, pathologischen Idioten. *Homo neanderthalensis* – sein vom amerikanischen Paläontologen Edward Drinker Cope vergebener Original-Name – begann seinen Aufstieg in das Pantheon der ausgestorbenen Menschenarten.

Das große Bild
Die Neandertaler blieben hier nicht lange allein. Im weit entfernten Niederländisch Ostindien machte 1891 und 1892 Eugene Dubois seinen außerordentlichen Fund eines Schädeldaches und eines Oberschenkels des *Pithecanthropus* (vgl. Kapitel 4). Dieser repräsentierte einen noch älteren und affenähnlicheren Vorläufer der Menschen (vgl. Abb. 38). Weil Dubois sich nicht bemühte, seine neuen Fossilien mit dem Neandertaler zu vergleichen – aus Gründen, die nur er selbst kannte, hielt er an der Pathologie-Deutung der Besonderheiten des Neandertalers fest –, taten dies andere für ihn. Der Dubliner Anatom Daniel Cunningham war womöglich der mutigste aller frühen Kommentatoren. Er tat, was Dubois unterlassen hatte und schloß schon 1896 aus seinem Vergleich, daß die Neandertaler eine Zwischenform aus der Entwicklung von *Pithecanthropus* zum modernen Menschen darstellten. Dies war jedoch anfangs die Meinung einer Minderheit. Die *Pithecanthropus*-Debatte nahm zunächst einen ähnlichen Verlauf wie die über den Neandertaler 40 Jahre zuvor.

Mit zwei klar unterscheidbaren Hominidentypen neben *Homo sapiens* läßt sich im nachhinein sehen, daß die Zeit für eine Neubewertung der Humanevolution reif war. Die einflußreichste Neueinschätzung stammte von dem deutschen Paläontologen Gustav Schwalbe, der in den Jahren um den Jahrhundertwechsel lange Monographien über *Pithecanthropus* und die Neandertaler (für ihn *Homo primigenius*) verfaßte. Schwalbe war fest überzeugt, daß es sich bei beiden um verschiedene ausgestorbene Menschenarten handelte. Damals glaubte man, daß beide frühen Menschenformen der Mitte der Eiszeiten-Abfolge entstammten (dem Mittel-

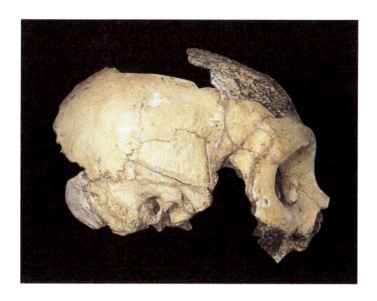

Schädelfragment aus Krapina, Kroatien.

Die Abbildung zeigt das am besten erhaltene Neandertaler-Schädelfragment dieses historisch wie paläoanthropologisch wichtigen Höhlenfundplatzes. Es ist wahrscheinlich rund 120 000 Jahre alt.

«Ancestors» Foto von Chester Tarka, mit freundlicher Genehmigung von Jakov Radovčić

pleistozän, von dem man heute weiß, daß es von 950 000 bis 128 000 vor heute dauerte). Aufgrund der Morphologie glaubte Schwalbe jedoch, daß *Pithecanthropus* älter war. Zwei Möglichkeiten boten sich an: Entweder war *Pithecanthropus* der direkte Vorfahr sowohl vom Neandertaler als auch vom modernen Menschen, oder er war Vorläufer des Neandertalers, aus dem wiederum der moderne Mensch entstand. Eine dritte Möglichkeit war, daß beide Fossilien Seitenzweige der Humanevolution darstellten, was Schwalbe aber nicht annahm. Er schwankte zwischen den anderen beiden. Für ihn war wichtig, daß *Pithecanthropus*, *Homo primigenius* und *Homo sapiens* eine Serie bildeten. Selbst wenn die fossilen Arten nicht die direkten Vorgänger von *Homo sapiens* waren, wie sehr könnten sich die wirklichen Vorfahren von ihnen unterschieden haben?

Schwalbes morphologische Betrachtungen beeindruckten den kroatischen Paläontologen Dragutin Gorjanović-Kramberger, der in den Jahren nach 1899 in Krapina, rund 80 km nördlich von Zagreb, eine Ausgrabung unter einem Felsdach durchführte. Von Beginn an versprach Krapina eine archäologisch besonders bedeutsame Fundstelle zu werden. Bis 1906 – dem Jahr, in dem Gorjanović seine Ergebnisse veröffentlichte – hatte die Grabung mehrere Hundert Hominidenfragmente geliefert, darunter viele Schädelteile sowie Skelettreste von Säuglingen, Kindern und Erwachsenen (Abb. 60). Gorjanović identifizierte sie als Neandertaler und schloß, daß *Homo primigenius* (er wechselte erst später zu *Homo neanderthalensis*) in der direkten Vorfahrenlinie des *Homo sapiens* stand. Er dachte auch, daß die Krapina-Fossilien einen weitgehend geschlossenen Komplex aus einer frühen Zwischeneiszeit, entweder dem Günz-Mindel- oder Mindel-Riß-Interglazial, bildeten. Schließlich kam er durch gründlichere Studien auf das Riß-Würm-Interglazial (siehe Abb. 57). Im Rückblick erweist sich die Krapina-Stratigraphie als ziemlich verwirrend. Obwohl Gorjanović in seiner Monographie (mit dem selbst für damalige Zeit altmodischen Titel: Der Eiszeitmensch von Krapina) nur wenig ins Detail ging, machte er derart sorgfältige Ausgrabungsaufzeichnungen, daß spätere Forscher ein klareres Bild von der Geschichte des Fundortes zeichnen konnten (wenn auch ohne genaue Datierung). Die menschlichen Überreste stammten offensichtlich aus fast allen stratigraphischen Schichten und decken somit einen Zeitraum von vor rund 130 000 bis 80 000 Jahren ab. Der größte Teil des Materials ist mit einer für wärmeres Klima typischen Fauna vergesellschaftet und stammt womöglich aus wärmeren Abschnitten der letzten Zwischeneiszeit vor 127 000 bis 115 000 Jahren. Einige Funde datieren vielleicht in Warmphasen der letzten Eiszeit vor rund 100 000 Jahren. Alle Hominidenfossilien sind jedoch vom Neandertaler-Typ und stehen – zumindest im weiteren Sinn – im archäologischen Kontext des Moustérien.

Kannibalische Feste?

Der wahrscheinlich provokativste Schluß, den Gorjanović aus seiner Krapina-Grabung zog, war, daß der fragmentarische Zustand der Menschenfossilien auf

Kannibalismus zurückzuführen sei. Dies war nicht das erste Mal, daß man Neandertalern Kannibalismus nachsagte. Sonderbarerweise tauchte dieser Gedanke das erste Mal bei Edouard Dupont, dem Beschreiber des robusten Neandertaler-Kiefers von La Naulette auf, der bestritt, daß sein Fundstück im Zusammenhang mit Kannibalismus zerbrochen sein sollte, die Vorstellung eines Neandertaler-Kannibalismus also ablehnte. Obwohl der Unterkiefer zweifellos absichtlich gebrochen war, zeigen Duponts Äußerungen, daß die Vorstellung der kannibalischen Neandertaler in der Luft lag, als er dies 1866 schrieb. Aber das ist wohl nicht überraschend, womit sonst hätte man die Bestialität derartiger Kreaturen besser belegen können? Und obwohl Gorjanović auf Brandspuren an einigen der Krapina-Knochen als zusätzliche Belege für Kannibalismus hinwies, war die erste Reaktion der westeuropäischen und amerikanischen Kollegen eine gewisse Sprachlosigkeit. Vielleicht war diese milde Reaktion auch das Ergebnis anderer Funde, die Aufmerksamkeit erregten.

Im Rückblick zählen die seit 1908 am deutschen Fundort in Weimar-Ehringsdorf geborgenen fragmentarischen Reste mehrerer Individuen zu den wichtigsten Funden. Ein weiterer, stark beachteter Fund war ein 1907 entdeckter einzelner, gut erhaltener Unterkiefer aus einer Kiesgrube in Mauer bei Heidelberg (siehe Abb. 42, S. 65). Der massive Kiefer besitzt ziemlich gedrungene Äste und ein bemerkenswert zurückweichendes Kinn. Darüber hinaus fand man das Stück in rund 25 m Tiefe in glazialen Sedimenten, so daß es eindeutig sehr alt und älter als jeder Neandertaler sein mußte. Der deutsche Paläontologe Otto Schoetensack beschrieb den Fund sofort als neue Menschenart, *Homo heidelbergensis*, die älter (vom Günz-Mindel-Interglazial) und primitiver als alles bisher Bekannte war. Es gab für die Paläontologengemeinschaft also genug Gesprächsstoff, aber selbst diese Entdeckung wurde fast sofort von einer anderen in den Schatten gestellt.

Der alte Mann von La Chapelle

Zwischen 1908 und 1911 förderten Ausgrabungen an verschiedenen Stellen im Südwesten Frankreichs eine Reihe von unvollständigen und vollständigen Neandertaler-Skeletten zutage, die den Paläoanthropologen neue Möglichkeiten eröffneten. Eine Fundstelle war Le Moustier, das Abri im Tal der Vézère, nach dem man die Moustérien-Industrie benannte (Abb. 61 und 62 vgl. auch Abb. 109 und 110). Eine weitere lag nicht weit entfernt unter dem Felsdach von La Ferrassie, das in einer Reihe von Jahren die fast vollständigen Skelette zweier Erwachsener sowie eher fragmentarische Reste von mehr als sechs Säuglingen und Kindern freigab (vgl. Abb. 59). Das Skelett eines älteren Neandertalers, das man in einem Grab in einer kleinen Höhle etwas östlich von La Chapelle-aux-Saints fand, war wissenschaftlich besonders wichtig. Seine überragende Bedeutung erhielt dieser Fund dadurch, daß er von Marcellin Boule, Professor der Paläontologie am Musée d'Histoire Naturelle in Paris, gründlich studiert wurde. Boule veröffentlichte seine umfangreichen Befunde zwischen 1911 und 1913. Damals war Boules Studie die bei weitem umfassendste zur Ana-

61
Lebensbild einer Neandertaler-Gruppe, um 1920 gemaltes Wandbild von Charles R. Knight.

Die Gruppe schaut vom Wohnplatz (wahrscheinlich Le Moustier) über das Vézère-Tal in Südwestfrankreich. Das für das American Museum of Natural History gemalte Wandgemälde zeigt das zur damaligen Zeit vorherrschende Bild vom Neandertaler
Mit freundlicher Genehmigung des American Museum of Natural History

tomie und Verwandtschaft der Neandertaler. Unterstützt durch den Erfolg seines 1912 veröffentlichten Buches «Les Hommes Fossiles» bestimmte sie das Bild der Neandertaler für die nächsten Jahrzehnte.

Dies war – um es gelinde zu sagen – ein Unglück, da Boule sehr klare Vorstellungen vom Neandertaler besaß. So war er der Meinung, daß der Neandertaler einen ausgestorbenen Seitenast der Humanevolution darstellte. So weit, so gut. Aber Boule unternahm alles, um zu belegen, daß die Neandertaler in nahezu allen erdenklichen Merkmalen anatomisch einfacher gebaut waren als moderne Menschen. Als Ausgangspunkt seiner Rekonstruktion nutzte er das La Chapelle-Skelett, vernachlässigte das große Gehirn (nach seinen eigenen Angaben mehr als 1600 ml) und porträtierte die Neandertaler als Dummköpfe mit gebeugten Knien, schiefem Hals, schlaffer Haltung, Greiffüßen und unterentwickeltem Gehirn. «Welch' Unterschied», schrieb er 1913, «zu den ... Cro-Magnon, [die] mit ihrem eleganteren Körper, schmalerem Kopf, steilerer und ausgeprägterer Stirn ... manueller Geschicklichkeit ... Erfindungskraft ... Kunst und Religion ... [und] der Fähigkeit, abstrakt zu denken, die Ersten waren, die den Ehrentitel *H. sapiens* verdienten!» Außerdem glaubte Boule, daß diese Halbgötter schon zu Neandertaler-Zeiten existierten. Aus dem ziemlich abrupten Übergang von der Moustérien-Industrie der Neandertaler zu den jungpaläolithischen Kulturen der folgenden Cro-Magnon-Leute zog er den Schluß, daß die zuerst genannten von den talentierteren Modernen ausgelöscht worden waren.

62
Schädel eines jugendlichen Neandertalers aus Le Moustier, Frankreich.

1907 entdeckte der deutsche Altertumskundler Otto Hauser in Le Moustier das mehr oder weniger vollständige Skelett eines jugendlichen Neandertalers. Nach dieser Fundstelle benannte man die Werkzeugkultur der Neandertaler. Das Foto von 1909 zeigt den von Hermann Klaatsch rekonstruierten, rund 50 000 Jahre alten Schädel.

63
Schädel und Knochen des Körperskeletts aus La Chapelle-aux-Saints, Corrèze, Frankreich.

Das rund 50 000 Jahre alte Skelett des «Alten Mannes» von La Chapelle wurde 1908 – 1911 von Marcellin Boule falsch gedeutet und war Anlaß für das Bild des Neandertalers als primitives, schlurfendes Wesen mit gebeugten Beinen.
Foto von John Reader

Wenn Boule die Neandertaler schon unbarmherzig abqualifizierte, so stand er dem *Pithecanthropus* regelrecht feindlich gegenüber. In einer langen Betrachtung nahezu aller Fossilien, die für die Humanevolution Bedeutung haben könnten, erwähnte er den Java-Menschen gar nicht, da er ihn, wie Jahre zuvor Virchow, als Riesengibbon ansah. Woher stammte der moderne Mensch aber, wenn weder *Pithecanthropus* noch *Homo neanderthalensis* in direkter Abstammungslinie lagen? Boule sah zwei Möglichkeiten: Eine war Otto Schoetensacks *Homo heidelbergensis*, aber nach einigen Überlegungen entschied er, daß dieser Unterkiefer zu affenähnlich war, um zu seinen eigenen Vorfahren gehören zu können. Stattdessen hielt er ihn für den Vorläufer der glücklosen Neandertaler. Um den Vorgänger des *Homo sapiens* zu finden, mußte er gezwungenermaßen – wenn auch zweifellos widerstrebend – über den Kanal nach England schauen, in das Dorf Piltdown in der südenglischen Grafschaft Sussex.

Die Piltdown-Fälschung

Am Ende des ersten Jahrzehnts des zwanzigsten Jahrhunderts war der Anatom Arthur Keith von allen Mitgliedern des britischen paläontologischen Establishments wohl der Einflußreichste. Aus mir unerklärlichen Gründen glaubte Keith (wie Boule) an eine derart lange Existenz des modernen Menschentypen, daß er sowohl die Neandertaler als auch *Homo heidelbergensis* aus seiner Vorfahrenreihe ausschloß. 1912 jedoch meldete der Experte für Fischfossilien, Arthur Smith Woodward vom British Museum (Natural History), die Bergung von Teilen eines alten Menschenschädels, einfachen Steingeräten sowie verschiedenen Säugerresten in einer Kiesgrube, die insgesamt eine prä-pleistozäne Datierung nahelegten. Die Möglichkeit absoluter Datierung lag noch in weiter Ferne, aber diese relative Altersangabe verlieh dem Piltdown-Fund sogar ein höheres Alter, als man es dem *Pithecanthropus* zuschrieb. Woodwards Rekonstruktion war die Kombination aus einem ziemlich affenähnlichen Unterkiefer mit einem hohen, aber schmalen Hirnschädel von weniger als 1100 ml Volumen (Abb. 64). Er taufte das Exemplar *Eoanthropus dawsoni* (Dawson's Mensch der Morgenröte, nach einem Richter, der den Forscher auf diese Stücke aufmerksam gemacht hatte) und stellte es in die Vorfahrenlinie der modernen Menschen. Gleichzeitig untersuchte der Neuroanatom Grafton Elliot Smith einen Abguß der Innenseite des Hirnschädels und verkündete, daß das Gehirn in gewisser Weise affenähnlich sei, was nur zu erwarten sei, wenn die Menschenvorfahren ursprünglich von Menschenaffen abstammen.

Zunächst lehnte Keith diese Deutung ab und stellte eine weitere, menschenähnlichere Rekonstruktion des *Eoanthropus* her, indem er das Gesicht verkürzte, ein Kinn ergänzte (das unter den Fragmenten fehlte) und das Hirnvolumen vergrößerte. Das war nicht schwer, da unter den verfügbaren Fragmenten genau diejenigen fehlten, welche eine sichere Entscheidung über die Anbindung des Unterkiefers an den Schädel ermöglicht hätten. Woodward setzte sich jedoch das ganze nächste Jahr mit der Entdeckung eines Eckzahns in Piltdown auseinander, der nicht nur groß und menschenaffenähnlich war, sondern auch dem «fehlenden» Zahn ähnelte, den er mit Fantasie in seiner Rekonstruktion ergänzt hatte. Dieser durch einen glücklichen Zufall gefundene Zahn löste das Problem mehr oder weniger wunschgerecht für Woodward, und um 1915 war jedermann –

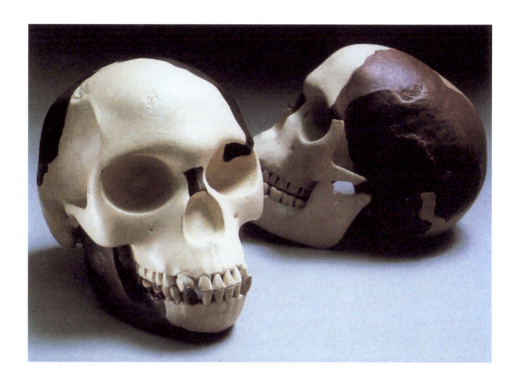

64
Zwei Ansichten des rekonstruierten Piltdown-Schädels.

Arthur Smith Woodwards Rekonstruktion von 1913 stellt einen von vielen Versuchen dar, die in betrügerischer Absicht zusammengestellten Fragmente eines menschlichen Hirnschädels und eines Menschenaffenunterkiefers zu verbinden.
Foto von John Reader

zumindest in England – klar, daß sich beim prä-pleistozänen Vorfahren des Menschen ein menschlicher Hirnschädel mit einem affenähnlichen Kiefer verband.

Andernorts waren sich die Wissenschaftler da nicht so sicher. Schon 1915 hatte der amerikanische Säugetierkundler Gerrit Miller behauptet, daß der Fund einfach aus einem menschlichen Schädel und einem Affenunterkiefer bestehe. Nachdem Elliot Smith eine dritte Rekonstruktion mit einer Hirngröße erstellte, die zwischen den Schätzungen von Woodward und Keith lagen, erreichte man schließlich einen faulen Kompromiß. Dieser neue Piltdown, bei dem alle Beteiligten das Gesicht wahren konnten, beeinflußte die langsam entstehende Präsapiens-Theorie zum Ursprung des Menschen. Nach dieser Vorstellung sollte sich in einer fernen Zeit, womöglich im Pliozän (der Epoche vor dem Pleistozän) die menschliche Linie aufgespalten haben. Ein Zweig führte – über Piltdown – zu *Homo sapiens*, der andere zu den unglücklichen Neandertalern. Wie heute jeder weiß, war das Piltdown-Fossil eine gezielte Fälschung – wer sie herstellte, ist unsicher –, die einen leicht modifizierten Menschenaffen-Kiefer mit einem absichtlich fragmentierten Menschenschädel kombinierte. Der Betrug gelang teilweise, weil er der Erwartung entsprach, daß auch unsere fernen Vorfahren schon das für uns so typische große Gehirn besessen haben müssen. Und außerdem paßte die Vorstellung, daß der «erste Engländer» gleichzeitig der Vorfahr der Menschheit sein sollte, zu den patriotischen Gefühlen englischer Paläoanthropologen. Daß es sich um eine Fälschung handelte, stellte sich aber erst nach dem 2. Weltkrieg heraus. In der Zwischenzeit blühten Varianten der Präsapiens-Theorie und verbannten den Neandertaler an den Rand der Evolutionsgeschichte.

Bärenkult und dunkle Rituale

Wie wir gleich sehen werden, gab es, was diese Verbannung anging, eine große Ausnahme. Auf jeden Fall kann man sich keinesfalls beschweren, daß die Neandertaler in der Nach-Piltdown-Periode ignoriert worden wären. Tatsächlich schrieb man ihnen in kurzer Zeit eine ganze Reihe interessanter Verhaltensweisen zu. So grub der Amateurarchäologe Dr. Emil Bächler zwischen 1917 und

1921 in den Churfirsten-Bergen der Schweiz die Drachenloch-Fundstelle aus. Es fanden sich dort zwar keine Neandertaler-Fossilien, aber die dazu gehörenden Moustérien-Geräte und etwas, das er für Spuren von Neandertaler-Ritualen hielt. Er entdeckte in der Höhle die Reste vieler Höhlenbären, *Ursus speleus*, riesige Tiere, die vor rund 40000 bis 50000 Jahren ausstarben. Diese Entdeckung ist an und für sich nichts außergewöhnliches. Die riesigen Bären überwinterten regelmäßig – und starben manchmal auch – in flachen Gruben, die sie sich tief im Höhleninneren gruben. Bächler erschien aber die Art und Weise, wie die Knochen gelagert waren, besonders interessant.

Er berichtete, daß er im Inneren der Höhle Mauern aus aufgestapelten Steinblöcken gefunden hatte, hinter denen die Bärenfossilien eingeschlossen waren. Weiterhin beschrieb er mehrere «Steingräber», in den Höhlenboden eingetiefte, mit Felsplatten abgedeckte Steinkisten, die Bärenknochen enthielten. Bächler fand einen Bärenschädel, bei dem im Raum zwischen Jochbein und Hirnschädel ein Oberschenkelknochen steckte (Abb. 65). Welche Schlüsse legte dies nahe? Bächler glaubte die Antwort im Verhalten der Neandertaler gefunden zu haben, die ihre Werkzeuge in der Höhle zurückgelassen hatten. Fraßspuren an den Knochen verrieten, daß die Knochen ohne Fleisch vergraben worden sein mußten, wodurch er die Deutung der Steinkisten als Fleischvorrat ausschloß. Die einzige Erklärungsalternative war rituelles Verhalten. So entstand die Vorstellung vom «Bärenkult» der Neandertaler mit einer Verehrung der Bären und anderen rituellen Verhaltensweisen, die auch Opferhandlungen einschlossen, was wiederum ein Gefühl für spirituelle Dinge voraussetzte. Es ist nicht überraschend, daß nach und nach auch aus Befunden anderer Fundstellen auf ähnliche Verhaltensweisen geschlossen wurde. Derart exotische Sitten paßten gut zur «dunkleren Seite» der Neandertaler-Natur, wie z. B. zu dem von Gorjanović angenommenen Kannibalismus. Höhlenbärenknochen sind schon beeindruckend genug, aber lebend müssen die Tiere wirklich furchteinflößend gewesen sein. Die Vermutung, daß Neandertaler sie verzehrten oder ihre Knochen als Kultobjekte nutzten, muß diesem ausgestorbenen Volk viel Faszination verliehen haben. Wissenschaftlern, die noch immer versuchten, das Neandertaler-Phänomen in den Griff zu bekommen, mußte die Vorstellung der Kombination von «primitiven» Ritualen – wie Bächler sie sah – und tiefer menschlicher Spiritualität entgegenkommen. Familiär und doch fremd: Dieses Verhalten paßte perfekt zur seltsamen, menschenähnlichen Morphologie der Neandertaler. Neuere Untersuchungen zeigen aber, daß die Realität der Knochenansammlungen des Drachenlochs sicherlich viel prosaischer war, als Bächler glaubte.

Anders als Gorjanović's Ausgrabungen in Krapina zwei Jahrzehnte zuvor, die in Hinsicht auf die Stratigraphiedokumentation ihrer Zeit voraus war, verfolgte Bächler einen älteren archäologischen Weg: Die Ausgrabung war Arbeitergruppen überlassen. Der Archäologe überwachte die Grabung nicht, sondern erschien ab und zu, um den Bericht des Vorarbeiters zu hören und die Funde der

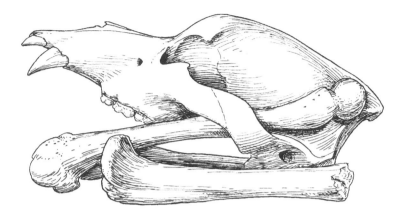

**65
Höhlenbärenschädel mit Oberschenkelknochen unter dem Jochbein.**

Zeichnerische Rekonstruktion des von Emil Bühler beschriebenen vermeintlichen Artefakts aus der Drachenloch-Höhle, Schweiz. Heute glaubt man, daß sich die Knochenanordnung auf natürliche Ursachen zurückführen läßt.
Zeichnung von Diana Salles

Arbeiter zu bewundern. In der Rückschau schüttelt es moderne Archäologen bei der Vorstellung, wie 1909 große Teile des Flachrelief-Tierfrieses im rund 13 000 Jahre alten, jungpaläolithischen Abri von Cap Blanc weggehackt worden sind, bevor die Arbeiter merkten, daß sie die Rückwand des Felsdaches erreicht hatten. Und noch schlimmer, nahezu die gesamte Stratigraphie von Cap Blanc wurde zerstört, als die Arbeiter die harte, verkalkte Verfüllung mit ihren Spitzhacken zerlegten. Heute gehen Archäologen äußerst bedächtig mit Bürsten und Zahnarztbesteck vor. Sie entfernen kein Objekt, das nicht sorgfältig dreidimensional eingemessen wurde. Da jede Ausgrabung die Fundstelle unwiederbringlich zerstört, muß man jede nur mögliche Information vor der Beendigung der Arbeit festhalten.

Aber das ist heute, und damals ist vorbei. Bächler erstellte keine genauen Protokolle von den Ausgrabungen am Drachenloch und war bei entscheidenden Entdeckungen der Höhlenbären nicht einmal anwesend. Er veröffentlichte seine *Deutungen* von dem, was seine Arbeiter fanden und was er bei der Ausgrabung sah, und nicht die genauen *Fakten*, auf denen seine Deutungen beruhten. Tatsächlich präsentierte er zu verschiedenen Anlässen sogar unterschiedliche Interpretationen. Noch schlimmer, Bächlers Berichte unterscheiden sich in wichtigen Details von den Aufzeichnungen seines Vorarbeiters, obwohl beide offensichtlich im wesentlichen über den Kern der Entdeckungen übereinstimmten. Es wurde also sicherlich nicht absichtlich betrogen, man berichtete nicht über Nachweise eines Bärenkultes vom Drachenloch, sondern stellte eher eine spezielle Deutung von Sachverhalten dar, die selber nicht sauber dokumentiert waren.

Heutige Archäologen sind sich einig, daß die Befunde vom Drachenloch durch natürliche Vorgänge zustande kamen. Die «Steinmauern» z. B., offensichtlich aus Felsblöcken aufgeschichtet, entstanden wahrscheinlich aus größeren, von der Höhlendecke gestürzten Blöcken, die später durch Frosteinwirkung entlang von Schichtspalten zersprangen. Die Konzentration der Höhlenbärenknochen resultierte vermutlich aus dem Verhalten der Tiere selbst, die – Generation auf Generation – neue saubere Nester gruben, um in ihnen zu überwintern (und manchmal zu sterben). Selbst ein Schädel mit einem unter dem Jochbein steckenden Oberschenkel ist dort, wo sich viele Knochen natürlich ansammeln, nicht ungewöhnlich. Wenn andererseits die Tatsachen den Berichten Bächlers genau entsprochen hätten, wäre schwer abzustreiten, daß es sich um eine absichtliche Anordnung handelt, für die Menschen verantwortlich waren. Schließt man seine eindeutig phantasierten Rekonstruktionen jedoch aus, schwindet seine Deutung dahin. Ich habe diesen speziellen Fall hier nicht so ausführlich beschrieben, weil Bächler mit seinen Vermutungen allein stand, sondern weil er beispielhaft für eine einst weit verbreitete Praxis in der Archäologie steht, welche die frühen Vorstellungen tief beeinflußte. In der Nachfolge der Drachenlochfunde berichtete man von zahllosen anderen Fällen von «Bärenkult» und rituellem Verhalten der Neandertaler. Außer einigen Hinweisen auf das gezielte Beerdigen von Toten hält keine dieser Vorstellungen einer kritischen Analyse stand. Die alten Theorien halten sich – wie wir gleich sehen werden – jedoch immer noch.

Veränderte Blickrichtungen

Die Piltdown-«Entdeckung» beschleunigte die Abwertung der Neandertaler, die Boule so engagiert vorantrieb, beträchtlich. In den Vereinigten Staaten betrachtete man den Piltdown-Fund jedoch mit Mißtrauen, und ein amerikanischer physischer Anthropologe lehnte Boules Deutung grundsätzlich ab. Alfred (Aleš) Hrdlička, war davon überzeugt, daß der Neandertaler in direkter Linie zum Menschen führte. In einem Vortrag vor dem Londoner Royal Anthropological Institute definierte er 1927 den Neandertaler als den «Menschen der Moustérien-Kultur», legte dar, daß sich das Moustérien langsam in das Aurignacien umwandelte (und daher auch die Neandertaler zu Cro-Magnon-Menschen geworden sein mußten) und schloß daraus, daß es «weniger Rechtfertigung für die Annahme einer Neandertaler-*Art* als ... für eine Neandertaler-*Phase* der Menschheit gab». Diese Erklärung wurde für viele spätere Paläoanthropologen zum Glaubensbekenntnis, erregte seinerzeit aber nicht mehr als ein Stirnrunzeln, wahrscheinlich, weil Funde in Afrika die Blicke der Anthropologen auf sich zogen. Der erste war der Kabwe-Schädel (von dem sogar Woodward 1921 meinte: «Der Schädel kann die Vorstellung wieder beleben, daß der Neandertaler der wirkliche Vorfahre von *Homo sapiens* ist.») Wirklich aufsehenerregend war 1925 Raymond Darts Entdeckung des Kindes von Taung, des ersten Vertretes von *A. africanus*, der eindeutig älter als der Java-Mensch und das Piltdown-Exemplar war.

Die Jahre zwischen dem Taung-Fund und dem 2. Weltkrieg brachten der Humanevolutionsforschung weitere *Australopithecus*- und *Paranthropus*-Entdeckungen in Südafrika sowie eine Fülle von Exemplaren des «Peking-Menschen» in Zhoukoudian in China (vgl. Ab. 27, 28 und 39). Aber auch Europa lieferte Fossilien, unter ihnen den hinteren Teil eines Schädels aus Swanscombe, Südengland, den man nach der begleitenden Fauna ins Mindel-Riß-Interglazial datierte. Er war damit älter als jeder eindeutige Neandertaler (er wurde später auf 225 000 Jahre oder älter datiert) (vgl. Abb. 92). Man glaubte, daß dieses Exemplar mit einem großen, geschätzten Hirnvolumen (1 325 ml) die Präsapiens-Hypothese unterstützte, nach der eine pliozäne Auftrennung der Menschenlinie einerseits zu den Neandertalern und andererseits zum Piltdown-Vertreter und zum modernen Menschen geführt haben soll. Einige Autoritäten erkannten am Swanscombe-Hinterhaupt aber auch Neandertaler-Merkmale. In Deutschland fand sich ein vollständiger, wenn auch zerdrückter Schädel mit etwas kleinerem Hirn in ähnlich alten Ablagerungen in Steinheim nahe Stuttgart (Abb. 66 und 67). Nur wenige wußten damals, wie sie diesen Vertreter einordnen sollten. Später einigte man sich, ihn als Proto-Neandertaler zu betrachten. Der holländische Mineningenieur W. F. F. Oppenoorth barg 1931 bis 1933 eine Serie von Hirnschädeln nah dem Ort Ngandong auf Java aus Sedimenten des Solo-Flusses. Diese stufte man anfangs als «tropi-

66 und 67 *(Seiten 98 und 99)*
Frontal- und Seitenansicht des Schädels von Steinheim an der Murr, Deutschland.

Man glaubt, daß dieser 1933 entdeckte, über 200000 Jahre alte und etwas zerdrückte Schädel einem Vorläufer der Neandertaler gehörte. *Foto mit freundlicher Genehmigung des Staatlichen Museums für Naturkunde, Stuttgart.*

sche Neandertaler» ein und unterstellte offensichtlich, daß den Ngandong-Menschen im Osten eine ähnliche Bedeutung zukam wie den Neandertalern im Westen. Heute rückt man die Ngandong-Schädel in die Nähe von *Homo erectus*, obwohl jüngste Datierungen auf ein Alter von rund 40000 Jahren hinweisen, was die Ngandong-Population zu Zeitgenossen der europäischen Neandertaler machen würde und bedeuten könnte, daß sie auch das gleiche Schicksal ereilte.

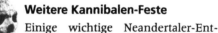 **Weitere Kannibalen-Feste**

Einige wichtige Neandertaler-Entdeckungen stammen aus der Zeit zwischen den Weltkriegen. 1926 fand man in Gibraltar den Schädel eines jungen Neandertalers. In Saccopastore nahe Rom bargen 1929 Arbeiter einer Kiesgrube einen ziemlich leicht gebauten Neandertaler-Schädel, der von typischen Moustérien-Geräten begleitet war und wahrscheinlich aus dem Riß-Würm-Interglazial stammte (vgl. Abb. 97 und 98). Ähnliche Geräte fand man zehn Jahre später rund 95 km weiter südlich in der Guattari Höhle am Monte Circeo, die auch einen schwerer gebauten Neandertaler-Schädel des letzten Glazials lieferte (Abb. 68). Was diesen Fund zu einem besonderen Glücksfall machte, war weniger das Fossil selbst als der vermutete Kontext. Die direkte Entdeckung machte ein Arbeiter in fast völliger Dunkelheit, der den Schädel – einen von vielen auf dem Höhlenboden liegenden Knochen – aufhob und zurücklegte, bis der Paläontologe Alberto Blanc gerufen wurde. Eine Rekonstruktion durch Blanc zeigte, daß der Schädel in einem Steinkranz lag und die mit einem großen Loch versehene Unterseite nach oben wies (Abb. 69). Blanc ignorierte, daß der Höhlenboden voller Steine und Knochen war und daß nicht sicher war, wo der Schädel vorher genau gelegen hatte, setzte die alte Krapina- und Drachenloch-Tradition fort und behauptete, der Guattari-Schädel sei der Rest einer Kannibalen-Mahlzeit gewesen. Das Individuum sei durch einen Schlag auf die rechte Kopfseite getötet worden. Den Kopf habe man vom Körper abgetrennt und dann umgekehrt auf einen Steinkreis gesetzt. Die Schädelbasis wurde geöffnet, um an das Gehirn zu gelangen (das gleiche hatte sich der Anatom Franz Weidenreich bei den Schädeln der Peking-Menschen aus Zhoukoudian vorgestellt). Die leere Hirnschale habe man als Trinkgefäß verwendet, bevor man sie auf dem Boden deponierte. Die am Höhlenboden verstreuten Knochenfragmente sollen sich bei weiteren Opferzeremonien im Zusammenhang mit derartigen bizarren kannibalistischen Ritualen angesammelt haben.

Wir wissen heute, daß die Guattari-Höhle in Wirklichkeit ein alter Hyänenbau war und daß der Neandertaler-Schädel einfach einer von zahllosen Knochen war, die am Höhlenboden herumlagen. Aber Blancs Guattari-Szenario fiel bei vielen auf fruchtbaren Boden, da derart komplexes Verhalten einerseits mystisch und abstoßend war, auf seine Weise dennoch eine Art Menschlichkeit verriet. Durch die bis 1939 geborgene große Zahl an neu gefundenen Fossilien von primitiven Menschen mit kleineren Hirnen wurde es zunehmend leichter, den Neandertaler als eher menschliches und zu geistigen Leistun-

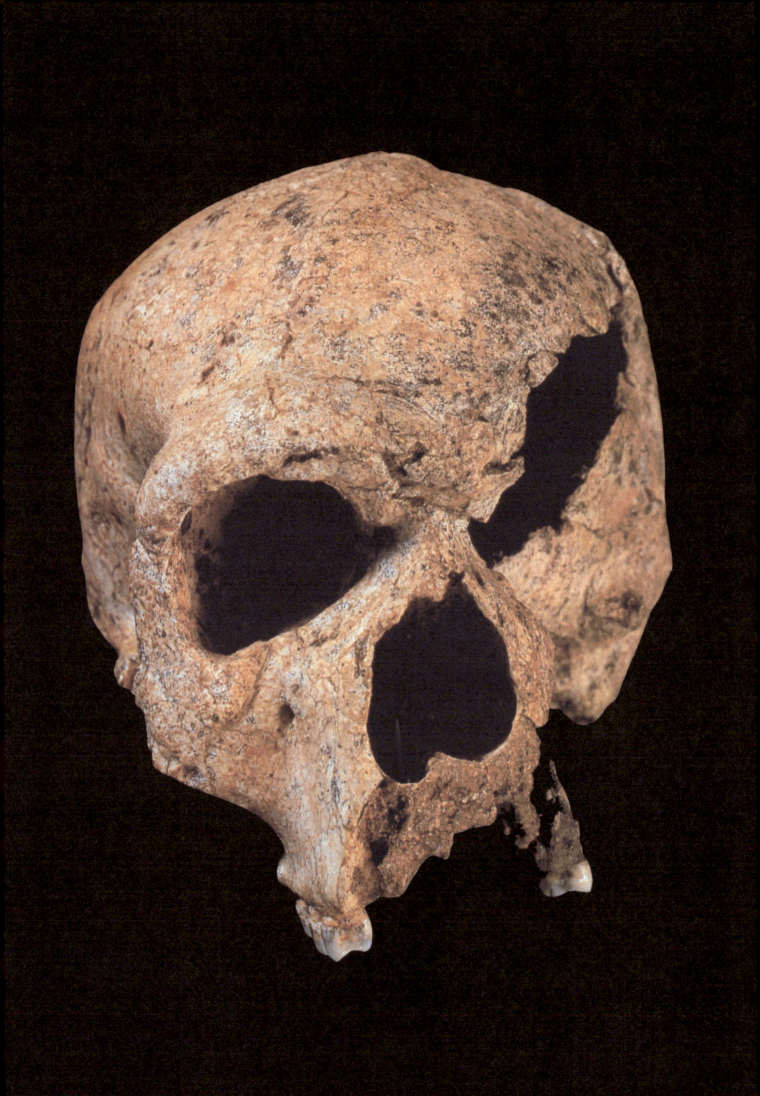

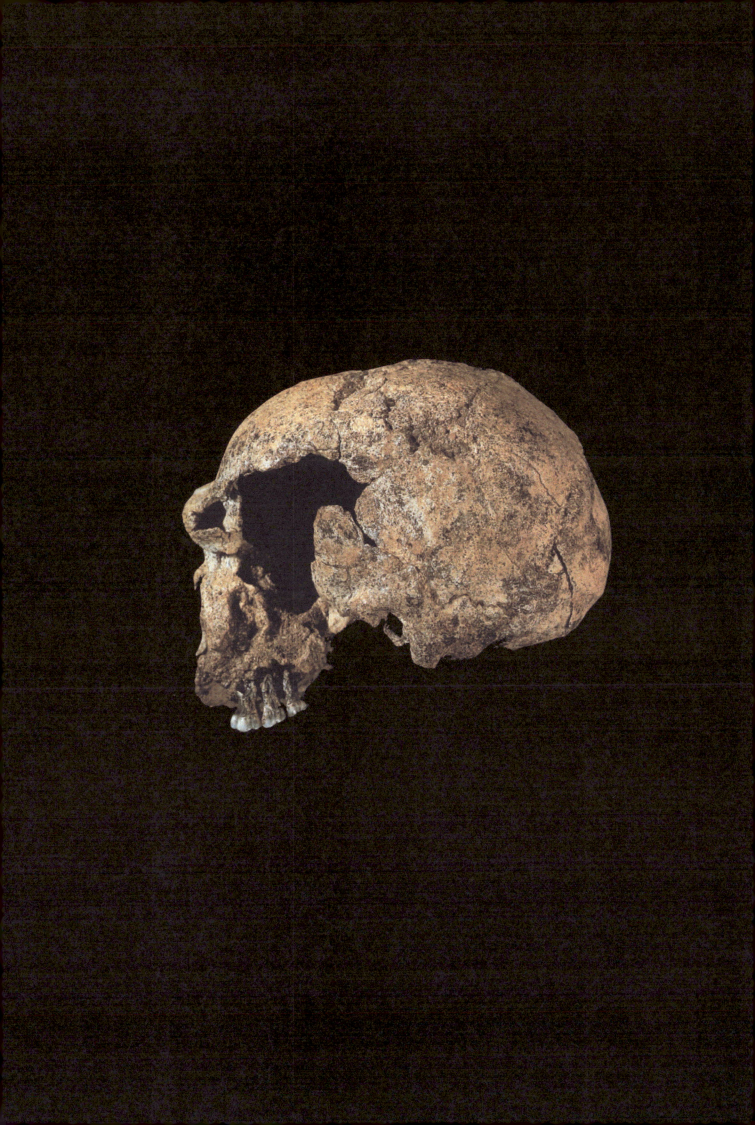

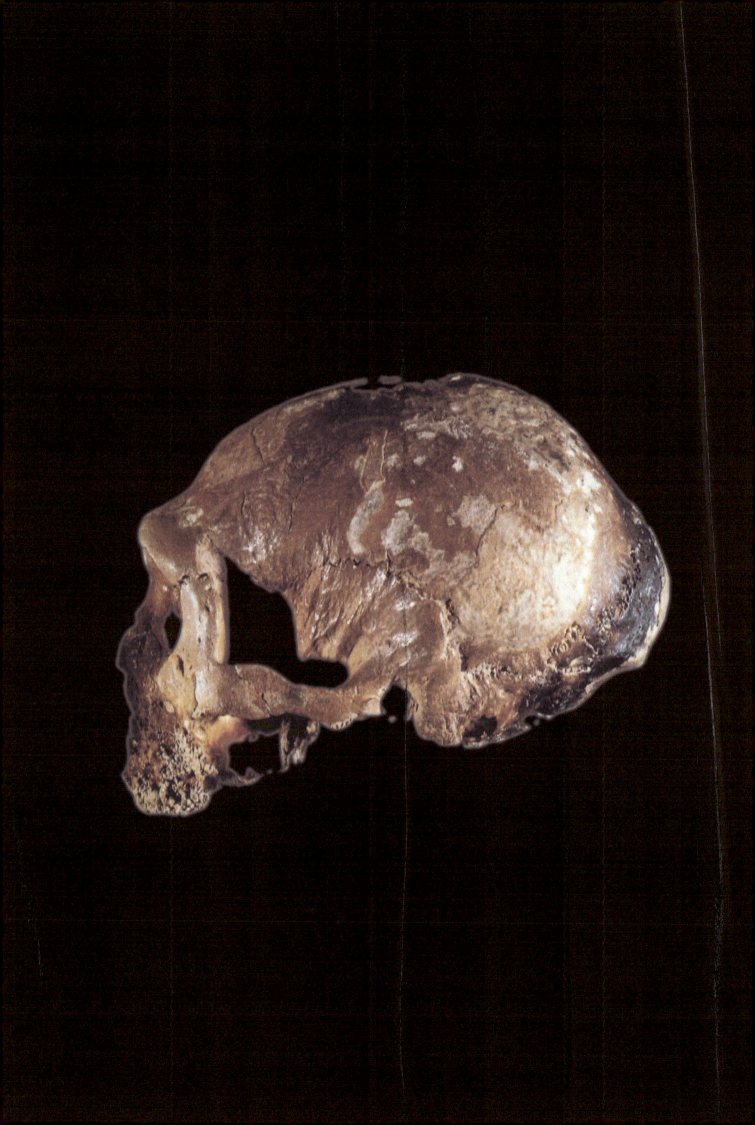

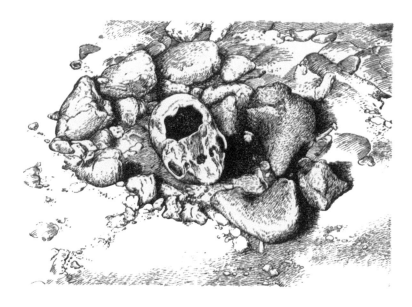

68 *(Seite 100)*
Seitenansicht des Neandertalerschädels von Monte Circeo, Italien.

Einer der am besten erhaltenen Neandertalerschädel aus Südeuropa ist rund 50000 Jahre alt. Den Fundort, die Guattari-Höhle, betrachtet man heute als Hyänenbau und nicht mehr als Ort kannibalistischer Rituale (vgl. Abb. 69)

Foto mit freundlicher Genehmigung des Kultusministeriums, Italien

69
Der «Steinring» in der Guattari-Höhle, Monte Circeo, Italien.

Die nach einer 1939 von A. C. Blanc publizierten Zeichnung hergestellte Illustration zeigt den umgedrehten Neandertaler-Schädel in einem Steinkreis. Ursprünglich als Beleg für kannibalistische Rituale betrachtet, sieht man diese später hergestellte Rekonstruktion heute als Phantasieprodukt an.

Zeichnung von Diana Salles, nach A. C. Blanc

gen befähigtes Wesen zu betrachten. Der amerikanische physische Anthropologe Carleton Coon stellte genau im Jahre der Guattari-Entdeckung eine elegante Gesichtsrekonstruktion des «Alten Mannes» von La Chapelle her: Rasiert, mit Jacke, Hut und Krawatte wirkte er auf alle wie ein etwas grobschlächtiger *Homo sapiens*.

Levantinische Verwirrung

Wem der menschliche Stammbaum durch die «Notwendigkeit», den Piltdown-Fund einzufügen, problematisch erschien, der konnte durch die Deutung von Funden aus Palästina (heute Israel) aus den Jahren zwischen 1929 und 1934 nur noch weiter verunsichert werden. Hier wurden von der englischen Archäologin Dorothy Garrod am Westhang des Berges Karmel zwei Fundstellen ausgegraben. Eine davon – Schicht C aus der Tabun-Höhle (nach modernen Erkenntnissen älter als 100000 Jahre) – lieferte das fast vollständige Skelett einer Frau aus dem letzten Interglazial. Der Schädel dieses Individuums war am Hinterkopf runder und insgesamt leichter gebaut als westeuropäische Neandertaler, paßte sonst aber gut zu ihnen (Abb. 70). Ein vermutlich männlicher Unterkiefer der gleichen Grabung war ziemlich kräftig und besaß im Gegensatz zum weiblichen Schädel ein ausgeprägtes Kinn, d. h. ein modernes Merkmal (vgl. Abb. 106, S. 155). Die dazugehörende Steingeräteindustrie war eine lokale Variante des Moustérien. Einige eher fragmentarische Menschenreste stammten aus der darüber liegenden Schicht B, aus der man ebenfalls ein leicht abgewandeltes Moustérien-Inventar barg. Wenige Minuten Fußmarsch entfernt lieferte das Abri von Skhul ähnliche Geräte, wie die aus der Tabun-Schicht C, und mehrere Skelette von recht moderner Anatomie, deren Überaugenwülste jedoch etwas ausgeprägter als bei heutigen menschlichen Populationen waren (Abb. 71). Trotz geringer Faunenunterschiede glaubte man, daß beide Stellen ungefähr gleich alt waren. Aus diesem Grund und weil die Steinwerkzeuge beider Fundstellen so ähnlich waren, schlossen Arthur Keith und der physische Anthropologe Theodore McCown, der im folgenden die Berg-Karmel-Hominiden beschrieb, daß alle Individuen von beiden Stellen zu einer einzigen, hochvariablen Population gehörten. (Auf der Grundlage der Morphologie hätten sie diese Entscheidung sicher nicht rechtfertigen können.)

Aber die Zeit für eine Verwischung der Unterschiede zwischen Neandertalern und modernen Menschen – sowohl aus anatomischer als auch aus verhaltensbiologischer Sicht – war gekommen. Die Umrisse eines gegenwärtig populären Schemas der Humanevolution rückten ins Blickfeld. Die Theorie ist unter «multiregionale Kontinuität» bekannt und betont das Alter der verschiedenen Menschengruppen. Franz Weidenreich, der Beschreiber der Zhoukoudian-Fossilien, wurde in den späten dreißiger Jahren durch seine Theorie bekannt, daß die Hauptgruppen der Menschheit aus verschiedenen *Homo erectus*-Populationen entstanden seien. Nach Weidenreichs Überlegungen sollen die modernen Australier aus den Java-Menschen entstanden sein, die modernen Chinesen aus den Peking-Menschen und Formen wie der

70
Tabun I-Schädel aus der Tabun-Höhle, Israel.

Der (wahrscheinlich weibliche) leicht gebaute Schädel wird heute für älter als 100 000 Jahre gehalten. Er stammt aus Schicht C der Tabun-Höhle. Diese Fundstelle dient als Bezugspunkt für Studien an archäologischen Abfolgen in der Levante.
Mit freundlicher Genehmigung des Natural History Museums, London

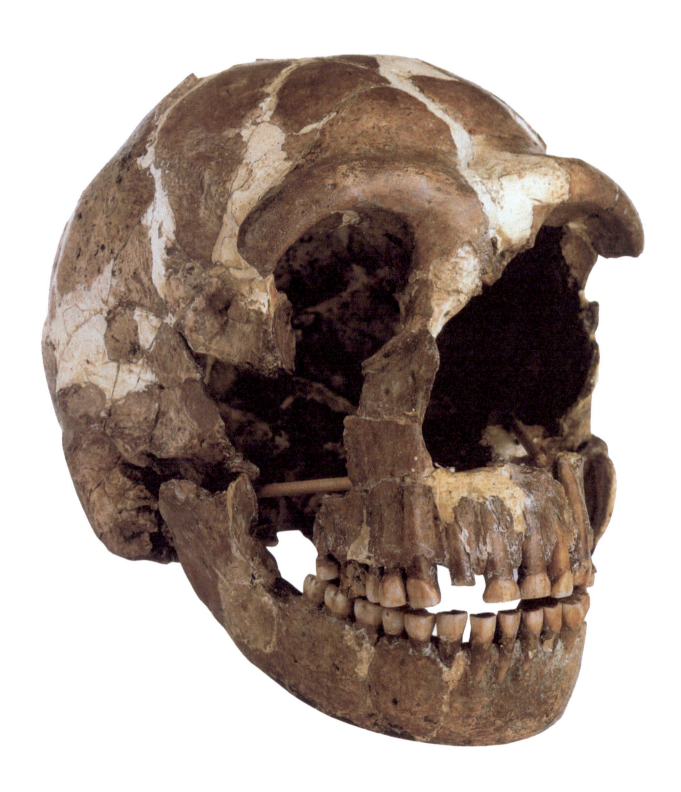

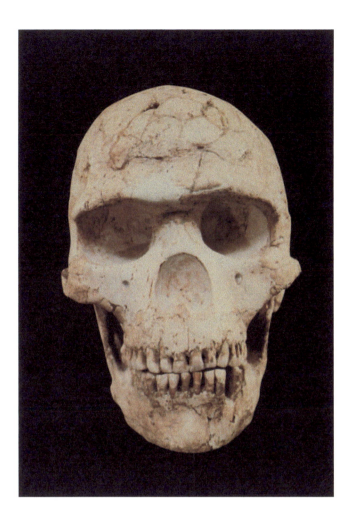

71
Der Skhul V-Schädel.

Der am besten erhaltene von mehreren Schädeln vom Abri von Skhul in Israel. Das rund 100 000 Jahre alte Exemplar wirkt – abgesehen von der starkeren Brauenregion – ausgesprochen modern
Mit freundlicher Genehmigung des Peabody Museums, Harvard Universität

Rhodesien-Mensch (Kabwe) waren schrittweise zu modernen Afrikanern geworden. Er hatte einige Schwierigkeiten zu erklären, daß die Neandertaler in Europa durch *Homo sapiens* ersetzt worden waren, glaubte aber, daß der letztgenannte sich andernorts aus Neandertalern entwickelt hatte, um dann nach Europa vorzudringen und seine früheren Vorfahren zu verdrängen. Diese Theorie gefiel McCown und Keith, die in Europa ein ganzes Spektrum erkannten, das sich von den «klassischen» europäischen Neandertalern auf der einen Seite über die leichter gebauten Krapina-Typen und die Tabun- und Skhul-Exemplare bis zum Cro-Magnon-Menschen erstreckte. Die Tendenz des «extremen» Neandertalers, sich von Westen nach Osten abzuwandeln, bis sich am Berg Karmel ein offensichtlicher Übergang zum modernen Menschen fand, führte die beiden zu der Hypothese, die Vorfahren der modernen Europäer im Nahen Osten seien sogar noch östlich von Palästina entstanden. Auf diese Weise waren die Neandertaler wieder über Umwege ins Zentrum der Debatte über die Evolution des modernen Menschen gerückt, als Eckpunkt einer falsch interpretierten morphologischen Serie, dessen Ende *Homo sapiens* darstellte. McCown und Keith wären beim Zusammenwürfeln derart verschieden aussehender Hominiden nach rein archäologischen Kriterien sicher vorsichtiger verfahren, wenn sie nicht weitere, fast gleichzeitig in Palästina gemachte Funde mitbetrachtet hätten. In der Nähe des Tiberias-Sees (dem See von Galiläa) fand man 1925 wieder einmal zusammen mit Moustérien-Geräten in der Höhle von Zuttiyeh ein sehr archaisch wirkendes Stirnbein (Abb. 72 und vgl. Abb. 99). Ähnliche Geräte aus der Höhle von Qafzeh, nahe Nazareth, führten wenig später zu Ausgrabungen, bei denen man schließlich mehrere Skelette mit insgesamt moderner Morphologie bergen konnte, die man jedoch erst viele Jahre später genauer beschrieben und veröffentlicht hat (Abb. 73a und b, sowie 74, vgl. Abb. 115). Erst in den späten achtziger Jahren führte die Datierung dieses Siedlungsplatzes auf ein Alter von mehr als 90 000 Jahren

72
Höhle von Zuttiyeh in Israel.

In der wunderschön in einem Tal neben dem Tiberias-See (dem See von Galiläa) gelegenen Höhle fand man ein wahrscheinlich 125 000 bis 150 000 Jahre altes Stirnbein, das für einen Menschentyp steht, der dem levantinischen Neandertaler voranging.
Foto von Willard Whitson.

73a und b
Die Höhle von Jebel Qafzeh, Israel.

In den dreißiger Jahren entdeckte man in der Höhle eine Fülle anatomisch moderner, rund 92 000 Jahre alter Menschenfossilien zusammen mit einem Moustérien-Werkzeuginventar.
Fotos von Willard Whitson.

74 (Seite 105)
Schädel 9 von Jebel Qafzeh, Israel.

Dieser Schädel einer jungen Frau, die mit ungefähr 20 Jahren starb, stammt aus dem am besten erhaltenen Grab in Qafzeh. Mit einem Alter von rund 92 000 Jahren gehörte das Individuum zu einer sehr frühen Gruppe mit völlig moderner Anatomie (vgl. Abb. 115).
Foto mit freundlicher Genehmigung von Antiquities Authority, Israel.

dazu, die Ursprünge des modernen Menschen erneut zu überdenken. Die Erkenntnis, daß Morphologie und Werkzeugtechnologie nicht Hand in Hand gehen, wäre schon in den dreißiger Jahren möglich gewesen. Hrdlickãs Definition vom Neandertaler als dem «Menschen der Moustérien-Kultur» war falsch, und die Vergesellschaftung jungpaläolithischer Industrien mit physisch modernen Menschentypen, so deutlich sie in Europa war, traf nicht notwendigerweise auch anderswo zu.

 Kommen wir zur Synthese!
Die vierziger Jahre waren das Jahrzehnt, in dem die Ideen der neuen evolutionären Synthese, wie wir in Kapitel 2 sahen, langsam Fuß faßten. Der erste des Triumvirats, der sich auf paläoanthropologisches Gebiet vorwagte, war Theodosius Dobzhansky. Aus seiner Sicht waren die Fossilien vom Berg Karmel Mischlinge zwischen Neandertalern und modernen Menschen (eine Möglichkeit, die von McCown und Keith bedacht, aber wieder verworfen worden war). In diesem Fall hätten die beiden Formen Unterarten einer Art sein müssen, weil sie sich sonst nicht fruchtbar hätten kreuzen können. Dies wiederum hätte bedeutet, daß die einzige Art *Homo sapiens* außerordentlich variabel war, da sie sowohl die stark divergenten Neandertaler als auch die modernen Menschen umfaßte. Wenn *Homo sapiens* schon so variabel war, waren es die früheren Menschenformen vielleicht auch. Es erstaunt daher nicht, daß Dobzhansky im Fossilbestand des Menschen für jede Zeit nur jeweils eine Art anerkannte. Sein Kollege

Ernst Mayr stimmte zu. So wurde in der Paläoanthropologie das Zeitalter des «Zusammenfassens» geboren – die Reduktion der Artenzahl im menschlichen Fossilbestand, wobei man die Neandertaler zur Unterart des modernen Menschen – *Homo sapiens neanderthalensis* – degradierte.

Der Neandertaler wurde zu einem unbedeutenden Phänomen, das nicht mehr die Erklärung verlangte, die *Homo neanderthalensis* erfordert hätte. Nichtsdestotrotz hatte das unglückliche «Zusammenfassen» das positive Ergebnis, daß die unüberschaubare Namensfülle, welche die Übersicht über den Humanstammbaum erschwert hatte, verschwand. Gleichzeitig warf man aus dem untersuchten Fossilmaterial durch Anwendung neuer Analysetechniken zweifelhafte Fossilien wie den Piltdown-Fund und einige moderne Skelette hinaus. Zusammen mit einem verfeinerten Verständnis der Pleistozän-Chronologie eröffnete dieser systematische «Kahlschlag» den Weg, die Fossilbelege der Humanevolution aus Europa und Asien neu zu bewerten. Der erste Paläoanthropologe, der diese neue Sicht auf den Neandertaler übertrug, war Clark Howell, damals an der Universität von Chicago. In den frühen fünfziger Jahren veröffentlichte er eine Reihe von Artikeln, in denen er die morphologischen Unterschiede zwischen verschiedenen Neandertaler-Populationen herausarbeitete und mit ihrer Verteilung in Raum und Zeit korrelierte. Seiner Meinung nach führte eine einzige Entwicklungslinie von Mauer über Swanscombe nach Steinheim und dann zu einer «frühen Neandertaler»-Gruppe, zu denen Fossilien wie die aus Weimar-Ehringsdorf und Sacco-

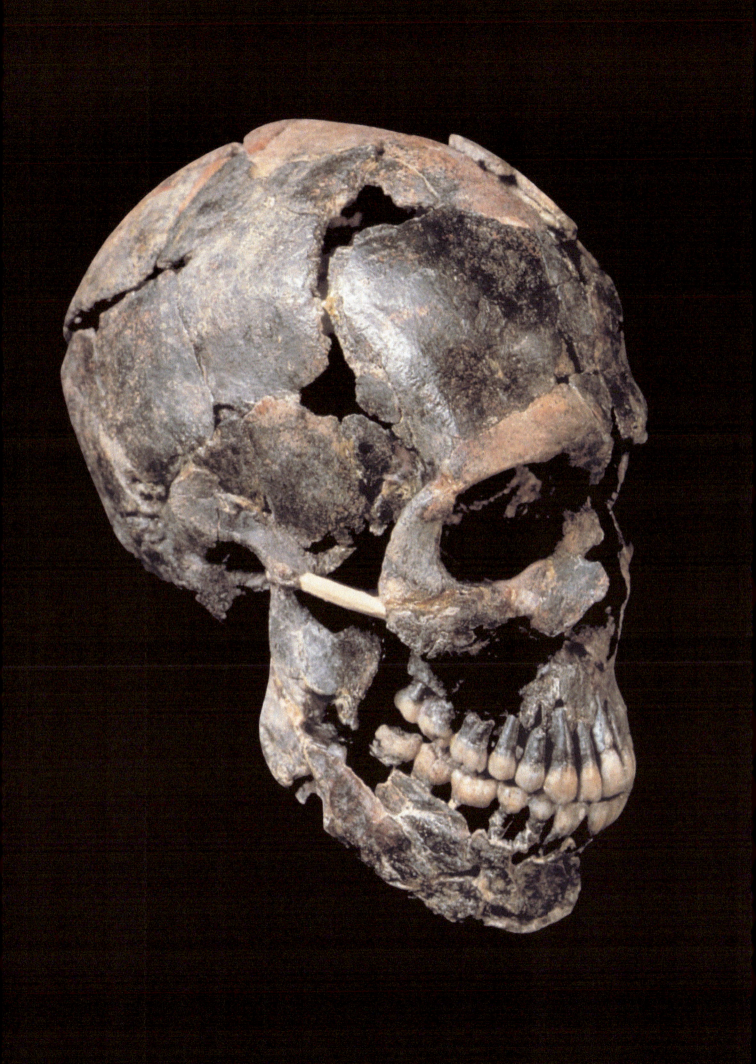

pastore gehörten. Die letztgenannten Vertreter aus dem Riß-Würm-Interglazial besaßen kürzere, höhere und weniger kräftig gebaute Schädel und waren demzufolge modernen Menschen ähnlicher als es die «klassischen» Neandertaler (Neandertal, La Chapelle, La Ferrassie, Monte Circeo und andere) der letzten Eiszeit waren. Zusätzlich erkannte Howell wie McCown und Keith einen von Westen nach Osten zunehmenden Trend zu einer leichteren Bauweise der Schädel.

Aus all dem ergab sich, daß frühe und relativ leicht gebaute Neandertaler während der letzten Zwischeneiszeit weit über Europa und den Nahen Osten verbreitet waren. Das Vordringen der Eisschilde zu Beginn der Würm-Eiszeit hatte dann eine westliche und eine östliche Population voneinander getrennt, die beide unterschiedliche evolutive Wege einschlugen. Isoliert und dem harten Eiszeitklima ausgesetzt, sind die westlichen, frühen Neandertaler zu «klassischen» Formen evoluiert, während die östliche Population über die Berg Karmel-Population zu modernen Menschen wurde. Nach der Rückkehr milderer Bedingungen zogen dann die Modernen westwärts, die dort ihre Verwandten zu verdrängen. Diese Sicht paßt gut zu Ernst Mayrs Modell der allopatrischen Artbildung, in dem das Auftreten geographischer Barrieren die Schlüsselrolle für die Ausbildung evolutiv neuer Merkmale spielt, indem sie das Auftreten von Fortpflanzungsschranken, d. h. die Bildung neuer Arten fördern. Umgekehrt ermöglichte das Verschwinden derartiger Barrieren die Ausbreitung neuer Arten und die Auslese durch Konkurrenz, wie sie in Kapitel 2 besprochen wurde.

 Blumenkinder und U-Bahn-Fahrer
Während der fünfziger Jahre erfolgten weitere Neandertaler-Funde, die das von Howell gezeichnete Bild ergänzten. Zwischen 1953 und 1957 grub der Archäologe Ralph Solecki von der Columbia Universität die Höhle von Shanidar im Nordiran aus. Er fand die Überreste von neun erwachsenen und jugendlichen Neandertalern, von denen einige sehr «klassisch» wirkten (Abb. 75, 76 und 77). Eines der Skelette gehörte zu einem erwachsenen Mann, der wahrscheinlich von Geburt an unter einer Krankheit gelitten hatte, die seinen rechten Arm verkümmern ließ. Solecki wies darauf hin, daß dieses Individuum ohne Unterstützung durch seine soziale Gruppe nicht ein derart fortgeschrittenes Alter erreicht hätte (Abb. 78). Plötzlich waren die Neandertaler sowohl mitfühlend und menschlich als auch intelligent. Dieses neue Bild des Neandertalers wurde durch die Entdeckung fossiler Pollen, die nahelegten, daß das Individuum mit Frühlingsblumen begraben worden war, noch überzeugender. Der Untertitel, den Solecki später für sein populäres Buch über Shanidar wählte – Die ersten Blumenkinder – spiegelt eloquent wider, wie dramatisch sich das Neandertaler-Bild änderte.

Da man das Verhalten der Neandertaler fast von Minute zu Minute menschlicher deutete, war bald die Zeit gekommen, ihre Anatomie neu zu bewerten – d. h. die Vorstellungen, die trotz einzelner kritischer Äußerungen bis Mitte der fünfziger Jahre weitgehend dem von Boule entwickelten unschmeichelhaften Image folgten. Der französische Paläontologe Camille Arambourg untersuchte 1955 das Skelett von La Chapelle und konnte Boule's Beschreibung eines latschenden, krummbeinigen Wilden nicht bestätigen, während der Schweizer Primatologe Adolph Schulz unabhängig von ihm auf die innere Widersprüchlichkeit und daher die Unwahrscheinlichkeit dieser Vorstellung hinwies. Zwei Jahre später zeigten der Anatom W. L. Straus aus den Vereinigten Staaten und A. J. E. Cave aus England nicht nur eindeutig, daß das Individuum aus La Chapelle starke Merkmale von Arthritis und altersbedingtem Verschleiß aufwies, sondern daß auch viele der von Boule hervorgehobenen Unterschiede zum modernen Menschen nicht existierten. Sie schlossen, daß der Neandertaler trotz deutlicher Unterschiede zum modernen Menschen eindeutig aufrecht ging. Straus und Cave wurden durch ihren berühmten Spruch bekannt, daß der alte Mann von La Chapelle, hätte man ihn gebadet, rasiert und in einen Anzug gesteckt, mit der New Yorker U-Bahn gefahren wäre, ohne aufzufallen.

In den fünfziger Jahren führte man außerdem die Radiocarbon-Datierung in die Paläoanthropologie ein. Es stellte sich heraus, daß die Neandertaler älter als die effektive maximale Datierungsmöglichkeit dieser Methode von 40000 Jahren waren. Es war weitgehend ein Verdienst von Hallam Movius aus Harvard, daß man zumindest für das späte Mittelpaläolithikum und das Jungpaläolithikum schnell eine radiometrische Chronologie entwickelte. Dadurch wurde bald klar, daß z.B. Moustérien-Werkzeuginventare in Frankreich bis vor rund 32000 Jahren existierten. Die Châtelperronien-Industrie – damals von einigen als Werk der späten Neandertaler gesehen, von anderen den frühen Modernen zugeschrieben – begann etwas früher und dauerte bis vor etwa 30000 Jahren. Das Châtelperronien war problematisch. Während Abschlaggeräte immer noch wichtig waren, stellte man schon über die Hälfte der Geräte aus langen «Klingen» her, ein Kennzeichen des Jungpaläolithikums, dessen erste – zweifellos europäische – Industrie, das Aurignacien, vor rund 32000 Jahren begann (Abb. 79). Schließlich wurde zur Erleichterung vieler die Identität des Châtelperronien 1979 durch die Entdeckung eines Neandertaler-Grabes in Saint-Césaire in Westfrankreich geklärt, das mit Châtelperronien-Artefakten vergesellschaftet war (siehe Abb. 102, S. 146). Die Aufmerksamkeit der Wissenschaftler richtete sich nun auf die Frage, ob die Neandertaler unabhängig die Klingentechnik erfunden hatten oder sie dem einwandernden *Homo sapiens* abschauten.

Regionale Kontinuität

In einem seiner letzten Aufsätze veröffentlichte Franz Weidenreich 1947 ein Diagramm, in dem er seine Theorie der unabhängigen Entstehung der modernen Rassengruppen des Menschen aus Formen, die wir heute dem *Homo erectus* zuordnen würden, darstellte. Er hatte offensichtlich immer noch Probleme mit den europäischen Neandertalern, da er sie nicht in das Schema einschloß. Aber er hatte keine Schwierigkeiten, die Tabun-Fossilien als «klassische Neandertaler» anzuerkennen und «Eurasier» (Europäer und West-Asiaten) von diesen ausgestorbenen Völkern über Zwischenfor-

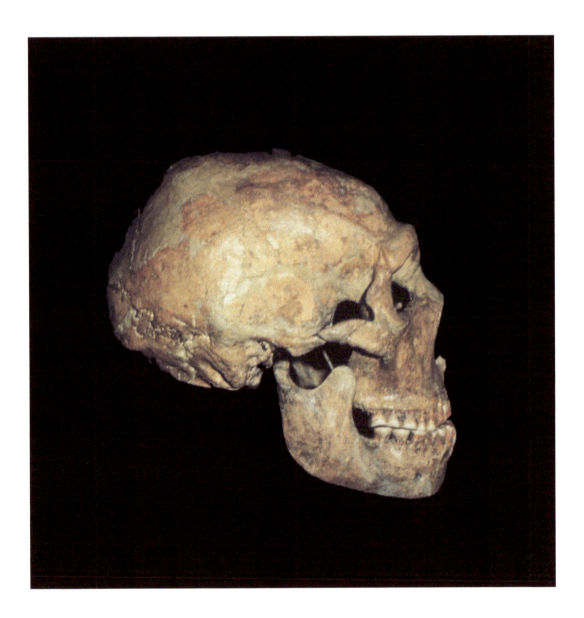

75 und 76
Frontal- und Seitenansicht des Shanidar 1-Schädels aus dem Irak.

Shanidar 1 ist der am besten erhaltene Schädel dieser bedeutenden Neandertaler-Fundstelle. Erik Trinkaus vermutet, daß man dem Individuum aus einem der jüngeren Gräber (rund 50 000 Jahre alt) als Kleinkind den Schädel deformierte. Es erlitt außerdem Verletzungen an der linken Augenhöhle, die zur Erblindung dieses Auges geführt haben konnten.
Fotos von Erik Trinkaus

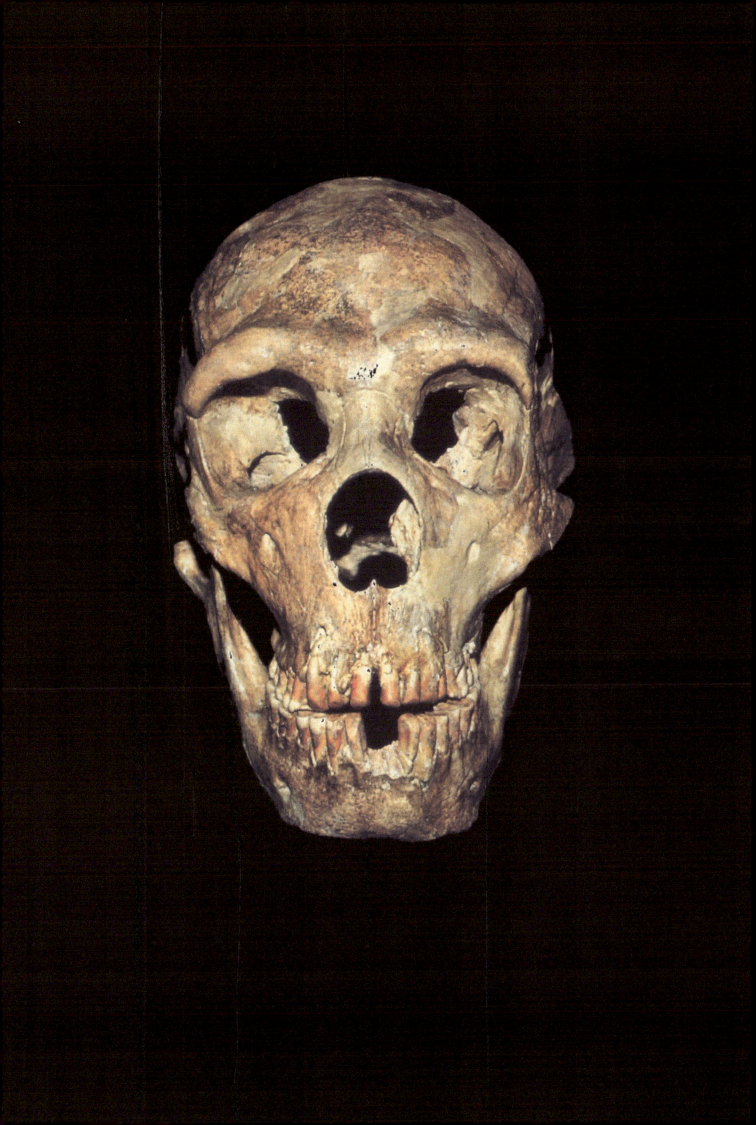

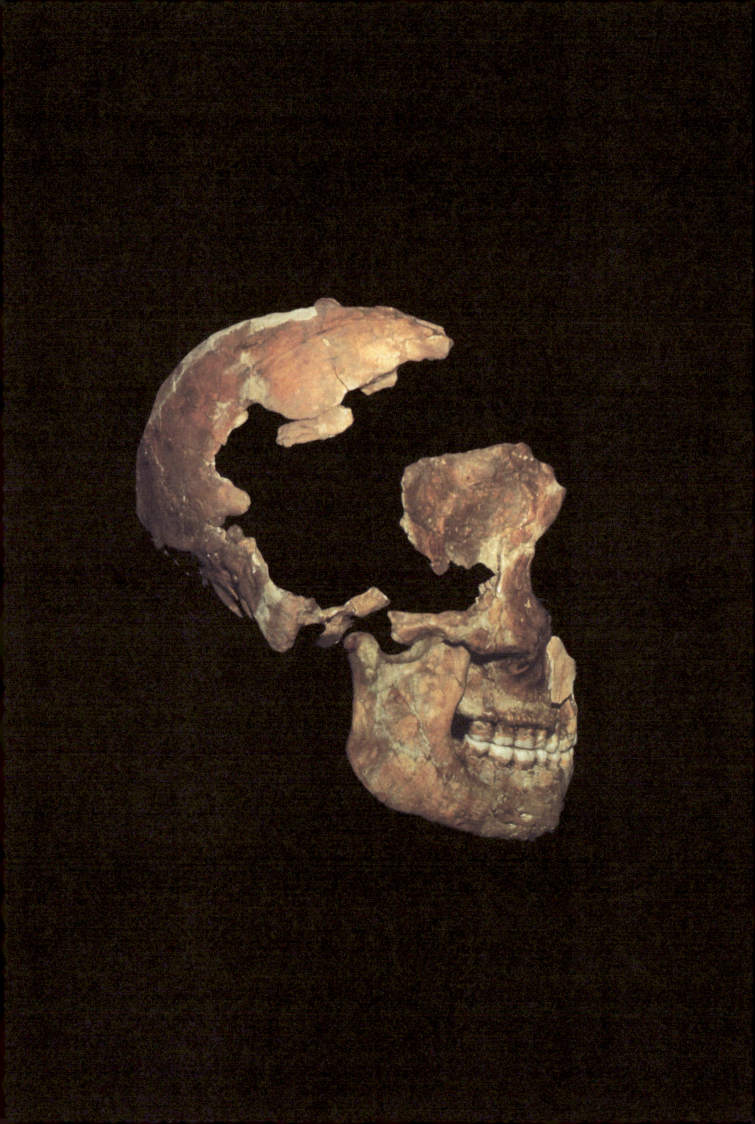

77 *(Seite 110)*
Seitenansicht des Shanidar 2-Schädels.

Dieses Exemplar stammt aus einem der älteren Gräber von Shanidar und ist rund 70 000 bis 80 000 Jahre alt. Diese Individuen besaßen etwas stärker vorspringende Jochbogen als die etwa 20 000 bis 30 000 Jahre jüngeren Fossilien.
Foto von Erik Trinkaus.

78
Knochen der Schulter und des rechten Arms des Individuums 1 von Shanidar, Irak.

Erik Trinkhaus vermutet, daß dieser rechte Neandertaler-Arm für seinen Besitzer aufgrund der abnormen Form der Knochen für die meiste Zeit seines Lebens (35 bis 40 Jahre) unbrauchbar war. Um dennoch ein für Neandertaler recht fortgeschrittenes Alter zu erreichen, muß er von seiner Gruppe unterstutzt worden sein
Foto von Erik Trinkaus.

men, wie man sie in Skhul fand, abzuleiten. Weidenreichs Schema wurde über anderthalb Jahrzehnte später von dem physischen Anthropologen Carleton Coon in seinem 1962 veröffentlichten Buch «The Origins of Races» aufgegriffen. Das Werk wurde von vielen und wahrscheinlich zu unrecht als rassistisch angegriffen, aber es war aus vielerlei Sicht eine eindrucksvolle Arbeit. Es enthielt einige neue Spekulationen über die Anpassungen der Neandertaler sowie über ihren Standort als Vorfahr im Stammbaum des modernen Menschen. Coon bemerkte, daß moderne Menschen – wie andere Säuger auch – um so kräftiger gebaut sind, je weiter sie vom Äquator entfernt leben. Dies vermindert das Verhältnis von Körperoberfläche zum Volumen und schützt so den Körper im kalten Klima vor Wärmeverlusten. Die kleinen, stämmigen Neandertaler, deutete Coon, waren also hervorragend an kaltes Klima angepaßt. Darüber hinaus soll die große Neandertaler-Nase die frostige eiszeitliche Luft beim Einatmen erwärmt und so die empfindlichen Lungen geschützt haben. Als sich das Klima verbesserte, schloß Coon, folgte daraus fast zwangsläufig eine morphologische Veränderung in Richtung des modernen Zustandes.

Zwei Jahre nach der Veröffentlichung des Buches, in denen sich die Aufregung immer noch nicht gelegt hatte, kritisierte der physische Anthropologe Loring Brace jeden heftig, der behauptete, die Neandertaler seien nicht die Vorfahren des modernen Menschen. Er führte derartige konservative Tendenzen auf Boules Werk vom Beginn des Jahrhunderts zurück und bezeichnete alle als «antievolutionistisch». Der Kern seiner Argumentation war die Vorstellung, daß die Kultur des Menschen dessen eigene Evolution vorantrieb. Im weitesten Sinne hielt er die Kultur für die ökologische Nische des Menschen und nach der Theorie der Ökologie konnte nicht gleichzeitig mehr als eine kulturtragende Hominidenform zur selben Zeit in der selben Nische existiert haben. Diese Überlegungen wendete Brace als erstes auf die Neandertaler an. Später behauptete er sogar, daß es immer nur eine einzige menschliche Abstammungslinie gegeben haben könne, die man nur willkürlich in Abschnitte wie

79
Châtelperronien-Werkzeuge aus Laussel, Frankreich.

Die Châtelperronien-Industrie stammt wahrscheinlich von Neandertalern. Trotzdem besitzt sie, wie die rechts abgebildeten Klingengerate belegen, Ähnlichkeiten mit jungpalaolithischen Inventaren
Foto von Alain Roussot.

Homo erectus und *Homo sapiens* einteilen könne. Von anderen übernommen, wurde diese Theorie als «Eine-Art-Hypothese» bekannt, die in den späten sechziger und frühen siebziger Jahren weit verbreitet war. Durch die schon in Kapitel 4 beschriebene Entdeckung, daß in Ost-Turkana mehrere verschiedene Hominidenarten koexistiert hatten, wurde sie endgültig widerlegt.

Diese enttäuschende Entdeckung ließ einige beredte Paläoanthropologen nach anderen Gegenständen suchen, um ihre Talente anzuwenden. Da ihre Vorstellungen von Evolution weitgehend auf graduelle Veränderungen innerhalb von Abstammungslinien festgelegt waren, ist es nicht verwunderlich, daß sie Partei für Weidenreichs Schema der parallelen Evolution ergriffen, obwohl es durch die Anlehnung an Coon verrufen war. Die Kernaussage der Theorie der multiregionalen Kontinuität war, daß – obwohl die Ausgangsformen, auf die man Populationen des modernen Menschen zurückführte, alle zu *Homo erectus* gehörten – jede Regionalpopulation ihren eigenen evolutiven Wegen gefolgt sei, aber dennoch genügend Gene mit ihren Nachbarn ausgetauscht hätte, um Vertreter einer Art zu bleiben und gleichzeitig parallel langsam zum *Homo sapiens* zu evoluieren (Abb. 80). Ein moderner Trick, um das Problem, wie verschiedene Entwicklungslinien zum selben Ergebnis führen sollen, zu beseitigen, bestand darin, *Homo erectus* zu *Homo sapiens* zu machen. Die Neandertaler hatten sich bisher von allen ausgestorbenen Menschenformen am schwersten in das multiregionale Schema eingliedern lassen, da sie sich vom modernen Menschen einerseits klar unterschieden und trotzdem seine Zeitgenossen waren. Dank beachtlichen Einfallsreichtums, gepaart mit einem festen, aber unbegründeten Glauben, daß ihre Intelligenz – wenn schon nicht ihre Morphologie – wie die unsere war, gelang es, die Neandertaler in das Schema zu pressen. Was zumindest diejenigen zufriedenstellte, die daran glaubten. Wenn z. B. die Neandertaler nur eine Unterart des *Homo sapiens* gewesen wären, wären sie mit modernen Menschen fortpflanzungsfähig gewesen. Vertreter dieser Ansicht glaubten, daß die typischen Neandertaler-Gene einfach gegen Ende der Eiszeit, als sich beide Gruppen vermischten, von denen der einwandernden modernen Menschen «weggespült» wurden, und das alles, obwohl die Neandertaler während der letzten Eiszeit in Europa alleine lebten. Diese Vorstellungen sollten durch verschiedene «primitive» Merkmale, die man an wenigen, sehr alten Fossilien des modernen Menschen in Osteuropa entdeckte, unterstützt werden.

Die Out of Africa-Hypothese

Das Problem der multiregionalen Hypothese liegt darin, daß sie unseren Kenntnissen des Evolutionsprozesses widerspricht. Wie in Kapitel 2 schon betont, ist die Herausbildung neuer Säugerarten offenbar eindeutig mit bestimmten geographischen Gebieten verbunden. In den siebziger Jahren hatte Bill Howells von der Harvard Universität sein Arche-Noah-Modell der Humanevolution vorgestellt, nach dem wir einen einzigen und relativ jungen Ursprung haben. Mitte der achtziger Jahre diskutierte man eingehend, wo dieser Ursprung gelegen

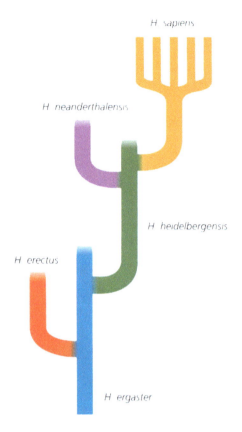

80
Schematische Darstellung der beiden führenden Theorien zur Abstammung des Menschen.

Die Diagramme stellen die wesentlichen Merkmale der Vorstellung der «Multiregionalen Kontinuität» und der «Eine-Art-Hypothese» zur Entstehung des Menschen dar.
Zeichnung von Diana Salles.

haben könnte. Bald stand Afrika von allen Möglichkeiten an erster Stelle. Einer der ersten Vertreter dieses Standpunktes war Günter Bräuer von der Universität Hamburg. Er wies darauf hin, daß die ältesten menschenähnlichen Fossilien aus Afrika stammen. Neandertaler waren für ihn eine typisch europäisch-nahöstliche Form, die verdrängt wurde, nachdem die ersten modernen Menschen Afrika verlassen hatten.

Diese Out of Africa-Überlegung kam richtig ins Gespräch, als Allen Wilson und seine Kollegen von der Berkeley Universität in Kalifornien molekulargenetische Untersuchungen an heutigen Menschenpopulationen begannen. Die Forscher untersuchten die DNA (das genetische Material) kleiner Zellstrukturen – der Mitochondrien. Die meiste DNA kommt im Zellkern vor. Jeweils die Hälfte der Kern-DNA stammt von einem der Elternteile. Mitochondrien befinden sich aber außerhalb des Kerns und werden nur von der Mutter weitergegeben (weil die Eizelle der Mutter als vollständige Zelle weitergegeben wird, der Vater aber nur Kernmaterial beisteuert). Daher wird mitochondriale DNA (mtDNA) über Generationen nicht vermischt. Sie wird unverändert von der Mutter auf den Nachwuchs vererbt. Auf diesem Weg, der sich ununterbrochen bis zu einer frühen «Eva» zurückverfolgen läßt, können sich Mutationen ansammeln. Die Häufigkeit derartiger Mutationen ist daher von der verflossenen Zeit abhängig. Wie man sehr schnell feststellte, ist die mtDNA moderner Menschen auffällig einheitlich. Dies deutet darauf hin, daß unser gemeinsamer Ursprung nicht lange zurückliegen kann. Darüber hinaus sind die Unterschiede bei Afrikanern am größten, was andeutet, daß diese am längsten Zeit hatten, solche genetischen Unterschiede anzusammeln, während andere große geographische Gruppen von kleineren Populationen abstammten, die sich später – wohl nach dem Verlassen Afrikas – etablierten.

Indem sie eine durchschnittliche Veränderungsrate von rund 3 Prozent pro Million Jahre annahmen, berechneten Wilson und seine Kollegen ein molekulares Alter des *Homo sapiens* von 400 000 Jahren – was nicht zu den Fossilien paßte. Dieses Alter hat man jedoch ständig korrigiert. Die letzten Berechnungen mit rund 140 000 bis 130 000 Jahren passen ziemlich gut zu den – zugegebenermaßen – raren afrikanischen Funden. Weil man in einigen frühen mtDNA-Studien, auf denen die «Afrikanische Eva»-Theorie basierte, Fehler fand, kamen derartige Untersuchungen in Verruf. Trotzdem bleiben die Diversitätsmessungen signifikant und passen zum Fossilbestand.

Was hat das alles mit Neandertalern zu tun? Wenn die typischen Merkmale des modernen Menschen in Afrika entstanden, müssen wir mit Bräuer schließen, daß die Neandertaler eine klar abgegrenzte, endemische europäisch-nahöstliche Gruppe darstellten. Und wenn *Homo sapiens* außerhalb Europas und des Nahen Ostens entstand, sind die Neandertaler zwar Verwandte, die aber einen Seitenzweig der Evolution darstellen; dann waren sie aber weder unsere Vorfahren, noch trugen sie irgendwelche Gene zu den modernen Populationen bei.

Jüngste Entdeckungen zeigten, daß die Neandertaler in der Levante über einen sehr langen Zeitraum gemeinsam mit modernen Menschen lebten. Säugetierzähne, die mit den Hominidenresten von Skhul (offensichtlich moderne Menschen) und Tabun (leichtgebaute Neandertaler) vergesellschaftet waren, ergaben ESR-Altersangaben von rund 100 000 bis 120 000 Jahren. Diese Werte passen gut zu TL-Daten von über 90 000 Jahren, die von verbrannten Feuersteinresten aus Qafzeh (moderne Menschen) stammen. Am anderen Ende der Skala wurden Neandertaler-Wohnstätten in Israel, wie das 1960 von einem japanischen Team ausgegrabene Amud und das 1980 von einer internationalen Gruppe erforschte Kebara, auf ein Alter von 40 000 bzw. 60 000 Jahren datiert (Abb. 81 und 82, vgl. Abb. 93, 100, 101 und 105). Diese Daten legen nahe, daß beide Menschenformen die Levante bis zu 60 000 Jahre oder sogar länger gemeinsam bewohnten. Ob sie dabei gleichzeitig genau dieselben Stellen bewohnten, ist schwer festzustellen. Interessanterweise ähnelten sich über die gesamte Zeit die Werkzeuginventare beider Gruppen so sehr, daß man fast über die gesamte Zeit alle als Moustérien identifizierte. Jüngste Untersuchungen zeigen, daß jungpaläolithische Steingeräte erst vor 47 000 Jahren auf der Fundstelle Boker Tachtit in der Negev-Wüste auftraten. Diese Geräte waren nicht vom Aurignacien-Typ (das Aurignacien taucht in der Levante erst viel später auf). Die Herstellungsmethode deutet auf mittelpaläolithische Technologie hin. Von den Herstellern dieser Geräte gibt es aber leider keine Fossilien. Es bleibt jedoch zu betonen, daß die letzten typischen Moustérien-Inventare in der Levante nur ein wenig später, vor ca. 40 000 Jahren, nachweisbar sind.

Neandertaler-DNA

Deutsche Forscher (Matthias Krings, Ralf W. Schmitz und Svante Pääbo) haben kürzlich zum ersten Mal in der Geschichte der Paläoanthropologie die Sequenzierung eines kleinen DNA-Abschnittes (des Erbmoleküls) eines fossilen Menschen durchgeführt. Untersucht hat man den originalen Neandertaler der kleinen Feldhofer Grotte in Deutschland. Sie fanden – kurz gesagt – heraus, daß die Unterschiede zwischen dem von ihnen extrahierten DNA-Stück und dem gleichen Abschnitt beim modernen Menschen dreimal so groß waren wie diejenigen, die sich ergeben, wenn man verschiedene Populationen moderner Menschen vergleicht, und halb so groß, wie die Unterschiede zwischen modernen Menschen und Schimpansen. Damit fallen die Neandertaler völlig aus dem von modernen Menschen bekannten Streu-

81 und 82
Seitenansicht und Schrägsicht auf den Schädel eines erwachsenen Neandertalers aus Amud, Israel.

In den sechziger Jahren grub ein japanisches Forscherteam bei Amud ein recht vollständiges Neandertaler-Skelett aus. Mit einem Alter von rund 40 000 Jahren ist das Skelett eines erwachsenen Mannes das jüngste bekannte Neandertaler-Skelett aus der Levante. Mit nahezu 1,80 m Körpergröße ist es auch das größte Individuum.
Foto mit freundlicher Genehmigung von Antiquities Authority, Israel.

ungsbereich heraus. Dies legt nahe, daß es sich beim Neandertaler eindeutig um eine von *Homo sapiens* getrennte Art handelte. Mathematische Analysen sprechen dafür, daß die Abtrennung der Neandertaler-Linie von der des modernen Menschen vor rund 690 000 bis 550 000 Jahren erfolgte. Die Forscher schlossen daraus, «daß der moderne Mensch erst vor kurzer Zeit in Afrika als eigene Art entstand und den Neandertaler verdrängte, ohne sich mit diesem genetisch wesentlich zu vermischen». Dies deckt sich mit meinen eigenen Forschungsergebnissen, die sich unabhängig davon auf der Grundlage der Fossilien und der archäologischen Befunde ergaben. Sie unterstützen die von meinem Kollegen Jeffrey Schwartz und mir aufgestellte These, daß die Neandertaler die letzten Überlebenden einer ganzen Reihe von Arten waren, die sich in Europa und im Nahen Osten aus einem Vorfahren entwickelten, der vor rund einer bis einer halben Million Jahre lebte – dies alles unabhängig von dem, was im Rest der Welt passierte.

 Definition des Neandertalers
Ich habe in diesem langen historischen Kapitel noch keinen Versuch gemacht, die Neandertaler als eigene, von anderen menschlichen Fossilien getrennte Gruppe zu beschreiben. Der Grund ist einfach: Das gesamte Bild des Neandertalers als geschlossene Einheit entstand eher auf der Grundlage von Intuition als von klarer Analyse. Seit der Entdeckung der Original-Fossilien im Neandertal wußte jeder, daß Neandertaler anders waren, so anders, daß man es über ein Jahrhundert lang nicht für nötig

hielt, diese Unterschiede genau zu untersuchen, bzw. mehr als eine vordergründige Definition der Gruppe zu liefern. So kam es, daß erst 1978 zwei Forscher – Albert Santa Luca, damals in Harvard, und Jean-Jacques Hublin, heute am Centre National des Recherches Scientifiques in Paris – unabhängig voneinander das Problem angingen und zunächst feststellten, daß es keine sachgerechte Beschreibung des Neandertalers gab. Um das Problem zu lösen, suchte sich Santa Luca eine «Kerngruppe» heraus (La Chapelle, La Ferrassie, Spy und eine Reihe weiterer Funde), die von allen Forschern als sichere Neandertaler betrachtet wurden und untersuchte, welche Merkmale unter allen menschlichen Fossilien nur sie besaßen (vgl. Abb. 59 und 63). Schließlich fand er vier Merkmale, die für Neandertaler einzigartig sind (Abb. 83). Eines war der Torus occipitalis (Hinterhauptswulst), eine knöcherne Leiste, die quer über das Hinterhauptsbein am Hinterkopf verläuft. Über diesem Wulst liegt eine ovale Vertiefung (Fossa suprainiaca), ein weiteres ausschließliches Neandertaler-Merkmal. Weiter vorn an der Schädelbasis findet sich das dritte Merkmal, ein ausgeprägter occipito-mastoidaler Kamm (heute oft als Juxtamastoid-Kamm bezeichnet), dieser liegt im Mastoid-Fortsatz. Der Mastoid-Knochen ist eine Knochenstruktur, die (bei Neandertalern im Vergleich zum modernen Menschen klein) hinter und unter dem Ohrkanal vorspringt. Schließlich besitzen Neandertaler oben auf dem Mastoid-Fortsatz eine deutliche, gerundete Erhöhung, die Tuberositas mastoidalis. Diese schräg nach hinten und oben verlaufende Erhöhung ist bei an-

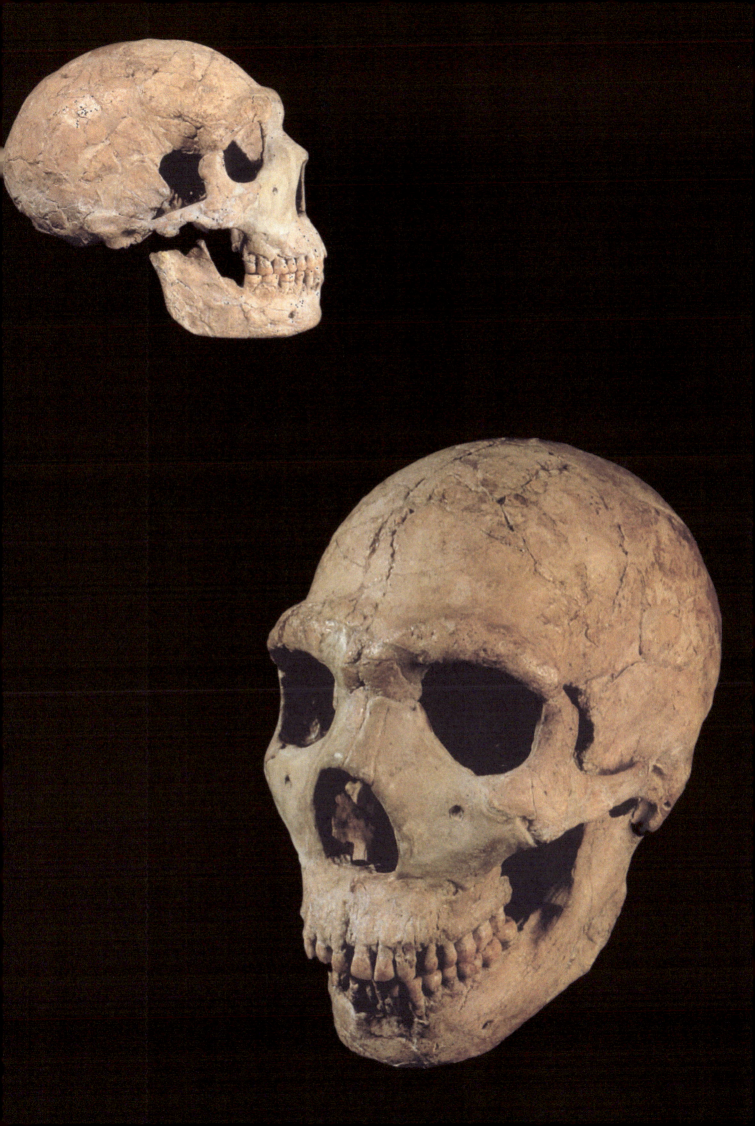

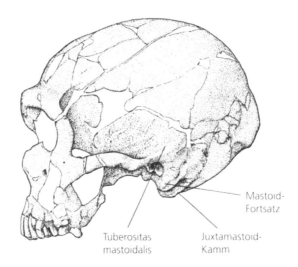
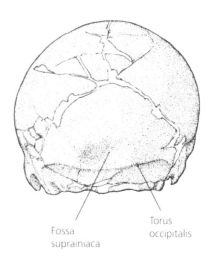

83
Einige typische Merkmale des Neandertaler-Schädels.

Albert Santa Luca und Jean-Jacques Hublin definierten 1978 unabhängig voneinander die Neandertaler auf der Grundlage der hier abgebildeten morphologischen Merkmale
Zeichnung von Diana Salles

deren Menschenformen anders entwickelt oder fehlt.

Diese vier Merkmale scheinen als Definitionsgrundlage für Neandertaler nicht überzeugend, besonders da sie alle in einem Schädelbereich liegen. Sie erlaubten Santa Luca jedoch, eine Reihe von Fossilien, die aus so entfernten Gebieten wie Ngandong in Java und Kabwe in Sambia stammen und die man zumindest als neandertaler-ähnlich beschrieben hatte, zu vergleichen. Diese Vergleiche führten ihn zum sicheren Schluß, daß es das zuvor angenommene, weltweite Neandertaler-Stadium in der Humanevolution nie gegeben hat. Es zeigte sich, daß von allen potentiellen Neandertaler-Verwandten, die Santa Luca untersuchte, nur die Fossilien von Steinheim und Swanscombe einige der für den Neandertaler typischen Merkmale besaßen (vgl. Abb. 66, 67 und 92). Diese Erkenntnisse stützten frühere Vorstellungen, daß diese archaischen *Homo sapiens*-Formen – älter als alle Neandertaler – trotzdem zu deren Vorfahren gehörten. Da wir keine dieser typischen Neandertaler-Merkmale besitzen, betonte Santa Luca, daß die Neandertaler mit großer Wahrscheinlichkeit nicht unsere Vorfahren waren. Später fand man weitere Neandertaler-typische Merkmale, wie z. B. spezielle Strukturen der Nasenhöhle, wie sie erst kürzlich von Jeffrey Schwartz und mir beschrieben wurden. Je genauer wir uns die Neandertaler ansehen, desto stärker unterscheiden sie sich von uns. So wird deutlich, daß Veröffentlichungen wie die von Santa Luca und Hublin nur den Beginn einer sorgfältigen Neubewertung derjenigen morphologischen Merkmale darstellt, die uns klar von unseren nächsten Verwandten trennen.

Diese kurze Darstellung der Entwicklung unseres Wissens über Neandertaler ist bei weitem nicht vollständig. Neandertaler-Reste von mehreren Dutzend Fundstellen und Moustérien-Geräte von hunderten Fundplätzen blieben unerwähnt. Viele ungenannte Forscher haben an den Studien teilgenommen. Mein Ziel war es, die Entwicklung des Gedankengebäudes um den Neandertaler zu beschreiben und aufzuzeigen, wie unsere Erkenntnisse immer noch von überkommenen Vorstellungen beeinflußt und überschattet werden. Zweifellos wirkt das, was wir gestern glaubten, auf das, was wir heute meinen. Dies muß man beachten, wenn wir uns den Neandertalern aus moderner Sicht nähern wollen. Lassen Sie uns aber zunächst einen Blick auf die Welt werfen, in der sie lebten.

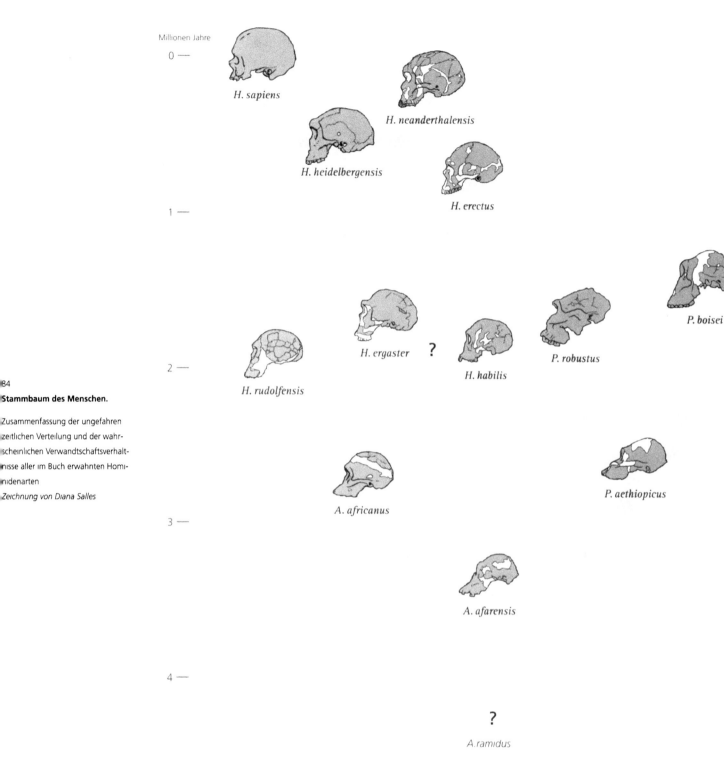

Stammbaum des Menschen.

Zusammenfassung der ungefähren zeitlichen Verteilung und der wahrscheinlichen Verwandtschaftsverhältnisse aller im Buch erwähnten Hominidenarten

Zeichnung von Diana Salles

Die Welt der Neandertaler

 Die Eiszeiten

Die Neandertaler lebten vor rund 200000 bis 30000 Jahren, in einer Phase starker Klimaschwankungen, die für das Jungpleistozän (besser bekannt als Eiszeitalter) charakteristisch waren. Wie schon beschrieben, erkannten 1909 die Geographen Albrecht Penck und Eduard Brückner, daß sich die Eisbedeckung der Alpen in dieser Zeit viermal stark ausdehnte und wieder zurückzog. Dadurch stellten sie die grundlegende Chronologie für die geologischen Vorgänge während der 1,8 Millionen Jahre des Pleistozäns auf (vgl. Abb. 57, S. 83). Ihre Arbeit basierte auf Untersuchungen der Oberflächengeologie. Bedenkt man, daß jeder Gletschervorstoß die Spuren vorheriger Eiszeiten beseitigt, wird ihre Leistung um so bemerkenswerter: Daß sich eindeutige Eiszeitspuren nur lokal finden und analysieren lassen, stellte jahrelang das größte Hindernis dar, pleistozäne Vorgänge genauer oder sogar weltweit zu verstehen. Seit der Mitte der fünfziger Jahre verfolgt man jedoch einen anderen Forschungsansatz. Er beruht darauf, daß Bohrkerne aus dem Meeresboden einen Blick in die weitgehend lückenlosen Ablagerungsschichten erlauben. Derartige Ablagerungen laufen am Meeresboden viel gleichmäßiger ab als an Land. Die Bohrkerne enthalten Mikroorganismen (besonders Foraminiferen), die einen Hinweis auf die Meerestemperatur zur Zeit ihrer Sedimentation geben.

Wie funktioniert das? Zu Lebzeiten schwimmen diese winzigen Einzeller im Meereswasser und absorbieren zwei verschiedene Formen von Sauerstoff (Isotope) aus dem umgebenden Wasser: ^{16}O und ^{18}O (Abb. 85). Diese beiden Isotope bauen sie in einem bestimmten Verhältnis in ihre Skelette ein, das von der vorherrschenden Umgebungstemperatur abhängt. Werden die Eiskappen größer, schließen sie einen Großteil des leichteren ^{16}O-Isotops ein, das bevorzugt an der Meeresoberfläche verdunstet. Gleichzeitig nimmt im Meerwasser und in den Foraminiferenskeletten der Gehalt an ^{18}O zu. Die Skelette dieser Einzeller konservieren so Daten über das Klima. Sterben die Foraminiferen, sinken ihre Skelette auf den Meeresboden und werden in den sich anhäufenden Schlamm eingebettet, der sich später zu Gestein verdichtet. Bohrkerne aus dem Meeresboden stellen daher eine kontinuierliche Aufzeichnung über Klimaveränderungen dar, die sich durch Isotopenanalysen der Einzellerskelette ablesen lassen.

Die kontinuierliche Aufzeichnung von Klimaveränderungen ist eine Sache, sie in einen Zeitrahmen einzubinden eine andere. Meist funktioniert dies über eine Kombination relativer und absoluter Chronometriemethoden mit weiteren geologischen Techniken. Die obersten Schichten lassen sich mit der Radiokarbonmethode datieren. Wie aber schon bemerkt, reicht diese nicht weiter als 40000 Jahre zurück. Bei älteren Materialien verwendet man komplexere Korrelationen, die darauf beruhen, daß sich die Richtung des Magnetfeldes der Erde von Zeit zu Zeit umkehrt (vor 1 Million Jahren hätte Ihre

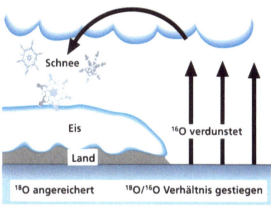
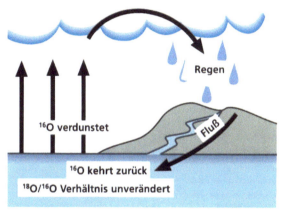

EISZEIT

ZWISCHENEISZEIT (WARMZEIT)

85

Sauerstoffisotopen-Analyse.

Klimaverhältnisse der Vergangenheit spiegeln sich im Verhältnis der ^{16}O- und ^{18}O- Sauerstoffisotope wieder, die sich in Überresten von Kleinstlebewesen aus Bohrkernen vom Meeresboden finden. Die Isotope werden von diesen Organismen dem Meereswasser entnommen. Da das leichtere ^{16}O bevorzugt aus Meereswasser verdunstet und nur in kleinen Mengen zurückkehrt, wenn Wasser in den Eiskappen der Pole gespeichert wird, ist dieses Isotop im Vergleich zu ^{18}O in Kaltzeiten seltener.

Zeichnung von Diana Salles, nach Tjeerd van Andel: New Views of an Old Planet: A History of Global Change 2. Auflage (Cambridge University Press, 1994).

Kompaßnadel nach Süden gezeigt!). Die Richtung des ehemaligen Magnetfeldes läßt sich an den Bohrkernen vom Meeresboden feststellen. Diese Richtungen lassen sich mit denen aus datierbaren Vulkanablagerungen korrelieren und ermöglichen die Zuordnung zu einer Zeitskala. Für Neandertaler-Forscher gibt es jedoch ein Problem. Seit Beginn des Pleistozäns gab es nur vier größere Umkehrungen der Magnetfeldrichtung (die letzte lange bevor die Neandertaler die Szene betraten). Die Sauerstoffisotope zeigen aber, daß Klimaschwankungen viel häufiger waren. Daher ließ sich eine Feindatierung der Isotopenaufzeichnung nur durchführen, indem man von der Dicke der Sedimentschichten extrapolierte und Kalkulationen über den Weg der Erde um die Sonne sowie die Neigung der Erdachse einbezog, durch die

die Menge der eingestrahlten Sonnenenergie schwankt.

Während der letzten 1,8 Millionen Jahre unterlag das Erdklima zyklischen Schwankungen mit einem durchschnittlichen Abstand der Wärmephasenmaxima von 100 000 Jahren, wobei die frühen Zyklen weniger extrem waren als die späteren. Seit Beginn des Pleistozäns gab es rund 15 Eiszeiten (Abb. 86). Meist baut sich die Vergletscherung langsam bis zu einem Maximum auf, um dann am Ende des Glazials infolge einer kräftigen Erwärmung schnell abzutauen. Die Bohrkerne verraten aber auch kurzfristige Schwankungen. Allgemein läßt sich sagen, daß die Sommer während der Eiszeiten nicht viel kühler als heute, die Winter dagegen viel länger und härter waren, wodurch sich die Eismengen vermehr-

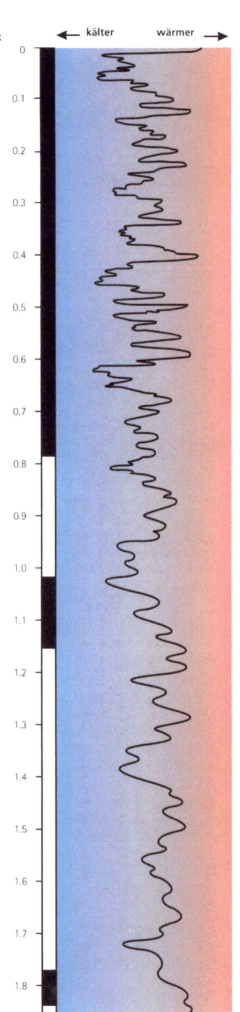

Klimaschwankungen im Eiszeitalter.

Die rechts dargestellte Kurve zeigt auf der Grundlage der Sauerstoffisotopen-Analyse die Temperaturschwankungen des Pleistozäns. Die Kurven wurden durch Ereignisse paläomagnetischer Umpolungen kalibriert (Zeiten «normaler» Magnetrichtung sind in schwarz, umgekehrte in weiß dargestellt)
Zeichnung von Diana Salles

ten. Gegen Ende der jeweiligen Eiszeit wurde das Klima meist trockener. Interessante Studien zur geographischen Verbreitung von kältetoleranten Foraminiferen zeigen einen 400 000-Jahre-Zyklus von weltweiter Abkühlung (als kälteangepaßte Foraminiferen weit in Richtung Äquator vordrangen), der dem 100 000-Jahre-Muster überlagert ist. So kehren wir auf Umwegen zu unserer ursprünglichen vierfachen Vereisung zurück.

Die Sauerstoffisotopendatierung wird mit zunehmendem Alter der Funde immer ungenauer. Die besten Aufzeichnungen stammen aus der Zeit nach dem letzten Wechsel der Magnetfeldrichtung der Erde vor 780 000 Jahren. Aus diesem Zeitraum ließen sich acht vollständige Klimazyklen registrieren. Der letzte, der vor rund 127 000 Jahren begann, ist das Jungpleistozän. Es umschließt die letzte Zwischeneiszeit, die letzte Eiszeit und die Wärmephase, in der wir uns momentan befinden. Die gegenwärtige warme Phase begann vor rund 10 000 Jahren und ist auch als Holozän bekannt. Einige Geologen sprechen neuerdings von der flandrischen Zwischeneiszeit. Meßergebnisse an Eis-Bohrkernen aus Grönland und der Antarktis belegen eine für Zwischeneiszeiten typische Abnahme der Klimavariabilität während der letzten 10 000 Jahre. Vergessen wir aber nicht, daß es trotz allem in dieser kurzen Zeit starke Klimaschwankungen gab, wie z. B. die «kleine Eiszeit», die 1650 ihren Gipfel erreichte, oder Wärmeperioden wie diejenige, in der Hannibal mit seinen Elefanten Bergpässe überquerte, die heute unter Gletschern liegen. Entscheidend ist, daß die Eiszeiten nicht durchgängig kalt und unwirtlich waren, sondern ein zeitlich und räumlich wechselndes Muster verschiedener Umwelten darstellten. Kaltzeiten sind in diesen nördlichen Breiten für Menschen auch nicht immer lebensfeindlich gewesen. Riesige Herden von Großsäugern in der offenen Tundra waren für die Frühmenschen sicher eine einfachere Beute als kleine Rothirschgruppen, die in Warmzeiten durch das Unterholz huschten.

 Lebensräume des Eiszeitalters

Das Jungpleistozän ist aufgrund seiner zeitlichen Nähe und dadurch, daß seine Spuren von keiner folgenden Vereisung zerstört wurden, die uns am besten bekannte Eiszeit. Diese Phase begann vor rund 127 000 Jahren, als mit dem Abtauen der polaren Eiskappen und den lokalen Vergletscherungen, wie die der Alpen und Pyrenäen, die letzte Zwischeneiszeit anfing. Als Folge floß mehr Wasser in die Ozeane, deren Spiegel dadurch wiederum anstieg. Es bildeten sich Inseln, wo vorher geschlossene Landmassen existierten. Großbritannien ist ein Beispiel dafür. Seine Landverbindung zum kontinentalen Europa wurde vor rund 14 000 Jahren das letzte Mal unterbrochen. Am wärmsten Punkt des Zyklus könnten die Meeresspiegel sogar noch höher gestanden haben als heute (vielleicht um 3,60 m bis 4,50 m). Mit der Verbesserung des Klimas drangen Wälder in frühere Tundrengebiete vor, und die Fauna veränderte sich. So fanden sich in Großbritannien an einem Fundort, der 200 km nördlich der vorherigen Eisfront lag, Flußpferdknochen. Die Fauna unterschied sich deutlich von der heutigen. Dies liegt weitgehend daran, daß viele Großsäugerarten im nördlichen Eurasien nach (und vielleicht infolge – das ist noch in der Diskussion) dem Auftauchen des modernen Menschen aussterben. Als die frühen Neandertaler Europa während der letzten Zwischeneiszeit durchstreiften, war die nordenglische Landschaft voller Flußpferde, Nashörner und mit geraden Stoßzähnen ausgestatteten Waldelefanten. Weiter nördlich aber, wo die Landschaft unbewaldet blieb, lebten Rentiere, Wollnashörner und Mammuts. Zu den weitverbreiteten kleineren Arten gehörten Rehe, Pferde, Auerochsen und Steinböcke, die besonders im Herbst für Jäger attraktiv wurden, wenn sie ihre Sommereinstände in den Bergen verließen, um in die gastfreundlicheren Täler zu kommen (Abb. 87).

Vor rund 115 000 Jahren wurde es kühler, was zu einer Auslichtung der Wälder und zur Ausdehnung von Grasländern führte, welche große Herden von Pferden, Auerochsen und Hirschen nährten. Im Herzen des Europas der Neandertaler herrschte besonders in Tiefländern und entlang von Flußufern ein Habitat aus offenen Landschaften mit eingemischten Wäldern vor. Dieser kühlen Periode folgte vor 70 000 Jahren weltweit ein steiler, wenn auch unregelmäßiger Abfall der Temperaturen. Infolgedessen verschwanden in Europa und Westasien in fast allen – außer in geschützten – Bereichen die Wälder, und von Norden drang der Eisschild vor, dessen Zentrum die Skandinavische Halbinsel bedeckte. Mit der Zunahme der Eismassen ging die Feuchtig-

87
Neandertaler in Le Moustier, Frankreich, vor rund 50 000 Jahren.

Das Diorama im American Museum of Natural History zeigt drei Neandertaler während einer relativ warmen Zwischenphase der letzten Eiszeit an der berühmten Fundstelle. Obwohl Neandertaler sicher Kleidung trugen, beruht die Art der Bekleidung nur auf Vermutungen
Foto von Dennis Finnin und Craig Chesek

keit zurück, und nach der Zeit vor rund 40 000 Jahren herrschten in Europa extreme eiszeitliche Bedingungen, in denen das Klima sehr kalt und trocken war. Die polare Eiskappe drang Kilometer um Kilometer nach Süden vor, bis sie fast ganz Irland, halb England und die gesamte Küstenregion Europas östlich von Dänemark bedeckte. Die Wälder machten langsam der offenen Tundra aus Grasbüscheln, Riedgräsern und – in geschützten Lagen – Zwergsträuchern Platz.

Mit den Vegetationszonen verschob sich auch die arktische Fauna nach Süden. Sie umfaßte Rentiere, Saigaantilopen, Wollnashörner, Gemsen, Steppenbisons, Moschusochsen und Mammuts. Zu den eher exotischen Säugern der Eiszeit zählten der riesige Höhlenbär, die Höhlenhyäne und der Höhlenlöwe, die alle ihre überlebenden Verwandten an Größe weit übertrafen. Die Höhlenbären starben vor rund 40 000 Jahren aus, als die Temperatur auf ihr Minimum abzusinken begann (Abb. 88). Die anderen beiden Arten überlebten fast bis zum Ende des Glazials. Vor 30 000 bis 20 000 Jahren, als die Neandertaler aus Europa verschwunden waren, sanken die Temperaturen und die Feuchtigkeit immer weiter, bis sie vor rund 18 000 Jahren ihren tiefsten Wert erreichten. Der daraus resultierende Abfall des Meeresspiegels setzte weite Bereiche der Kontinentalschelfe frei. Hierzu gehörte auch eine ausgedehnte Landbrücke zwischen Europa und dem nicht vergletscherten südlichen England. Da dadurch die klimatisch ausgleichende Wirkung des Meeres gemindert wurde, verstärkte sich das Kontinentalklima. Während der ärgsten Phasen der Eiszeit scheinen große Bereiche Europas nicht von Menschen bewohnt gewesen zu sein. Aus Mähren, in dem sich z. B. vor 28 000 bis 24 000 Jahren eine Reihe hochstehender jungpaläolithischer Kulturen entwickelt hatte, gibt es keine archäologischen Nachweise für eine Besiedlung im Zeitraum von 1000 Jahren um das Kältemaximum. Das gleiche gilt für England und trifft wahrscheinlich auch für andere glaziale Kältemaxima zu.

Vor rund 14 000 Jahren erfuhr Europa eine deutliche Klimaverbesserung. Die Wälder drangen wieder vor und waren vor nicht viel mehr als 10 000 Jahren im Norden erneut die vorherrschende Vegetation. Die große Geschwindigkeit dieser Umweltänderungen förderte wahrscheinlich den Zusammenbruch der Populationen großer Säuger – des Wollnashorns, des Mammuts usw. –, die mit dem Zurückweichen der Gletscher so selten wurden, daß sie von den Jägern des modernen Menschen endgültig ausgerottet wurden. Die Gründe für dieses Verschwinden der Megafauna (das neben Europa auch Amerika und Asien betraf), werden sicher weiterhin diskutiert werden.

Auch wenn ich mich wiederhole, muß ich erneut betonen, daß diese Umweltänderungen nicht in gleichmäßigen Zyklen auftraten. Die Phase vor dem letzten Kältemaximum wies einige teilweise sehr kurze, aber starke Schwankungen auf. Zusätzlich variierte das Mikroklima lokal erheblich. Die Neandertaler paßten sich im langen Zeitraum ihrer Existenz an eine derartige Fülle von Umweltbedingungen an, daß man sich fragen muß, ob sie wirklich so «kälteangepaßt» waren, wie man sie immer darstellt.

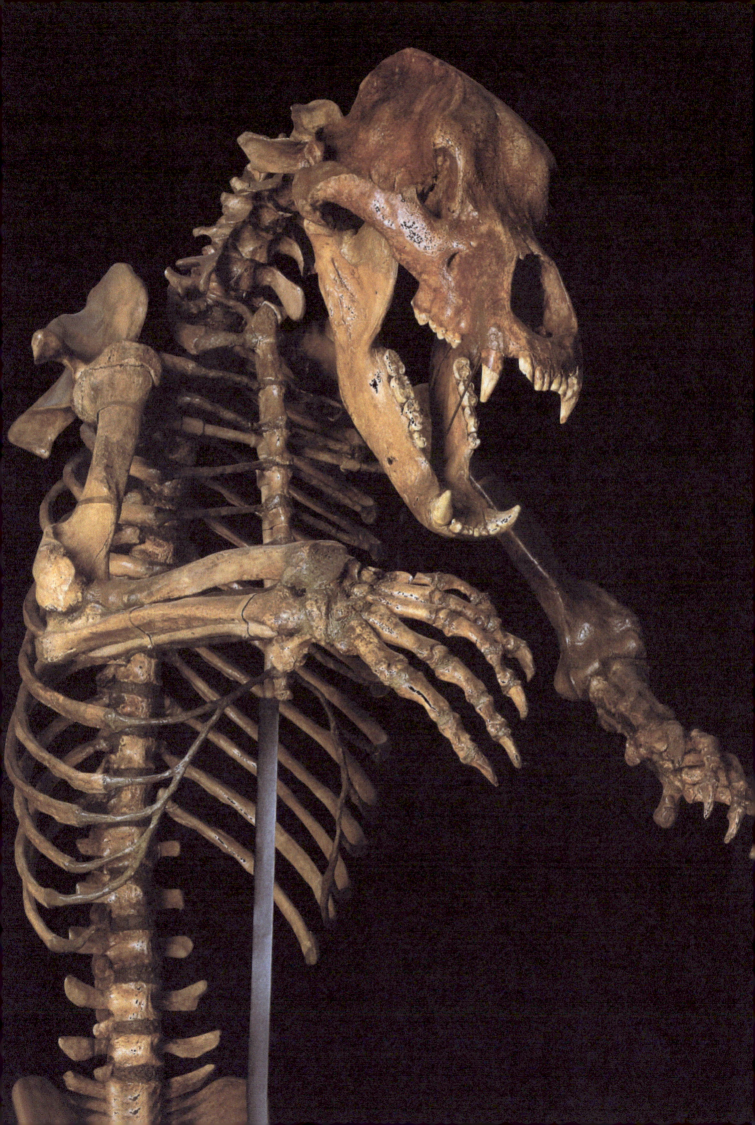

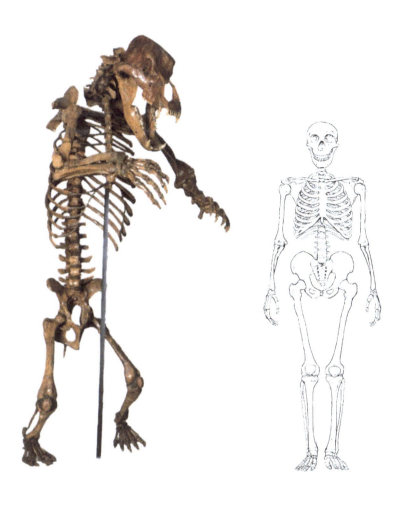

Höhlenbärenskelett.

Die riesigen Höhlenbären (*Ursus spelaeus*) starben kurz vor dem Verschwinden der Neandertaler aus. Beide koexistierten über eine lange Zeit. In älteren Lebensbildern kämpfen Neandertaler häufig gegen die furchteinflößenden Tiere, aber aufgrund der relativen Größenverhältnisse (rechts) werden die Neandertaler die Bären wohl gemieden haben.
Foto mit freundlicher Genehmigung des American Museums of Natural History

Ressourcen

Die Archäologie hat man – nicht ganz zu Unrecht – schon oft als die Wissenschaft vom Müll bezeichnet. Zu den wichtigsten Müllsorten, die Menschen hinterließen, zählen die Reste von Tieren, die sie gegessen haben. Neben Steingeräten gehören Schlachtreste von Tieren auf altsteinzeitlichen Grabungsplätzen zu den häufigsten Funden. Dabei muß man unterscheiden können, ob derartige Knochenansammlungen das Werk von Raubtieren, Aasfressern oder Menschen sind, und man muß die natürliche Zusammensetzung der damaligen eiszeitlichen Fauna kennen. Mit Blick auf die starken Umweltveränderungen im Verbreitungsgebiet der Neandertaler ist überraschend, daß die beiden Hauptgebiete, in denen Neandertaler lebten – Westeuropa und die Levante – über lange Zeit des Spätpleistozäns ihre jeweils typische Fauna unverändert erhielten. Im Westen herrschten Pflanzenfresser wie Mammut, Wollnashorn, Bison, Wildschwein, Wildschaf, sowie Auerochse, Rentier, Steinbock, Rothirsch, Reh, Saigaantilope, Riesenhirsch und Moschusochse vor, während Raubtiere durch Höhlenbär, Höhlenlöwe, Höhlenhyäne, Eisfuchs und Wolf vertreten waren. Im Osten fanden sich Flußpferd, Wildschaf, Wildziege, Rothirsch, Reh und Damhirsch, Wildschwein, Wildesel, Wolf, Hyäne und Schakal. Viele dieser Tiere lebten im Bereich der Neandertaler. Ihre Häufigkeit variierte jedoch lokal (und schwankte natürlich auch mit den Klimaveränderungen). Der Paläoanthropologe Chris Stringer und sein Kollege, der Archäologe Clive Gamble, wiesen kürzlich darauf hin, daß die Häufigkeit bestimmter Arten von West nach Ost steigt. Sie betonen auch, daß im Zwischengebiet – Zentral- und Osteuropa – Raubtierreste am häufigsten sind. Hieraus ziehen sie zwei Schlüsse: zum einen, daß in diesem Gebiet die Neandertaler mehr Nahrungskonkurrenten besaßen als anderswo, und zum anderen, daß die häufigere Erhaltung vollständiger Neandertaler-Skelette in Westeuropa und der Levante auf die seltenere Vernichtung der Leichen zurückzuführen ist, da es hier weniger Karnivoren gab.

Dies könnte zutreffen. Wir werden aber auch noch betrachten müssen, welche Bedeutung Bestattungen für die Skeletterhaltung gehabt haben könnten. Die Verteilung von Pflanzenfresserknochen – den Resten

**89
Rekonstruktion des Riesenhirsches.**

Gemälde von Charles R. Knight, wahrscheinlich aus den späten zwanziger Jahren. Dieses riesige Tier, *Megaloceros* war zu Neandertaler-Zeiten häufig. Es sah nicht wie ein Rothirsch, sondern eher wie ein riesiger Damhirsch aus und war in ganz Eurasien verbreitet. Das Geweih der Männchen konnte 3,65 m Spannweite haben und über 45 kg wiegen.
Mit freundlicher Genehmigung des American Museums of Natural History

potentieller Beutetiere – ist ein sicherer Hinweis darauf, daß diese Menschen bei der Auswahl ihrer Beute wählerischer vorgingen als die anderen Fleischfresser. In Bauten von Höhlenhyänen findet sich z. B. ein unselektiertes Spektrum zerbrochener Knochen ihrer pflanzenfressenden Beutetiere. Auf Neandertaler-Wohnplätzen herrschen normalerweise ein oder zwei Arten vor. Welche Arten das waren, variiert von Fundplatz zu Fundplatz. Neandertaler bewohnten lange Zeit hindurch ein großes Gebiet, in der das Lokalklima stark schwankte. Einige Wohnplätze lagen in Bergregionen, andere in Ebenen. Sie können Hunderte, ja Tausende von Kilometern vom Meer entfernt oder auch direkt an der Küste liegen. Sie finden sich auch in Gebirgsgegenden, wo Ressourcen von den geschützten Tallagen bis hinauf zu den sturmgepeitschten Hochebenen und Felsspitzen zur Verfügung standen. Wieder andere lagen in eintönigen Ebenen oder fanden sich an den einladenden Ufern des Mittelmeeres, bzw. am Rand der gefrorenen Tundra.

Alles in allem sieht man, daß eine verallgemeinernde Darstellung der Neandertaler-Umwelt nur schwer möglich ist. Noch schwerer sind ihre bevorzugte Jagdbeute oder ihre kulinarischen Vorlieben zu erfassen. Sicher weiß man, daß z. B. im Westen pflanzenfressende Großsäuger wie Bisons und Auerochsen zu ihrer Lieblingsbeute gehörten. In den Bergregionen des Nahen Ostens waren unter den Beutetieren wilde Schafe und Ziegen besonders häufig. Derartige Unterschiede bedeuten jedoch nicht, daß Neandertaler ihre verschiedenen Umwelten auf verschiedene Weise nutzten. Es ist viel wahrscheinlicher, daß diese Unterschiede die Verfügbarkeit an Tierarten widerspiegelt. Wie wir schon sahen, waren die Lebensräume der Neandertaler bemerkenswert vielfältig, und ein Blick auf ihre Wohnplätze zeigt, wie anpassungsfähig sie waren. Diese Menschen besaßen eindeutig die notwendigen Mittel, um mit einem breiten Spektrum ökologischer Bedingungen von gemäßigt warmen bis zu arktischen Bereichen fertig zu werden. Sie waren wie wir ökologische Generalisten.

Evolution der Neandertaler

 Vorläufer der Neandertaler

Es ist schwer zu sagen, wann die Geschichte der Neandertaler beginnt. Die meisten Paläoanthropologen glauben, daß die Neandertaler aus einer mittelpleistozänen Population des *Homo heidelbergensis* entstanden sind. Genaueres ist aber nicht bekannt. *Homo heidelbergensis* ist gerade aufgrund seiner Primitivität, d. h. wegen des Fehlens von anatomischen Spezialisierungen, die sich bei späteren Hominiden finden, besonders gut als Vorfahr für spätere Menschenformen geeignet.

Einige der Schwierigkeiten, den *Homo heidelbergensis* mit den modernen Menschen zu verbinden, hängen mit besonderen Eigenarten des heutigen Menschen zusammen. Wie ich am Ende des Kapitels 6 erläutert habe, ist der Mensch Generalist, d. h. unspezialisiert. Daher sind aus unserer Familie wahrscheinlich weniger neue Arten hervorgegangen als aus vielen anderen Säugergruppen. Trotzdem haben – besonders im Norden – starke pleistozäne Schwankungen der klimatischen und geographischen Bedingungen die Artbildung wahrscheinlich begünstigt (vgl. Abb. 18). Darüber hinaus gibt es aus ökologischen Gründen stets weniger Raubtiere als Pflanzenfresser. Als Jäger oder Aasfresser waren Menschen sicher nicht häufig und finden sich entsprechend selten in fossilen Ablagerungen. Nur Kulturtechniken wie Begräbnisse können die Wahrscheinlichkeit einer Fossilerhaltung erhöhen. Wie wir aber noch sehen werden, kamen Bestattungen bei Neandertalern selten vor.

Folglich sollten wir erwarten, daß es unter den Jägern des Pleistozäns zur Bildung neuer Arten kam, deren Anzahl aber nicht zu groß war. Bedenkt man z. B., daß Menschen selten waren, es daher nur wenige Fossilien gibt und sich zudem Geschwisterarten anatomisch nur wenig unterscheiden, daß es weiterhin unwahrscheinlich ist, genug Individuen der einzelnen Arten zu entdecken, um morphologische Merkmale für eine eindeutige Artabgrenzung belegen zu können, wird deutlich, daß der genaue Ursprung der Neandertaler wohl niemals auszumachen sein wird. Eines scheint mir jedoch sehr sicher: Die Neandertaler-Linie entsprang einer einzigen europäischen oder nahöstlichen Population. Wir sollten nicht überrascht sein, wenn wir diese Population erst nach der Herausbildung charakteristischer Merkmalsunterschiede fassen können.

Manchmal hat man darauf hingewiesen, daß einige klassische *Homo heidelbergensis*-Vertreter, wie z. B. die 400 000 Jahre alten Arago-Funde (die mit ziemlich einfachen altpaläolithischen Abschlagindustrien, die als Tayacien bekannt sind, vergesellschaftet waren) dem Neandertaler in gewisser Weise ähneln (Abb. 90 und vgl. Abb. 43, S. 66). Diese Merkmale könnten aber auch von einem älteren gemeinsamen Vorfahren stammen und müssen nicht auf besonders enge Verwandtschaft zwischen beiden Arten hinweisen. Derartige Ähnlichkeiten treffen auch auf den massiven, ungenau datierten Schädel aus Petralona in Griechenland zu, dessen Überaugenwülste neandertalerähnlich sind (Abb. 91 und vgl. Abb. 44, S. 67). Obwohl sie denen der Neandertaler ähneln (und denen des *Homo erectus* nicht), unterscheidet sich ihre Form klar. Die Überaugenwülste sind

90

Ausgrabungen in der Arago-Höhle nahe Tautavel, Frankreich.

Die Höhle lieferte viele, meist fragmentarische Fossilien, zu denen auch große Teile eines Schädels gehören, der eine sehr frühe Hominiden-Besiedlung Europas vor rund 400 000 Jahren belegt

Foto von Ian Tattersall

91

Frontalansicht des Schädels von Petralona, Griechenland.

Dieses unsicher (auf rund 450 000 Jahre) datierte, aber hervorragend erhaltene Exemplar ist das vollständigste *Homo heidelbergensis*-Fossil Europas

Foto mit freundlicher Genehmigung von George Koufos

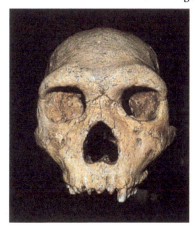

jeweils in der Mitte verdickt und dünnen im Gegensatz zu denen der Neandertaler zur Seite hin aus. Außerdem besitzen sie – anders als bei den Neandertalern – oben einen «Kamm», und die Wangen sind vorspringend statt eingefallen. Insgesamt besitzen die Petralona- und Arago-Exemplare Merkmale, die sie mit *Homo heidelbergensis*-Vertretern aus Afrika und vielleicht aus China teilen, aber nicht mit den Neandertalern.

Auch wenn nicht ganz klar ist, wohin sie genau gehören, sollte man noch einige weitere europäische Funde erwähnen. Ein Travertin-Steinbruch bei Bilzingsleben in Deutschland lieferte Fragmente, die wahrscheinlich zu einem einzelnen Erwachsenenschädel gehören und zusätzlich den Zahn eines Jugendlichen. Der mehr als 280 000 Jahre alte Schädel aus dem Mittelpleistozän ist leider für eine Zusammensetzung zu unvollständig. Das Hinterhaupt ist aber ausgesprochen stark ausgebildet und charakteristisch gewinkelt. Der Fund wurde mit *Homo erectus* verglichen, bleibt in der Zuordnung jedoch sehr unsicher und ähnelt – was am wichtigsten ist – in keiner Weise den Neandertalern. Die vergesellschaftete Geräteindustrie besteht aus Abschlägen; Faustkeile fehlen. Diese Zusammensetzung fand sich auch bei einem weiteren, ungefähr gleichalten massiv gebauten, rätselhaften Schädelrest vom ungarischen Fundort Verteszöllös. Die vielleicht bemerkenswertesten archäologischen Funde dieser Zeitstellung sind einige hölzerne Speere, die man 1995 in Schöningen rund 100 km östlich von Hannover fand. Es ist schon erstaunlich, daß diese mehr als 2 m langen Speere über 400 000 Jahre erhalten geblieben sind. Daß es sich dabei eindeutig um Wurfspeere handelt, die man aus den Stämmen gefällter Bäume herstellte, so daß der Schwerpunkt nahe der Spitze lag, ist bewundernswert. Bis zu diesem Fund meinte man, Wurfspeere seien eine relativ junge Erfindung. Man glaubte z. B., daß Neandertaler nur Stoßspeere (Lanzen) eingesetzt hätten, die für den Benutzer viel gefährlicher sind als Wurfspeere, die sich aus sicherer Entfernung auf die Beute schleudern lassen. Auf die Verwendung von Lanzen schloß man aus Knochenbrüchen in Neandertaler-Skeletten, die denjenigen heutiger Rodeoreiter gleichen. Die Schöningen-Funde belegen jedoch, daß Wurfspeere viel älter als neandertalerzeitlich sind. Zusammen mit weiteren Befunden aus Schöningen wird eine für

92
Hinterkopf des Schädels von Swanscombe, England.

Von diesem über 200 000, vielleicht sogar 300 000 Jahre alten Schädel fand man 1935 und 1936 zwei Fragmente und 1955 ein drittes! Das Swanscombe-Exemplar wird häufig als Ante-Neandertaler betrachtet.
Foto mit freundlicher Genehmigung des Natural History Museums, London.

diesen frühen Zeitpunkt überraschend ausgefeilte Jagdtechnik offenbar.

Kehren wir zu den Fossilien zurück. Vor nicht allzu langer Zeit fand sich in Reilingen (Deutschland) ein weiterer mittelpleistozäner Schädelrest, der leichter als der von Bilzingsleben gebaut ist (rund 225 000 Jahre alt, vielleicht aber auch 120 000 Jahre jünger – hier zeigen sich die Probleme der Datierung des Mittelpleistozäns). Wie die Neandertaler besitzt der Reilingen-Schädel eine starke Occipital-Wölbung, eine Fossa suprainiaca und die Andeutung eines Juxtamastoidkammes (leider ist das Fundstück in diesem Bereich gebrochen). Das Exemplar besitzt also gewisse Ähnlichkeit mit dem Neandertaler, genauere Untersuchungen könnten zur Klärung beitragen, zusätzliche Funde wären aber hilfreicher.

Bis vor kurzem hielt man die Menschen von Steinheim und Swanscombe für die wahrscheinlichsten Vorfahren des Neandertalers. Beide sind deutlich über 200 000 Jahre alt, aber ebenfalls nicht problemlos einzuordnen. Das Swanscombe-Exemplar besteht nur aus dem hinteren Teil eines Schädels, dessen Hirnvolumen man auf 1325 ml schätzt (Abb. 92). Nach der Entdeckung in den dreißiger Jahren deutete man diesen Fund als Beleg für eine Präsapiens-Linie, wodurch der Neandertaler an den Rand der Entwicklung gedrängt wurde. Der Schädel war stärker gerundet als derjenige der Neandertaler, mit einer höher an den Seiten gelegenen Maximalbreite (wenn auch nicht so hoch wie bei *Homo sapiens*). Trotzdem gibt es im Hinterkopfbereich Ähnlichkeiten mit der Neandertaler-Morphologie, besonders in der Andeutung einer Fossa suprainiaca. Die Gerätetechnologie des Swanscombe-Menschen ist jedoch nicht vom Moustérien-Typ (was bei einem Alter von 225 000 Jahren auch niemand erwarten sollte). In den gleichen Sedimenten fanden sich Steingeräte des Clactonien. Wie die Moustérien- beruhte die Clacton-Technik auf der Herstellung von Abschlägen aus präparierten Kernen. Heute betrachtet man sie jedoch als unabhängig, sie soll originär aus dem Acheuléen entstanden sein.

Vor der Beschäftigung mit archäologischen Funden aus der Zeit der frühen Neandertaler sollte man darauf hinweisen, daß die Terminologie der Steingerätetechnologien des späten Mittel- und frühen Jungpleistozäns etwas verwirrend ist. Einige Industrien bezeichnet man als «Levalloisien», was bedeutet, daß man ihre Geräte in der Technik des präparierten Kerns herstellte. Dies heißt, daß man den Kern sorgfältig vorformte und eine Schlagfläche vorbereitete, von der aus man mit direktem Schlag (manchmal auch, indem man die Schlagfläche auf einen Amboß schlug) einen oder mehrere Levallois-Abschläge abtrennte. Diese besaßen eine flache Dorsal- und eine konvexe Ventralseite. Die mit den Neandertalern verbundene Moustérien-Tradition enthält ebenfalls Levallois-Geräte. Diese finden sich aber auch in einigen Spät-Acheuléen-Inventaren, die vielleicht 300 000 bis 400 000 Jahre zurückreichen. Auch einige nordafrikanische Industrien bezeichnete man, obwohl sie außerhalb des Verbreitungsgebietes der Neandertaler liegen, wegen der Ähnlichkeit der Geräte mit dem Begriff Moustérien. Für beide

93
Levallois-Spitze aus Kebara, Israel.

Derartige Steingeräte sind wichtiger
Bestandteil der Levallois-Moustérien-Tradition
der Neandertaler in der Levante
*Foto mit freundlicher Genehmigung von Ofer
Bar-Yosef*

Gebiete läßt sich nicht exakt feststellen, wann diese Traditionen begannen, da man sie oft nur am Fehlen der für das Acheuléen typischen Faustkeile und Cleaver identifiziert. Diese sind ohne erkennbaren Grund langsam aus den Inventaren verschwunden.

In der Levante bezeichnet man mit Levallois-Moustérien Inventare, die viele Levallois-Abschläge enthalten, darüber hinaus aber mit ihren kleinen, aus Abschlägen hergestellten Faustkeilen, Rückenmessern und Schabern typisch für das Moustérien sind (Abb. 93). Die Gesamtsituation wird dadurch kompliziert, daß die Kernpräparationstechnik in verschiedenen Regionen zu ganz unterschiedlichen Zeiten eingeführt wurde. Zusätzlich variiert der Anteil der verschiedenen Werkzeugtypen in den Inventaren von Fundstelle zu Fundstelle erheblich. Dies hängt wahrscheinlich von der Verfügbarkeit der Rohmaterialien, den im Lager ausgeführten Arbeiten und von weiteren Dingen ab, die nicht von der kulturellen Tradition des Werkzeugherstellers abhängig waren. Angesichts derart komplexer Muster wäre es nicht fair, Archäologen vorzuwerfen, daß sie zu ungenaue Definitionen und Charakterisierungen von Geräteinventaren liefern und unrealistisch, eine einheitliche Terminologie zu erwarten.

Zurück zu den Fossilien! Für eine genaue Rekonstruktion der Gesichtsmorphologie ist der ansonsten recht vollständige Steinheimer Schädel zu stark beschädigt (vgl. Abb. 66 und 67). Der Hirnschädel selbst ist mit einem Hirnvolumen von nur rund 1100 ml recht klein. Überaugenwülste, große Nasenöffnung und fliehende Stirn wie auch die Fossa suprainiaca am Hinterkopf könnte man für neandertaloide-Merkmale halten. Interessanterweise hat man diesen Schädel aber jüngst mit einem viel älteren (rund 350 000 Jahre alten) und weniger vollständig erhaltenen Exemplar vom Lake Ndutu im fernen Tansania verglichen. Archäologen haben die Vergesellschaftung des Steinheimer-Schädels mit ziemlich einfachen Geröllgeräten diskutiert. Insgesamt läßt sich zu den Steinheim- und Swanscombe-Funden sagen, daß sie nicht besonders gut zu typischen *Homo heidelbergensis*-Vertretern wie denen von Arago und Kabwe passen, aber auch keine Neandertaler im engeren Sinne sind. Ob einer oder beide Vertreter Vorgänger des Neandertalers waren, bleibt unsicher.

Aber die Tatsache, daß es vor rund 230 000 Jahren schon eindeutigere Neandertaler-Verwandte gab, spricht eher gegen die Annahme, daß die besprochenen Exemplare Neandertaler waren. Jahrelang datierte man die Funde von Ehringsdorf in die letzte Zwischeneiszeit, d. h. in eine Blütezeit der Neandertaler. Die Ehringsdorfer-Funde, ein fragmentarischer Schädel, ein Unterkiefer und Teile mehrerer anderer Individuen, wurden zusammen mit Tierknochen, Resten von Wirbellosen und Pflanzenteilen geborgen, die auf gemäßigtes Klima hinweisen. Neue

94

Ausgrabungen in der Sima de los Huesos in den Atapuerca-Bergen, Spanien.

Eine tiefe Grube in der Atapuerca-Höhle lieferte eine große Zahl weitgehend fragmentarischer menschlicher Fossilien. Artefakte liegen nicht vor. Es bleibt rätselhaft, wie die Fossilien sich hier ansammeln konnten. Sie werden von rund 300 000 Jahre altem fluvialen Sedimentgestein überlagert.
Foto von Javier Trueba, © Madrid Scientific Films, mit freundlicher Genehmigung von Jean-Luis Arsuaga

ESR- und Uranserien-Datierungen belegen, daß diese Reste in Wirklichkeit aus einer früheren Warmzeit vor rund 230 000 Jahren stammen. Genauere morphologische Studien deckten große Ähnlichkeiten zu den Neandertalern auf. Das vergesellschaftete Geräteinventar besteht weitgehend aus feingearbeiteten, doppelseitig retuschierten Spitzen und Kratzern, d. h. Geräten, die man lange für die möglichen Vorgänger der späteren Moustérien-Industrien hielt. Die neuen Datierungen stützen diese Vorstellung, obwohl – wie schon erwähnt – im europäischen Mittelpleistozän ein derartiges Durcheinander an Geräteindustrien existierte, daß man kaum sichere Aussagen machen kann.

Alle älteren Vorstellungen von der Neandertaler-Abstammung verblassen jedoch vor dem Hintergrund neuerer Funde aus den Atapuerca-Bergen Nord-Spaniens (Abb. 94). Als «Sima de los Huesos» (Knochengrube) bekannt, ist dieser Fundort kein ursprünglicher Wohnplatz, sondern ein Höhlenkomplex, der mit Knochen und Schutt (aber nicht mit Steingeräten) verfüllt wurde. Die meisten Knochen stammen von einer Höhlenbären-Art und verschiedenen anderen Raubtieren. Rund 700 menschliche Fossilien (weitestgehend Fragmente) sollen zu mindestens 24 Individuen gehören. Hervorzuheben sind der fast vollständige Schädel eines Erwachsenen, ein ausgewachsener Hirnschädel sowie der fragmentarische Hirnschädel eines Jugendlichen, die alle 1992 geborgen wurden (Abb. 95 und vgl. Abb. 47). Wie diese Knochen so tief ins Innere der Höhle gelangten (sie könnten auch in der Nähe eines heute verschütteten früheren Eingangs gelegen haben), bleibt rätselhaft. Ein, wenn auch nicht ganz einleuchtender Lösungsvorschlag ist, daß alle Individuen zu einer Gruppe gehörten, die einer Katastrophe zum Opfer fiel. Alle Exemplare fanden sich unter Gestein, das sich mit der Uran-Serien-Methode auf ein Alter von mehr als 300 000 Jahre datieren ließ.

Die Atapuerca-Fossilien werden als morphologisch recht variabel beschrieben, wobei zum Zeitpunkt dieser Bewertung aber nur die drei erwähnten Schädel genauer untersucht waren. Jeder der drei Schädel weist in der Morphologie des Hinterhauptes (mit «rauher» Oberfläche an der Stelle der Fossa suprainiaca, aber ohne klare Vertiefungen)

95
Schädel 5 aus Atapuerca, Spanien.

Unter den vielen, weitgehend fragmentarisch erhaltenen Fossilien aus Atapuerca ist dies das am besten erhaltene Exemplar. Dieses und andere, die offensichtlich sehr variabel sind, beschrieb man als mögliche Neandertaler-Vorfahren.
Foto von Javier Trueba, © *Madrid Scientific Films; mit freundlicher Genehmigung von Juan-Luis Arsuaga.*

auf Neandertaler hin. Zumindest der Hinterkopf des vollständigsten Schädels ist ziemlich rund. Die Überaugenwülste sollen neandertaler-ähnlich sein, scheinen aber auf Fotos eher die für *Homo heidelbergensis* typische Form aufzuweisen. Außerdem findet sich eine steilere Stirn. Die geschätzten Hirnvolumen liegen bei 1390 ml (erwachsener Hirnschädel), 1125 ml (vollständiger Schädel) sowie 1100 ml (jugendlicher Schädel). Insgesamt erinnern diese Formen morphologisch stärker an *Homo heidelbergensis* als an Neandertaler. Genauere Analysen werden das Problem zweifellos klären. Trotz aller Unsicherheiten sollte man die Bemerkung des Beschreibers festhalten, daß diese Vertreter in gewisser Weise die Neandertaler-Merkmale vorwegnehmen. Die Neandertaler müssen Vorfahren gehabt haben, die vor 300000 Jahren lebten, und langfristig wird diese außerordentliche Serie europäischer Frühmenschen zweifellos eine besondere Rolle bei der Aufklärung der menschlichen Evolution in diesem Zeitraum spielen.

Die frühen Neandertaler

In der langen Phase des Kältemaximums der vorletzten Eiszeit (vor rund 180000 bis 130000 Jahren) treffen wir zum ersten Mal auf eindeutige Neandertaler-Fossilien. Erste flüchtige Hinweise finden sich in Resten von zwei Individuen aus dem nordfranzösischen Biache-Saint-Vaast. Unglücklicherweise besteht der Hauptfund nur aus einem Hinterkopf und dem Oberkieferfragment eines kleinen (vermutlich weiblichen) Individuums mit einem geschätzten Hirnvolumen von rund 1200 ml (Abb. 96). Zusätzlich barg man Teile eines etwas schwerer gebauten Schädels. Leider hat man die Biache-Funde nie vollständig analysiert, aber das Hinterhaupt des Hirnschädels zeigt alle Kennzeichen der typischen Neandertaler-Morphologie (vgl. Abb. 83, S. 118). Die begleitenden Steinwerkzeuge beschrieb man als Levallois-Typen. Besonders bemerkenswert ist, daß sich trotz guter Erhaltungsbedingungen weder Feuerstellen noch andere Strukturen nachweisen lassen.

Die ebenso alte Fundstelle Grotte du Lazaret in Südfrankreich ist da ganz anders. Hier fanden sich Neandertaler-Reste an einem Wohnplatz in einem Höhleneingang. Im Inneren der Höhle deuteten Steinanhäufungen sowie die Verteilung von Tierknochen und Steingeräten darauf hin, daß man Schutzdächer aus vermutlich fellbedeckten Pfosten gegen die Höhlenwand gelehnt hatte. Man fand auch mehrere Feuerstellen. Das Geräteinventar wurde als Acheuléen mit einer schwachen Levallois-Komponente beschrieben. Ein weiterer genauso alter und rätselhafter französischer Fund stammt aus Fontéchevade. Diesen ordnete man zunächst in eine Präsapiens-Phase ein, er ist aber für eine sichere Zuordnung zu stark zerstört. Der archäologische Kontext ist ein Tayacien mit weitgehend grob zweiflächig retuschierten Geröllgeräten, einige Abschläge waren jedoch in der Technik des präparierten Kerns hergestellt.

Frühe Neandertaler-Nachweise sind in Europa selten. Sie häufen sich jedoch für die letzte Zwischeneiszeit (vor 127000 bis 115000 Jahren). Dazu gehören besonders die zwei Schädel von Saccopastore in Italien.

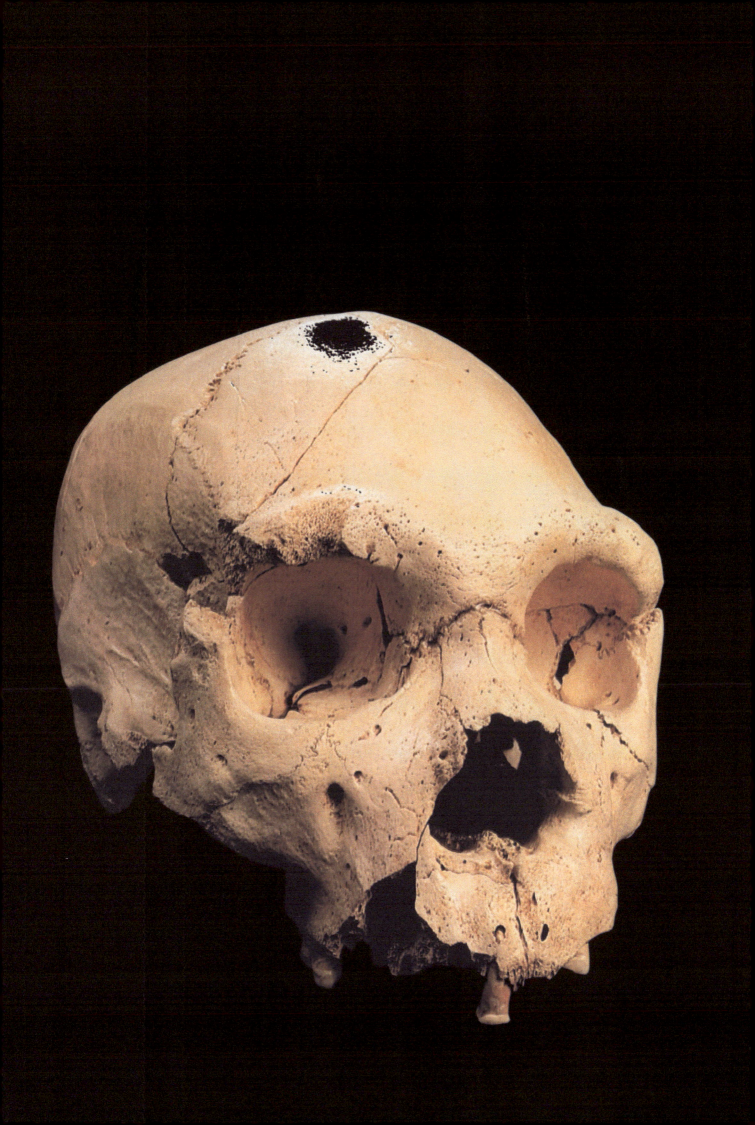

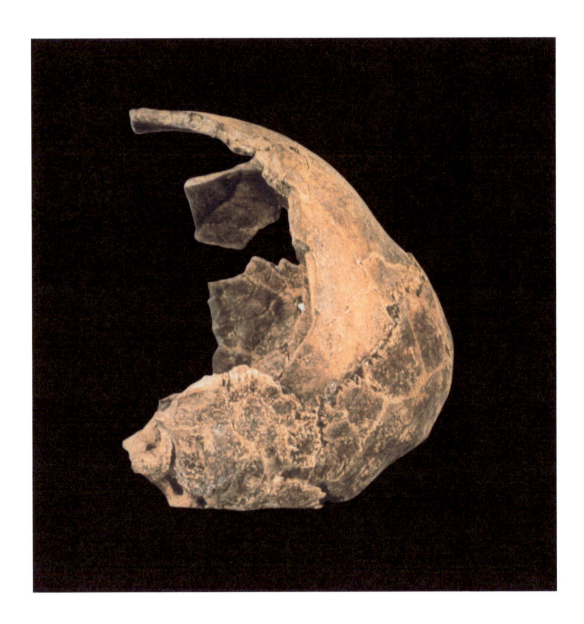

96
Hinterkopf des Schädels von Biache, Frankreich.

Das rund 150 000 bis 175 000 Jahre alte Schädelfragment ist zwar nur in geringen Teilen erhalten, aufgrund der charakteristischen Merkmale aber eindeutig neandertaloid
Mit freundlicher Genehmigung von Bernard Vandermeersch

97 und 98 *(Seiten 140 und 141)*
Frontal- und Seitenansicht des Schädels von Saccopastore, Italien.

Der rund 120 000 Jahre alte Neandertaler-Schädel ist das am besten erhaltene europäische Exemplar der letzten Zwischeneiszeit Aufgrund des leichten Baus stammt er wahrscheinlich von einer Frau
Mit freundlicher Genehmigung des Museo di Antropologia «G Sergi» (Dipartimento di Biologia Animale e dell'Uomo), Universität von Rom «La Sapienza»

Einer davon (vermutlich ein weiblicher) ist bis auf die Brauenwülste vollständig erhalten. Vom anderen, stärker gebauten, sind nur die Schädelbasis und Teile des Gesichts erhalten (Abb. 97 und 98). Diese Fossilien ähneln den späteren Neandertalern: Das vollständigere Exemplar besitzt einen großen vorragenden Gesichtsteil und zeigt bis auf das vorspringende Hinterhaupt völlige Übereinstimmung mit den typischen Neandertaler-Merkmalen. Das Hirnvolumen ist mit 1 200 ml relativ klein. Die Steingeräte dieser Fundstelle sind zweifelsfrei typisch für das Moustérien. Auch die fast gleichzeitig lebenden Hominiden der untersten Schichten von Krapina (Kroatien) gehören dieser Kultur an (Abb. 60). Auch dem Krapina-Vertreter fehlte der für spätere Neandertaler des westlichen Europas so typische robuste Körperbau. Trotzdem gehören sie ohne Zweifel in diese Gruppe.

In der Levante ist das Bild weniger klar. Hier wird die letzte Zwischeneiszeit wahrscheinlich durch den oberen Gesichtsschädel von Zuttiyeh in Israel repräsentiert, dessen assoziierte Steinwerkzeuge man einem «primitiven» Moustérien zuordnete (das in der Levante vor rund 150 000 Jahren einsetzte) (Abb. 99). Dieser Menschentyp läßt sich weder dem *Homo heidelbergensis* noch eindeutig den Neandertalern zuordnen. Viele Fachleute betrachten ihn als ziemlich «generalisiert», und einige halten ihn für einen möglichen Vorfahren des *Homo sapiens* – wahrscheinlich ein Fehlurteil. Seine Nähe zum Tabun-Schädel vom Berg Karmel steht aber außer Zweifel. Nach vorsichtigen Uran-Serien- und ESR-Datierungen sind die Tabun-Vertreter mit einem Alter von rund 100 000 Jahren annähernd Zeitgenossen der Zuttiyeh-Menschen gewesen (vgl. Abb. 70). Von allen bekannten Neandertaler-Schädeln ist der aus Tabun am leichtesten gebaut und besitzt einen ziemlich runden Hinterkopf. Trotzdem weist er typische Neandertaler-Merkmale auf, wie z. B. große Juxtamastoidkämme, einigermaßen ausgeprägte Fossae suprainiacae und typische, wenn auch dünne Überaugenwülste. Die vergesellschafte Steinindustrie ist eindeutig dem Moustérien zugehörig.

Neandertaler der letzten Eiszeit

Die Glanzzeit der Neandertaler war der Zeitraum vor 70 000 bis 30 000 Jahren, als sich das letzte Glazial seinem Höhepunkt näherte. Aus dieser Zeit stammt eine Fülle von Neandertaler-Fossilien, deren Fundstellen sich vom Atlantik bis nach Usbekistan und von Nord-Deutschland bis nach Gibraltar verteilen. Die Begleitfauna des Fundes aus dem Neandertal legt nahe, daß er aus genau dieser Zeit stammt. Dies gilt für alle «klassischen» Skelette wie die von La Chapelle-aux-Saints, La Ferrassie, Spy, Guattari und Le Moustier (vgl. Abb. 53, 54, 59, 61, 63, 68 und 107). Weiter östlich sind die typischen Neandertaler durch die Skelette von Kebara und Amud in Israel vertreten sowie durch die Shanidar-Gruppe aus dem Irak und durch das Kind vom weit abgelegenen Fundplatz in Teshik-Tash in Usbekistan (vgl. Abb. 75, 76, 77, 78, 81, 82, 142 und 143).

Das jüngste, einigermaßen vollständige Neandertaler-Skelett fand man 1979 in

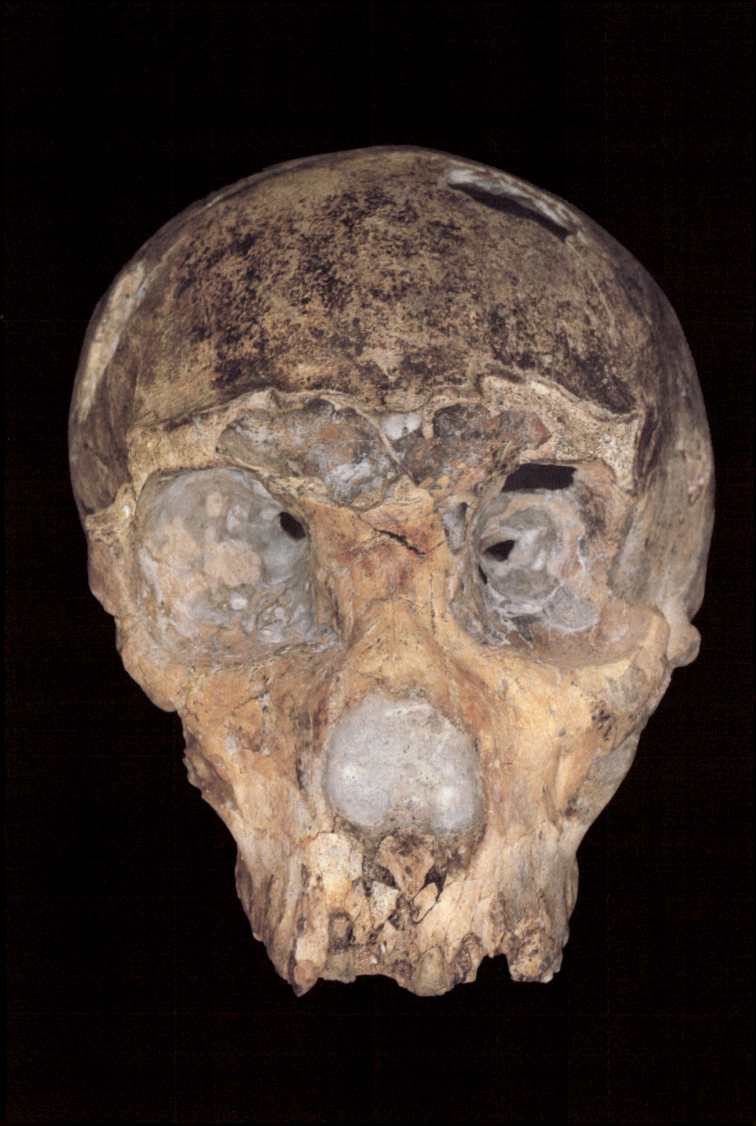

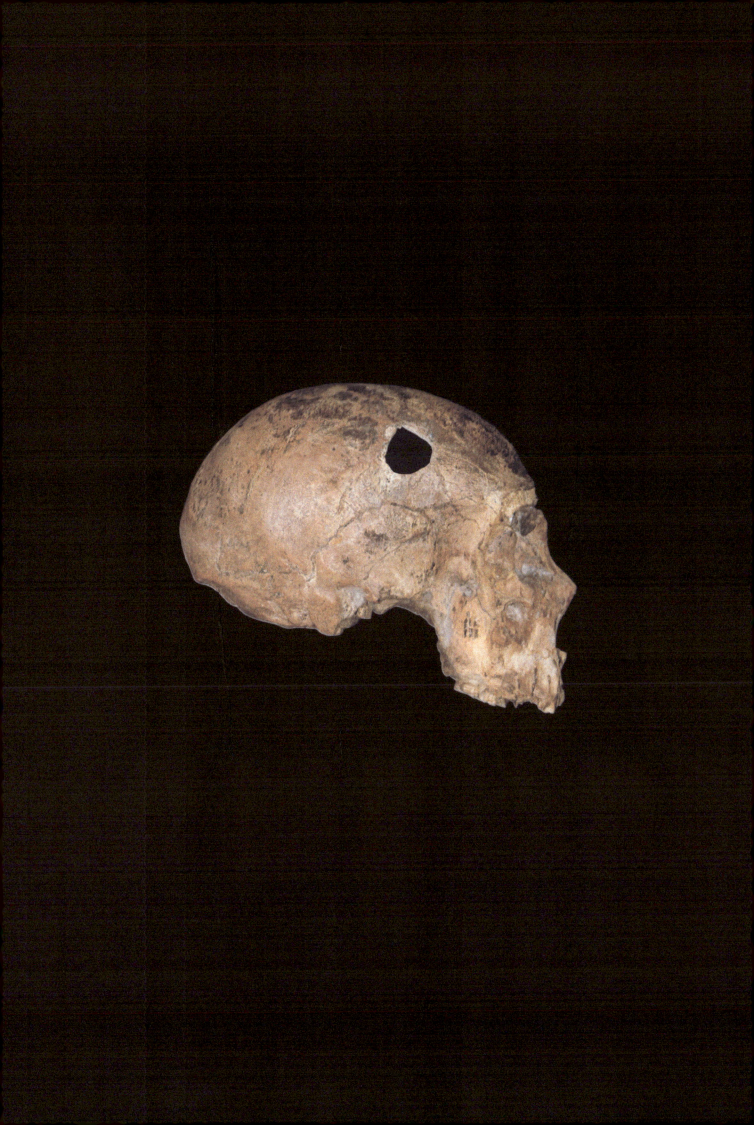

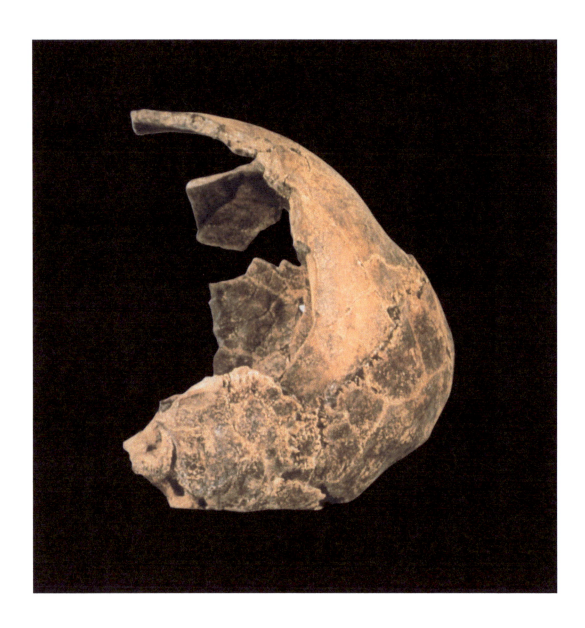

99
Oberer Gesichtsschädel von Zuttiyeh, Israel.

Der 1925 unter unkontrollierten Bedingungen
ausgegrabene Gesichtsschädel ist mindestens
125 000 Jahre, vielleicht doppelt so alt. Das
Verhältnis dieses Fossils zu den der späteren
levantinischen Menschen ist unsicher.
*Foto mit freundlicher Genehmigung von
Antiquities Authority, Israel*

Saint-Césaire in Westfrankreich (Abb. 102). Es ist 36 000 Jahre alt. Der teilweise stark zerstörte Schädel mit großer Nasenhöhle in einem vorstehenden Gesicht, typischen Überaugenwülsten, langem, flachen Hirnschädelprofil, einem Mastoidfortsatz sowie einem fliehenden Kinn gehört eindeutig zu einem Neandertaler. Die assoziierte Steingeräteindustrie gehört ins Châtelperronien, einer Technik, die man lange dem Jungpaläolithikum zuordnete, weil im Inventar Klingenwerkzeuge genauso häufig wie Abschlaggeräte sind. Dieser Fund hat den Streit darüber, wer für das Châtelperronien verantwortlich war, weitgehend beigelegt. Wie die Neandertaler diese neue Technik erwarben, bleibt bislang ungeklärt.

Einige weniger vollständige Neandertaler-Reste sind noch jünger. Dazu gehören als bemerkenswerter Fund einige Fragmente aus der Figueira Brava-Höhle in Portugal. Die rund 31 000 Jahre alten Fossilien fand man zusammen mit einem entwickelten Moustérien. Dies könnte bedeuten, daß die abgelegenen, zerklüfteten Berge der iberischen Halbinsel die letzte Zuflucht der Neandertaler gewesen sind. Außerdem gibt es deutliche Hinweise darauf, daß Moustérien-Werkzeuge aus Zafarraya in Südspanien nur 27 000 Jahre alt und die dort gefundenen Neandertaler-Reste nicht viel älter sind (vgl. Abb. 1 Frontispitz und 141).

Insgesamt zeigt sich, daß sich die typische Merkmalskombination der Neandertaler zum Beginn des letzten Interglazials vor rund 150 000 Jahren oder etwas früher herausbildete. Wann und wo diese Morphologie entstand, ist noch unklar. Es muß jedoch einen eindeutigen geographischen Ursprungsort geben, wo es zur Isolation einer Population kam. Die frühen Neandertaler besaßen leichter gebaute Schädel (wobei zumindest die Schädel von Saccopastore eine Ausnahme von dieser allgemeinen Regel darstellen) als diejenigen der letzten Kaltzeit. Noch schlechter belegt ist die in der Mitte des zwanzigsten Jahrhunderts von Keith, McCown und Howell (auf der Grundlage einer ziemlich kleinen Stichprobe) aufgestellte Behauptung, der Bau der Neandertaler werde in östliche Richtung immer leichter. Schädel wie die von Shanidar und Amud sind auf ihre Art genauso robust wie die fast ebenso alten von La Chapelle-aux-Saints und La Ferrassie. Das Skelett von Kebara soll das robusteste von allen sein. Natürlich treten – wie bei jeder weit verbreiteten Säugerart – regionale Unterschiede auf. Die späten levantinischen Neandertaler scheinen z. B. etwas weniger vorstehende Augenbrauen als die westeuropäischen «klassischen» besessen zu haben. Aber auch hier läßt die kleine Fundzahl Verallgemeinerungen nicht zu. Insgesamt ist der Bautyp des Neandertalers über die gesamte Zeit seiner Existenz offenbar ziemlich stabil gewesen, trotz aller erwarteten Variabilität und der offensichtlich steigenden Tendenz zur Robustheit.

Abgesehen von den spannenden Aspekten ihrer Verwandtschaft zu uns läßt dieses Bild den Neandertaler in Raum und Zeit als ziemlich durchschnittliche Art erscheinen. Wie nach unserem allgemein unvollständigen Wissen über Artbildungsvorgänge zu erwarten ist, haben wir das Gastspiel von *Homo neanderthalensis* auf dieser Erde bisher

100 und 101

Das Neandertaler-Grab der Kebara-Höhle in Israel: Nahaufnahme (links) und in der ursprünglichen Lage während der Ausgrabung (unten).

Das gut erhaltene, 60 000 Jahre alte männliche Skelett (dem nur der Schädel, das rechte Bein und beide Füße fehlen) ist das robusteste aller bekannten Neandertaler. Einige Forscher glauben, daß man den Schädel nach dem Tod für rituelle Zwecke entfernte

Fotos mit freundlicher Genehmigung von Joel Rak

nur wenig verstanden. Aber einmal entstanden, blieb er während der gesamten Zeit seiner Existenz auch dann noch als Art erkennbar, als lokale Populationen eigene Merkmale ausbildeten. Ich habe schon betont, daß Arten sich in Raum und Zeit ändern. Der Neandertaler ist auch hierin keine Ausnahme. Selbst sein viel diskutiertes Verschwinden ist aus dieser distanzierten Sicht nichts Außergewöhnliches, obwohl wir als mögliche Verursacher natürlich besonderes Interesse an diesem Vorgang haben. Zu allen Zeiten wurden ausgestorbene Arten durch neue ersetzt. Aus dieser Sicht ist das Verschwinden einer einzelnen Art – wenn auch einer menschlichen – nichts Überraschendes. Wir werden dieses allgemeine Muster wiederfinden, wenn wir den Überlebenstechniken der Neandertaler nachgehen.

Eher indirekt können wir hier vielleicht noch etwas anderes lernen: So wenig ungewöhnlich wie das Verschwinden der Neandertaler war das Erscheinen unserer Art auf der Bildfläche. Wir mögen uns, *Homo sapiens*, für etwas Besonderes halten, aber wir sind sicher nicht das Ergebnis eines außergewöhnlichen Vorgangs.

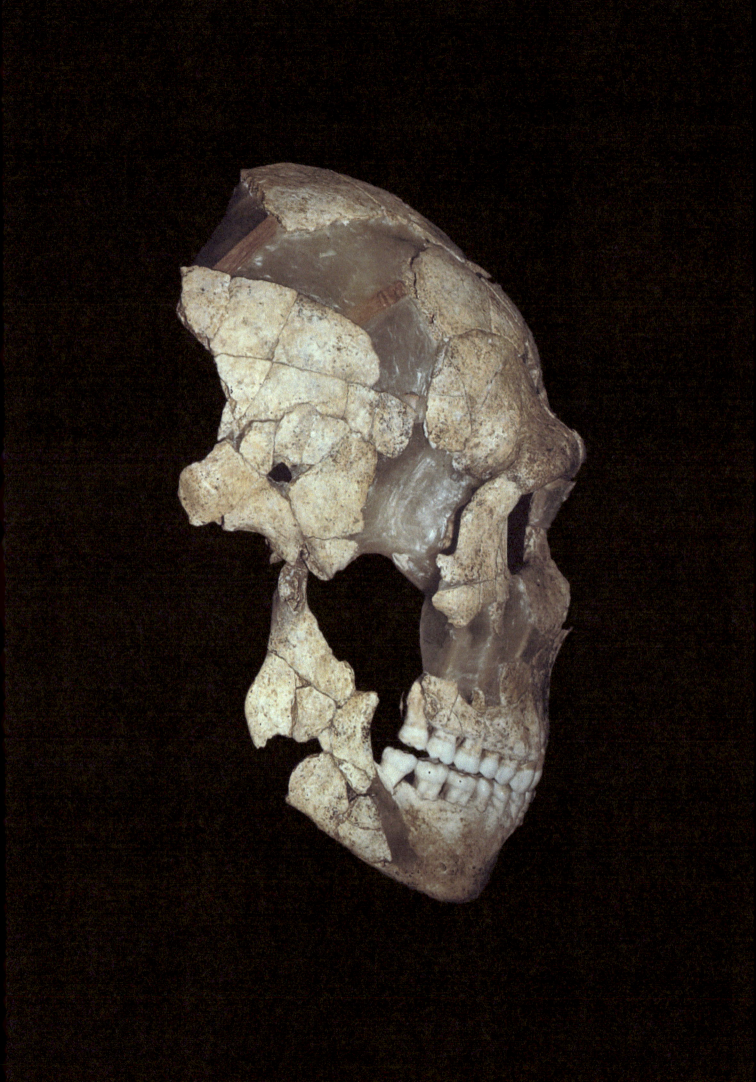

Schädelfragment aus St-Césaire, Frankreich.

Das Grab aus St-Césaire gehört zu den jüngsten
bekannten Neandertaler-Fundstellen. Es ist rund
36000 Jahre alt und mit einem Châtelperronien-
Steinwerkzeuginventar vergesellschaftet.
*Mit freundlicher Genehmigung von Bernard
Vandermeersch.*

Lebensweise der Neandertaler

Heute haben wir einen Punkt der Archäologiegeschichte erreicht, an dem die meisten früheren Interpretationen überholt sind. In den letzten Jahren haben Archäologen viel Mühe in die Entwicklung von Methoden gesteckt, die eine sichere Deutung archäologischer Befunde zulassen, und damit begonnen, alte Ergebnisse neu zu bewerten. Von Anfang an hatte man z. B. geglaubt, Neandertaler seien weitgehend Jäger gewesen, welche die riesigen Herden der spätpleistozänen Großsäuger in den Kältesteppen Europas nutzten. In den achtziger Jahren wurde man vorsichtiger und vertrat stärker den Standpunkt, daß die Neandertaler nur Kleinsäuger fingen und sich – zumindest in bestimmten Jahreszeiten – eher von Aas ernährten als jagten. Diese neue Bedachtsamkeit ersetzte unser altes Neandertaler-Bild durch ein weniger dramatisches und bot die Möglichkeit, Wahrheit und Dichtung zu trennen. Gleichzeitig bahnte sie den Weg für weitere Erkenntnisse durch moderne Analysetechniken.

 ## Ökonomie

Der Zugang zum Verständnis unserer Vorfahren – vor der Erfindung von Häusern und seßhaftem Ackerbau – ist beschränkt. Menschen, die für ihr Überleben jagen oder sammeln, hinterlassen normalerweise nicht viel, das über ihr Leben Auskunft gibt. Die wichtigste Wissensquelle sind die Steinwerkzeuge, welche unsere altsteinzeitlichen Vorfahren herstellten und nutzten, sowie Tierknochen, die sie an Siedlungs- oder Schlachtplätzen zurückließen. Dies ist sicher eine karge Auswahl aus all ihren wahrscheinlich sehr komplexen Lebensvorgängen. Selbst wenn man die Gebrauchsspuren der Werkzeuge analysieren kann und herausfindet, wie sie diese Werkzeuge herstellten oder auch, wieviele Tierarten genutzt, wieviele Tierteile vor Ort übrig blieben und wie die Verteilung der Knochen und Werkzeuge am Fundort zustande kam, weiß man immer noch nicht viel. Das gilt auch für fundreiche Plätze, die z. B. alte Feuerstellen enthalten. Was läßt sich heute sicher über die Neandertaler aussagen (Abb. 103)?

Schauen wir uns an, wo man Neandertaler gefunden hat. Zunächst einmal sind Plätze mit Siedlungsspuren der Neandertaler einfacher und nicht so strukturiert wie Wohnplätze moderner Menschen. Gelegentlich finden sich Feuerstellen mit ringförmig angeordneten verbrannten Steinen oder ausgeräumte Flächen. Spuren von Feuer bestehen aber häufiger aus verbrannten Knochen oder Ascheablagerungen, die wie zufällig im Lagerbereich verteilt sind und nicht klar auf Aktivitätszentren hinweisen. Mitunter stößt man auf eine Stelle, an der die Lage der auf dem Boden verteilten Feuersteinabschläge verrät, daß man hier Werkzeuge hergestellt hat. Nachweise eines strukturierten Lagers gibt es bis auf wenige Fundorte, wie z. B. in der Grotte du Lazaret und vielleicht Combe-Grenal, über die wir später noch sprechen wollen, nicht (Abb. 104).

Eine Ausnahme von der typisch ungeplanten Struktur von Neandertaler-Wohnplätzen stellt die Fundstelle Kebara in Israel dar, die das von dem Harvard-Archäologen Ofer Bar-Yosef und seinen Kollegen ausge-

103
Neandertaler-Gruppe.

Das in den späten sechziger Jahren gemalte
Lebensbild einer Gruppe am Fuß der Pyrenäen spiegelt die damalige Sicht der Neandertaler wider
Gemälde von und © Jay Matternes

104
**Abguß eines Pfostenloches von einem
Zelt aus Combe-Grenal, Frankreich.**

An dieser Fundstelle gruben die Archäologen
eine Vertiefung aus, die offensichtlich dadurch
entstand, daß man vor rund 50 000 Jahren
eine (vermutlich hölzerne) Zeltstange in den
Boden trieb. Nachweise für den Bau von
Schutzdachern durch Neandertaler fanden
sich auch an anderen Stellen.
Foto von Alain Roussot

105

Aschelinsen in den Ablagerungen von Kebara, Israel.

In der Abfolge von Begehungshorizonten in Kebara fanden sich zahlreiche Ascheablagerungen, die sich zum Teil überlappen. Sie weisen auf die Anlage von Feuerstellen hin, deren Umgebung man von Steinen säuberte. Die Feuerplätze konzentrieren sich auf die Mitte des Wohnbereiches. Zusammen mit Abfällen von Tierknochen und Steinabschlägen scheint dies auf eine Strukturierung des Aufenthaltsraumes durch die Kebara-Neandertaler hinzudeuten.
Foto mit freundlicher Genehmigung von Ofer Bar-Yosef

graben wurde. Hier belegen Ascheablagerungen eine Fülle von Feuerstellen, die sich auf das Zentrum des Höhleneingangs konzentrieren. Jede Siedlungsphase hinterließ in der Höhle eine Abfallschicht; in der Zeit zwischen den Wohnphasen wehte Staub hinein und Felsmaterial fiel von der Decke. In Kebara haben sich meterdicke Sedimente angesammelt, in denen man genau in der Zentralfläche, wo die Feuerstellen lagen, zahlreiche, aufeinanderfolgende Begehungshorizonte unterscheiden konnte (Abb. 105). Jüngere Feuerstellen zerstörten zum Teil die älteren, was die Deutung der Befunde erschwerte. Offensichtlich hat man aber deren Umgebung regelmäßig von herumliegenden Steinen gesäubert, und Konzentrationen von Steinabschlägen verraten, daß man gerne in der Nähe vom Lagerfeuer Steinwerkzeuge herstellte. So gibt es zumindest in Kebara Nachweise dafür, daß Neandertaler ihre Wohnbereiche ansatzweise gliederten.

Das gänzlich andere Bild eines Neandertaler-Wohnbereichs beruht auf Studien des überaus methodenkritischen Lewis Binford von der Southern Methodist University, einem der geistreichsten Köpfe der Archäologie. Binford kam in den frühen achtziger Jahren als erster auf die Idee, daß die Moustérien-Menschen im Gegensatz zu den jungpaläolithischen Völkern, die gezielt sammelten, Zufallsfunde nutzten. Für Binford liegt der Unterschied darin, daß die Nutzung von zufälligen Funden (engl. *foraging*) ein opportunistischer Prozeß ist, bei dem man die Landschaft durchstreift und das nutzt, was man findet, während sammeln (engl. *collecting*) bedeutet, daß man Ressourcen geplant nutzt, wobei man ihre Lage genau kennt und überwacht. Binford ging davon aus, daß moderne Jäger- und Sammlervölker innerhalb ihres Verbandes spezialisierte Teilgruppen ausbildeten, die getrennt bestimmte Ressourcen ausnutzten, und postulierte daher, daß die Lager von gezielten Sammlern strukturiert sein sollten, diejenigen von Gruppen, die zufällige Funde nutzten, dagegen nicht. Das Fehlen strukturierter Wohnbereiche auf Moustérien-Fundstellen weist auf entsprechende Lebensweisen hin und deutet an, daß ihre Bewohner nicht in der Lage waren, ihre Zukunft so zu planen wie wir – oder es zumindest nicht taten.

Binford hat jedoch inzwischen darauf hingewiesen, daß sich am Moustérien-Platz von Combe Grenal in Südwestfrankreich Wohnstrukturen finden, diese aber nicht die

Lebensweise gezielten Sammelns widerspiegeln. Er fand Begehungshorizonte mit verschiedenen Bereichen. In einem – von Binford das «Nest» genannt – waren Asche, sehr einfache Steingeräte aus örtlich vorhandenem Rohmaterial sowie viele zersplitterte, markhaltige Knochen und Schädelfragmente mittelgroßer Säuger gelagert. In rund drei bis sieben Metern Entfernung lagen an mehreren Stellen kompliziertere Steingeräte, besonders Kratzer und die Enden von Langknochen (deren zerstörte Mittelteile sich zum Teil im «Nest» nachweisen ließen). Verkohlte Sedimente belegten, daß hier nicht nur Feuer gebrannt hatten, sondern daß diese auch eine höhere Temperatur erreicht hatten als diejenigen, von welchen die Ascheschichten stammten. Interessanterweise fanden sich hier Werkzeuge aus Rohmaterialien, die es nur in einiger Entfernung (zum Teil mehrere Kilometer) gab. Es fiel auf, daß die Steinmaterialien aus den Gebieten stammten, in denen die Tiere, deren Knochen man daneben fand, früher gelebt haben müssen. Werkzeuge aus Flußgeröllen waren mit Resten von Bewohnern der Flußtäler, wie z. B. Wildschweinen, vergesellschaftet, während neben Werkzeugen aus Material von benachbarten Hochflächen Knochen von Pferden und ähnlichen Steppentieren lagen. Auf jedem Begehungshorizont ließen sich zwei ökonomisch verschiedene Aktivitäten belegen. Binford glaubt, daß die «Nester» von den eher seßhaften Frauen belegt waren, welche die Lagerumgebung nach Pflanzenmaterial absuchten, das sie bei kleiner Flamme kochten. Die anderen Wohnbereiche gehörten den Männern, welche sich auf der Jagd weiter vom Lager entfernten und nur gelegentlich zurückkehrten. Fleischtragende Knochen fand man an diesen Stellen selten. Dies könnte darauf hinweisen, daß die Männer das Fleisch am Jagdplatz verzehrten und nur die markhaltigen Knochen und Köpfe zum Lager brachten. Um aus diesen eine möglichst große Fettmenge freizusetzen, benötigte man große Hitze. So folgerte er, daß Männer und Frauen der Neandertaler weitgehend unterschiedliche Ernährungsweisen besaßen. Wie die zerlegten Knochen in den «Nestern» zeigen, können sie jedoch nicht völlig verschieden gewesen sein.

Dieses Bild widerspricht völlig demjenigen moderner Jäger und Sammler, welche die gesammelte und gejagte Nahrung in der gesamten Gruppe verteilen. Selbst wenn Binfords Sicht nur in Ansätzen richtig sein sollte, macht sie unser Verständnis der Neandertaler viel schwerer als vorher, als man das Verhalten moderner Menschen modellhaft für die Interpretation der Aktivitäten ihrer Vorfahren nutzte. Kurz gesagt, hat man traditionellerweise geglaubt, daß sich die Frühmenschen genau so verhielten wie moderne Jäger und Sammler – nur einfacher. Durch Arbeiten von Binford und anderen wird klar, daß dieser Ansatz nicht länger haltbar ist.

Binfords neueste Deutungen des Neandertalers wurden noch nicht wissenschaftlich veröffentlicht und entsprechend diskutiert. Unabhängig davon, ob sich seine Interpretationen der Combe Grenal-Befunde endgültig bestätigen lassen oder nicht, ist inzwischen klar, daß die einzigen Frühmenschen, deren Verhalten wir auf der Grundlage unseres eigenen Verhaltens deuten dürfen, nur frühe *Homo sapiens*-Vertreter sein können. Betrachten wir *Homo neanderthalensis,* schauen wir auf ein Lebewesen mit völlig anderem Wahrnehmungsvermögen.

Auch Mary Stiner und Steven Kuhn haben sich – jeweils aus verschiedenen Blickwinkeln – mit dem Muster des zufälligen Sammelns der europäischen Neandertaler beschäftigt. An der italienischen Westküste südlich von Rom entdeckte man in mehreren Höhlen Belege für zwei Siedlungsperioden des Moustérien: eine aus der Zeit vor rund 120 000 Jahren aus dem letzten Interglazial, die andere aus der letzten Eiszeit vor 50 000 bis 40 000 Jahren. Man fragte sich, ob die Überlebensstrategien in beiden Perioden unterschiedlich waren, und fand heraus, daß in der frühen Periode – als man sich nur kurz in Höhlen aufhielt – die mit den Steinwerkzeugen zusammen gefundenen Tierreste meist aus Schädelteilen erwachsener Individuen bestanden. Stiner und Kuhn schlossen daraus, daß natürlich gestorbene Tiere einen wichtigen Teil der Neandertaler-Ernährung darstellten.

In der späteren Periode dagegen gehörten die Tierreste weitgehend zu jüngeren Individuen und stammten von allen Körperteilen. Zusammen mit einer größeren Zahl an Werkzeugen deuten diese Befunde an, daß man die Wohnplätze länger nutzte und aus dem Hinterhalt Jagd auf Tiere machte, deren Körper man vollständig zum Lager transportierte. Ob diese Unterschiede auf eine Verbesserung der Jagdtechnik zurückzuführen sind oder eine Folge der klimatischen Veränderungen waren, bleibt ungewiß. Die mögliche Beeinflussung der ursprünglichen Befunde durch Raubtiere verkompliziert die Lage noch. Eindeutig bleibt aber, daß zumindest diese italienischen Neandertaler während der letzten Eiszeit regelmäßig Jagd auf mittelgroße Pflanzenfresser wie Rot- und Damhirsche machten und ihre Ernährungsstrategien den Veränderungen der Landschaft anpaßten. Heute glauben viele Fachleute, daß die Neandertaler zumindest unter bestimmten Bedingungen regelmäßig Tiere dieser Größe jagten, wahrscheinlich aber keine größeren. Eigenartigerweise finden sich an Neandertaler-Wohnplätzen keine Kleintierknochen. Binford glaubt, daß man diese wertvollen und leicht zu fangenden Nahrungsressourcen zwar jagte, sie aber gleich vor Ort verzehrte.

Tatsache bleibt, daß Neandertaler, obwohl sie effektive Jäger waren, an ihren Wohnplätzen weniger komplexe Strukturen hinterließen als die jungpaläolithischen modernen Menschen. Binfords Unterscheidung von ungezieltem und gezieltem Sammeln scheint wichtig zu sein. Einen spannenden Hinweis auf diese Frage ergaben jüngste Forschungen in der Levante von Dan Lieberman aus Harvard und John Shea von der State University von New York. Erinnern Sie sich, daß auf israelischen Wohnplätzen sowohl Neandertaler als auch moderne Menschen Geräteinventare produzierten, die generell dem Moustérien zugehören. Das Moustérien war in Raum und Zeit viel variabler als bisher angenommen, und jüngst hat man vermutet, daß sich die verschiedenen Varianten dieser Kultur den beiden Menschentypen zuordnen lassen.

106
Der Tabūn II-Unterkiefer.

Der robust gebaute Unterkiefer weist sowohl ein eindeutiges Kinn als auch einen freien Raum hinter dem letzten Backenzahn auf. Er stammt aus der Schicht C der Tabun-Höhle und ist wahrscheinlich rund 100 000 Jahre alt.
Foto mit freundlicher Genehmigung von Antiquities Authority, Israel.

Eine Schlüsselposition in dieser Frage kommt Tabūn zu. Hier unterschied man mehrere unterschiedliche Moustérien-Traditionen. Wie wir in Kapitel 5 sahen, liegt unter der Tabūn-B- (rund 90 000 bis 50 000 Jahre alt) die Tabūn-C-Schicht. Der vermutlich weibliche Neandertaler-Schädel fand sich in einer Grube im Kontaktbereich beider Schichten. In ihrem Ausgrabungsbericht ordnet Dorothy Garrod das Exemplar provisorisch der C-Schicht zu, bemerkt aber, daß das Individuum auch zu Tabūn-B-Zeiten in dieser C-Schicht bestattet worden sein könnte. Der kräftige Unterkiefer mit dem ausgeprägten Kinn lag eindeutig in C (Abb. 106). Die meisten Steingeräteindustrien israelischer Fundorte hat man durch einen Vergleich mit der Tabūn-Abfolge charakterisiert. Besonders bedeutsam ist, daß die Neandertaler von Kebara typische Tabūn-B-Geräte besaßen, während die *Homo sapiens* aus Qafzeh Werkzeuge vom Tabūn-C-Typ herstellten. Um festzustellen, wie unterschiedlich sich die Hominiden, welche diese Siedlungsschichten hinterließen, verhalten haben, verglichen Lieberman und Shea sorgfältig die Faunenreste und Steingeräte aller drei Stellen. Zu ihrer ausgefeilten Untersuchungsmethode gehörte unter anderem eine Analyse der Säugerzähne um festzustellen, in welcher Jahreszeit die Tiere gestorben waren und ein Studium der Gebrauchs- und Bruchspuren der Steingeräte, um deren Einsatz zu verstehen. Lieberman und Shea gingen davon aus, daß die frühen Jäger und Sammler in der Levante zwei Überlebensstrategien besaßen. Eine nannten sie die «zirkulierende Mobilität». Dabei nahmen sie an, daß die Gruppen regelmäßig ihre Lagerplätze verlegten und in ihrem Territorium weiterzogen. Dies soll eine Reaktion auf jahreszeitliche Veränderungen des Nahrungsangebotes sowie die Ausdünnung der Ressourcen gewesen sein, wie sie an jedem Lagerplatz auftreten. Die andere Strategie nannten sie die «ausstrahlende Mobilität», bei der ein relativ langfristig bewohntes Lager als Basis für kurzzeitige Satelliten-Camps in der Nähe entfernter, aber wichtiger Ressourcen gedient haben könnte. Die Erschöpfung der lokalen Nahrungsgrundlagen zwingt beim ungezielten Sammeln unausweichlich irgendwann dazu, das Basislager zu verlegen. Menschen, welche die Ausstrahlungsstrategie verfolgen, versuchen jedoch, sich in jedem Basislager möglichst lange aufzuhalten. Das bedeutet, daß Jagdausflüge länger und häufiger werden. Durch die Analyse der Tierreste und Steingeräte der drei Fundstellen erkannten Lieberman und Shea, daß Neandertaler-Wohnplätze (Kebara und Tabūn-B) Reste von ganzjährig bejagten Tieren erbrachten sowie Spitzen (wahrscheinlich an Speeren befestigt) mit Beschädigungsspuren, die am wahrscheinlichsten auf der Jagd entstanden sind. Im Gegensatz dazu lieferten Wohnstätten anatomisch moderner Menschen (Qafzeh und Tabūn-C) weniger Werkzeuge mit vergleichbaren Beschädigungen, und die Tierreste stammten von Individuen, die alle in einer Jahreszeit erlegt worden sind.

Dies legt nahe, daß die Neandertaler von Kebara eine ausstrahlende Mobilität verfolgten, während die modernen Menschen von Qafzeh die zirkulierende bevorzugten. Sicherlich müssen beide Strategien sich nicht

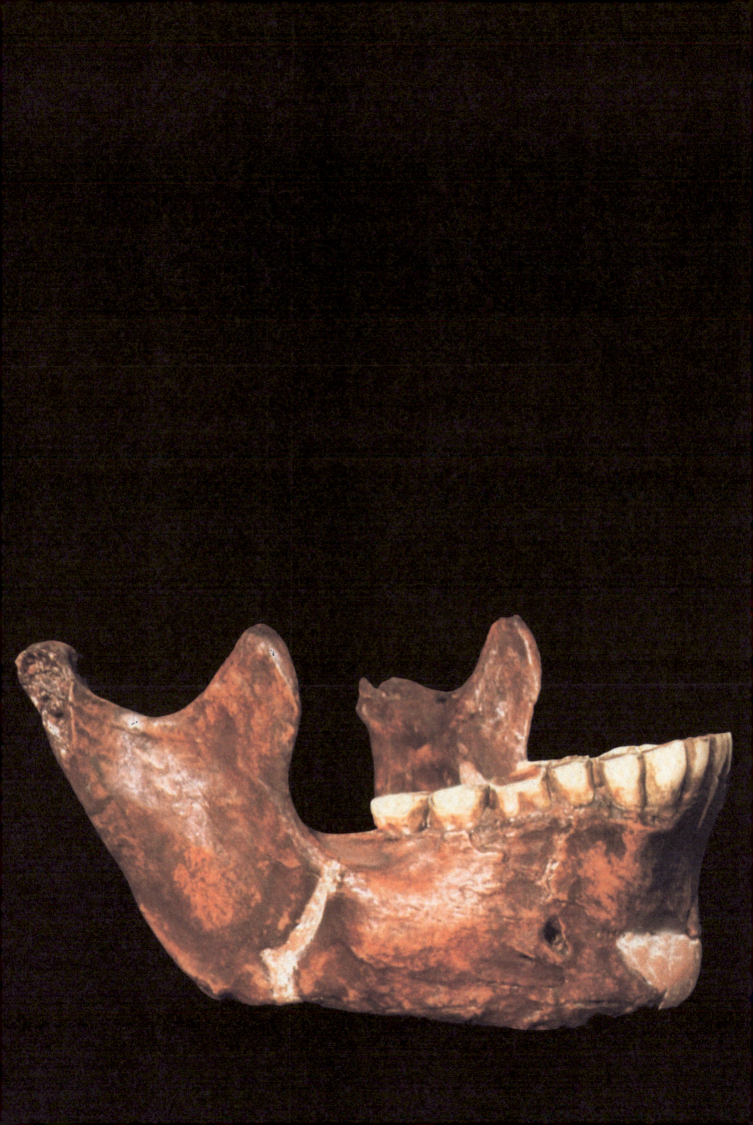

107
Die Knochen des Original-Neandertalers sind kräftig gebaut und besitzen ausgeprägte Gelenkflächen.

Die Neandertaler sind für ihren kräftigen Knochenbau bekannt, was eine Anpassung an harte Lebensbedingungen belegen konnte
Foto von John Reader

völlig ausgeschlossen haben. Es gibt aber noch weitere Hinweise auf grundsätzliche Unterschiede der Siedlungsmuster der zwei Fundstellen. So sind z. B. in Kebara Faunenreste im Vergleich zu Werkzeugen viel häufiger als in Qafzeh. Dies legt nahe, daß das Eindringen von Aasfressern im zuerst genannten Fundort viel seltener war als im letztgenannten, genau was man erwarten würde, wenn Kebara durchgehender von Menschen besiedelt war als Qafzeh. Lieberman und Shea glauben auch, daß die Unterschiede der Umweltbedingungen beider Wohnorte nicht groß genug waren, um die verschiedenen Ernährungsstrategien zu erklären. Obwohl diesen sicherlich erst vorläufigen Forschungsergebnissen nur eine kleine Datenbasis zugrunde liegt, stimmt die Vorstellung nachdenklich, daß die Neandertaler in der Levante ihre Umwelt trotz der Ähnlichkeit ihrer Werkzeugtechnologien auf andere Weise nutzten als die modernen Menschen. Die Deutungen der Kebara-Funde ähneln in gewisser Weise denjenigen Binfords von Combe Grenal. Die Gesamtanalyse paßt zu Binfords Theorie vom beiläufigen Sammeln (*foraging*) der mittelpaläolithischen Menschen und dem gezielten Sammeln, das für den Jungpaläolithiker typisch gewesen sein soll.

In Liebermans und Sheas Szenario deutet nichts darauf hin, daß die Neandertaler notwendigerweise ihre Umwelt auf primitivere Art nutzten. Die Befunde deuten an, daß geplantes Handeln nicht völlig fehlte; wir sollten diesen Punkt jedoch nicht überbewerten. Jeder Primat weiß, wo und wann in seinem Lebensraum welche Nahrung zu finden

108 Männlicher Neandertaler.

Die in einem Diorama im American Museum of Natural History ausgestellte Rekonstruktion zeigt die Robustheit der Physiognomie von Neandertalern. Das Individuum spitzt einen hölzernen Speer an. Gebrauchsspuren an einigen Moustérien-Geräten belegen, daß diese zur Holzbearbeitung eingesetzt wurden.

Foto von Dennis Finnin und Craig Chesek

ist. Andere Befunde legen aber nahe, daß diese archaischen Menschen ein weniger komplexes Bild ihrer Umwelt besaßen als wir oder diese zumindest auf weniger komplexe Weise nutzten. Der wichtigste Hinweis hierauf ist – wie schon erwähnt – die relative Strukturlosigkeit ihrer Wohnplätze. Als Bestätigung ihres Neandertaler-Bildes betrachten Lieberman und Shea ein biologisches Merkmal des Neandertalers: sein robustes Skelett (Abb. 107). Die gewichttragenden Gelenke des *Homo neanderthalensis* sind größer und die Wände der Langknochen viel dichter als bei *Homo sapiens*. Knochen reagieren auf Beanspruchungen, und man hat lange vermutet, daß die Stärke der Neandertaler-Knochen ein Ergebnis ihres harten Lebens gewesen sei (Abb. 108). Lieberman und Shea glauben, daß die ausstrahlende Mobilität der Neandertaler längere Zeiten für Nahrungssuche erforderte und damit auch das Muskel-Skelett-System stärker beansprucht hat, als die effektivere zirkulierende Mobilität der frühen Modernen. Es ist kaum zu entscheiden, ob Neandertaler so robust waren, weil sie diese Strategie verfolgten, oder ob sie die Ausstrahlungsstrategie wählten, weil sie kräftig waren. Die Tatsache, daß auch schon kleine Kinder robust gebaut waren, scheint aber die erste Möglichkeit auszuschließen. Für mich verlangt eher die Leichtbauweise des modernen Menschen – eine Neuerung in der Humanevolution – nach einer Erklärung als der schwerere Bau der Neandertaler.

Ein bislang noch unerforschter Aspekt ist, in wie großen Gruppen Neandertaler zusammenlebten und Nahrung suchten. Hier ist vieles der Spekulation überlassen. Sicher lebten sie jedoch in Kleingruppen. Besonders bei Annahme der ausstrahlenden Mobilität konnten Gruppen nicht sehr groß sein, da die Suchwege von einem zentralen Lager zu den verbleibenden Ressourcen bei einer größeren Gruppe schnell zu lang geworden wären. Neandertaler-Gruppen könnten aus zehn bis zwölf Erwachsenen und den dazugehörenden Kindern bestanden haben. Das Shanidar-Individuum mit dem verkümmerten Arm zeigt, daß man zumindest einigen behinderten Gruppenmitgliedern langfristig half – es gibt aber am Skelett auch Hinweise, die vermuten lassen, daß man diesem Neandertaler in den Rücken gestochen hat (vgl. Abb. 78, S. 111).

Die Aktionsräume benachbarter Gruppen dürften sich etwas überschnitten haben, so daß ein Austausch von Gruppenmitgliedern möglich war und eine großräumige Verwandtschaft bestand. Die Größe der Streifgebiete war vom enthaltenen Nahrungsangebot abhängig. Anders als im Jungpaläolithikum gibt es im Moustérien (weder für Neandertaler noch für moderne Menschen) wenig Hinweise auf Kontakte und Güteraustausch über weite Strecken. Derartige Aktivitäten lassen sich im Jungpaläolithikum wegen der größeren Artefaktvielfalt leichter nachweisen; es ist aber auffällig, daß ortsfremde Rohmaterialien an Neandertaler-Wohnplätzen nie weiter als aus einigen Kilometern entfernten Rohstoffquellen stammten.

Fast all unser Wissen über die Überlebensstrategie der Neandertaler verdanken wir den Tierknochen, da diese am besten die Zeiten überdauern. Niemand zweifelt daran, daß auch Pflanzen ein ausgesprochen wichtiger Ernährungsbestandteil waren. Wir können jedoch nicht viel darüber aussagen, da Pflanzenreste im archäologischen Fundmaterial verschwindend gering sind. Pflanzenrückstände sind kaum je erhalten. In den Feuerstellen von Kebara fanden sich aber verkohlte Leguminosen-Samen, und Binfords «Nester» in Combe Grenal enthielten offensichtlich Rohrkolben-Pollen. Dies spricht dafür, daß diese Pflanzen zur Nahrung der Frauen gehört haben (wenn diese wirklich die «Nester» bewohnten). Darüber hinaus sind viele Pflanzen vermutlich dort verzehrt worden, wo man sie fand und daher gar nicht an den Lagerplätzen aufgetaucht, aus denen wir unser Wissen schöpfen.

Technologie

Aus historischen Gründen liegt ein Forschungsschwerpunkt der Moustérien-Technologie, die weitgehend, aber nicht ausschließlich mit dem Neandertaler assoziiert ist, in Frankreich. Der Name wurde ursprünglich nur für Industrien in der Dordogne-Region des Vézère-Tales verwendet (Abb. 109), dann aber als Oberbegriff für Werkzeuginventare aus weiten Bereichen Europas, des Vorderen Orients und sogar Nordafrikas benutzt. Dadurch wurde verschleiert, daß sich dahinter an verschiedenen Stellen sowohl unterschiedliche Werkzeugtypen als auch verschiedene Bearbeitungstechnologien verbergen, weshalb hier betont werden muß, daß das Moustérien weder in Zeit noch Raum eine monolithische Kulturform darstellt.

Selbst in Frankreich hat es sich als schwierig erwiesen, eine einfache Klassifikation von Moustérien-Geräteinventaren aufzustellen. Versuche, Anfang des zwanzigsten Jahrhunderts auf der Grundlage von diagnostischen Gerätetypen eine Entwicklungsreihe des Moustérien aufzustellen, scheiterten bald. In den fünfziger Jahren schlug der

**109
Blick in das Vézère-Tal (Südwestfrankreich) in der Nähe der klassischen, jungpaläolithischen Fundstelle La Madeleine.**

Das hübsche, aus Kalkstein bestehende Tal der Vézère beherbergt mit seinen Felsdächern und Höhlen die weltweit größte Konzentration an Fundstellen des Jungpaläolithikums und des Moustérien.
Foto von Alain Roussot.

französische Prähistoriker François Bordes einen anderen Weg ein. Er unterschied vier Moustérien-Varianten nach der relativen Häufigkeit bestimmter Werkzeugtypen. Bordes stellte eine riesige Vielfalt an Moustérien-Werkzeugen fest (63 verschiedene Abschlagwerkzeuge und 21 Faustkeiltypen). Spätere Arbeiten legten nahe, daß viele dieser Typen unterschiedliche Stadien der Überarbeitung einer kleineren Zahl von Werkzeuggrundformen waren, die man erneut schärfte (Abb. 110). Bordes schenkte auch der Bedeutung der Levallois-Technik Aufmerksamkeit, die man in der Levante häufiger als in Europa verwendete. Er glaubte, daß diese verschiedenen Werkzeuginventare zu ethnisch verschiedenen Neandertaler-Gruppen gehörten, deren Technologie relativ konstant blieb, die sich jedoch wechselseitig über lange Zeiten des Moustérien an vielen Stellen Europas ersetzten. Seine Einstellung zu den Neandertalern gipfelt in der Aussage: «Sie stellten stumpfsinnig immer wieder wunderschöne Werkzeuge her». Er glaubte, daß die Menschen zwar hervorragende Handwerker, aber nicht sehr innovativ waren.

Bordes Arbeit war einflußreich und brachte Ordnung in die chaotische Vielfalt der aus Frankreich bekannten Neandertaler-Technologien. Seine Vorstellungen blieben jedoch nicht lange unwidersprochen. Lewis und Sally Binford meinten in den sechziger Jahren, daß die verschiedenen Werkzeuginventare nicht – wie Bordes vermutet hatte – das Werk verschiedener ethnischer Gruppen waren, die gedankenlos über Jahrtausende dieselbe Technologie tradiert hatten, sondern eher widerspiegelten, wie sich die Arbeit ein und derselben Gruppe in verschiedenen Lagern unterschied. Spätere Forscher wandten ein, daß Unterschiede zwischen verschiedenen Moustérien-Inventaren auch auf die lokale Verfügbarkeit von Rohmaterialien zurückgeführt werden könnten, da diese – wie man inzwischen weiß – festlegen, welche Werkzeuge sich daraus herstellen lassen. Zusammen mit großen Veränderungen des Klimas, der Umwelt sowie der Ressourcen überrascht es nicht, daß sich die Werkzeuginventare der Neandertaler in Raum und Zeit wandelten.

Aber selbst wenn – im Widerspruch zu Bordes – Neandertaler zumindest in Grenzen ihre Werkzeuge den veränderten Bedingungen anpassen konnten, war die Moustérien-Technik im Vergleich zur Technologie des folgenden Jungpaläolothikums verhältnismäßig unkompliziert. Die Geräteproduktion war ziemlich einfach. Die meisten Werkzeuge hat man aus dem gerade zur Verfügung stehenden Gestein hergestellt – ob dieses nun gut oder schlecht geeignet war. Zweifellos erkannten Neandertaler gute Rohmaterialien, da sie regelmäßig Werkzeuge aus hervorragendem Material, das nur in großer Entfernung vom Wohnort zu finden war, nachschärften, um die Funktion der Arbeitskanten zu erhalten. Im Gegensatz zu den darauffolgenden Jungpaläolithikern benutzten Neandertaler jedoch selten Knochen und andere häufige Ressourcen zur Werkzeugherstellung. Knochenbearbeitung fordert vom Handwerker eine hohe Materialkenntnis. Möglicherweise besaßen die Neandertaler – zumindest der Durchschnitts-Neandertaler – dieses Wissen nicht. Und obwohl sie diese Erkenntnisse vielleicht nicht eigenständig gewonnen haben, waren sie offensichtlich nichtsdestoweniger in der Lage, ihre Vorteile zu erkennen. Einige spätere Entwicklungsstufen der Moustérien-Tradition von weitverteilten Fundplätzen in Frankreich, Italien und Zentraleuropa sind auch als «Übergang» zum Jungpaläolithikum betrachtet worden. Deren typischste ist das Châtelperronien in Westfrankreich, eine nur kurz existierende Industrie, die am Ende des Mittelpaläolithikums (vor rund 36000 bis 32000 Jahren) auftrat, gefolgt von der Ankunft jungpaläolithischer Völker in Europa. An wenigen Fundstellen liegen zwischen Châtelperronien-Schichten solche des Aurignacien (frühestes Jungpaläolithikum), wahrscheinlich Hinweise auf ein erstes Eindringen moderner Menschen. François Bordes glaubte, daß das Châtelperronien von einer seiner Moustérien-Varianten abstamme. Dem widersprachen andere Forscher, da ein großer Anteil der Châtelperronien-Werkzeuge aus Klingen

10

Moustérien-Feuersteingeräte von verschiedenen Fundstellen in Frankreich.

Die Abbildungen zeigen eine Auswahl typischer Moustérien-Werkzeuge. Von links: zwei Kratzer aus Abschlagen, die Spitze eines Abschlags und zwei kleine Faustkeile

Fotos von Ian Tattersall

hergestellt war, die von zylindrischen Kernen stammten. Diese Neuerung brachten einwandernde jungpaläolithische Völker nach Europa. Man benutzte diese Klingenmethode aber gelegentlich auch im afrikanischen Mittelpaläolothikum.

Sorgfältige Studien haben Bordes Vorstellungen jedoch bestätigt. Grundsätzlich ähnelt das Châtelperronien dem Moustérien. Auch die Entdeckung des Grabes von Saint-Césaire hat zumindest die meisten Archäologen davon überzeugt, daß Neandertaler die Châtelperronien-Werkzeuge herstellten (vgl. Abb. 102). Warum aber dann dieser Technologie-Mix? Eine verführerische Vorstellung – die man weitgehend akzeptiert hat – ist die, daß die Neandertaler von einwandernden Jungpaläolithikern einige Bearbeitungsmethoden übernahmen. Steinbearbeitung ist da nicht das einzige Beispiel. Am berühmten französischen Fundort Arcy-sur-Cure fanden sich in einer Châtelperronien-Schicht zusammen mit aus Knochen geschnitzten Anhängern durchbohrte Tierzähne (Abb. 111). Wie die Klingenmethode waren derartige Objekte typisch für das Jungpaläolithikum. Sie fehlten offensichtlich im Moustérien, waren in diesem Fall – wie man glaubt – aber Produkte von Neandertalern. Befunde wie die von Arcy-sur-Cure weisen stark auf Kontakte zwischen Neandertalern des Châtelperronien und jungpaläolithischen Völkern hin. Die Art dieser Kontakte bleibt jedoch der Spekulation überlassen.

Ein ungewöhnlicher Aspekt der Neandertaler, der vermutlich mit ihrer Werkzeugtechnologie zu tun hat, ist die typische starke Abnutzung ihrer vorderen Zähne (Abb. 112 und vgl. Abb. 75 und 76). Selbst Jugendliche zeigen schon gewisse Abnutzungsspuren, die für moderne Menschen – einschließlich jungpaläolithischer Völker – untypisch sind. Heute finden sich derartig abgekaute Schneidezähne nur bei Völkern, die diese Zähne intensiv für die Bearbeitung von Häuten einsetzen, indem sie diese durchkauen. Ob sich der Zustand der Neandertaler-Zähne damit erklären läßt, ist noch unklar. Bis zum Beweis des Gegenteils scheint es aber die einleuchtendste Erklärung zu sein. Unter den gegebenen Klimabedingungen müssen Neandertaler irgendwelche Kleidung getragen haben, und Häute sind das naheliegendste Material (Abb. 113). Wir werden nie genau erfahren, wie diese Kleidung aussah, aber

111
Geschnitzter Knochenanhänger aus Arcy-sur-Cure, Frankreich.

Dies ist eines der sehr seltenen Schmuckstücke, die man in einem (sehr späten) Châtelperronien-Kontext fand.
Foto von Alexander Marshack.

die Annahme, daß man irgendwie Häute am Körper befestigte, scheint überzeugend. Selbst in der ausgehenden Neandertaler-Zeit war das Nähen, das sich später durch viele Knochennadeln mit Ösen nachweisen läßt, noch nicht erfunden worden.

 Symbolismus

Moderne Menschen leben durch Symbole – in der Kommunikation, in ihrer Ästhetik und ihrem eigenen Selbstverständnis sowie der Erklärung ihrer Welt. Es gibt eine Fülle von Hinweisen, daß die Menschen des Jungpaläolithikums ähnlich empfanden. Gibt es Gründe anzunehmen, daß auch die Neandertaler zumindest in Ansätzen den Symbolgebrauch kannten?

Bärenkulte und ähnliche bizarre Rituale wären sicherlich dafür qualifiziert gewesen, aber wie schon besprochen, hielten die Geschichten vom Drachenloch und anderer Fundstellen, wie z. B. der von Regourdou, einer kritischen Überprüfung nicht stand (Abb. 114). Das gleiche gilt für Blancs Vorstellungen vom Hirnverzehr in Monte Circeo. Abgesehen von Bestattungen finden wir in Moustérien-Siedlungen kaum etwas, das wir mit Ritualen in Verbindung bringen könnten. Gelegentlich entdeckte man an Moustérien-Fundstellen Knochen mit Schnittmarken, die absichtlich angebracht worden sein könnten. Ihre Verteilungsmuster scheinen aber (ähnlich denen auf einem Schneidebrett) weitgehend zufällig zu sein und weisen auf kein dahinterstehendes Symbolsystem hin. In wenigen Fällen fanden sich auf Moustérien-Stellen durchlochte Knochen und Zähne sowie in La Ferrassie ein Kalksteinblock mit einer Anzahl flacher, runder Vertiefungen. Aber auch hier läßt sich keine eindeutige Symbolik belegen. Erst kürzlich hat man zwar von dem 50 000 Jahre alten Moustérien-Fundort Quneitra auf den Golan-Höhen eine Platte mit eingravierten Bogenlinien beschrieben, deren Formgebung beabsichtigt erscheint. Das Stück läßt sich

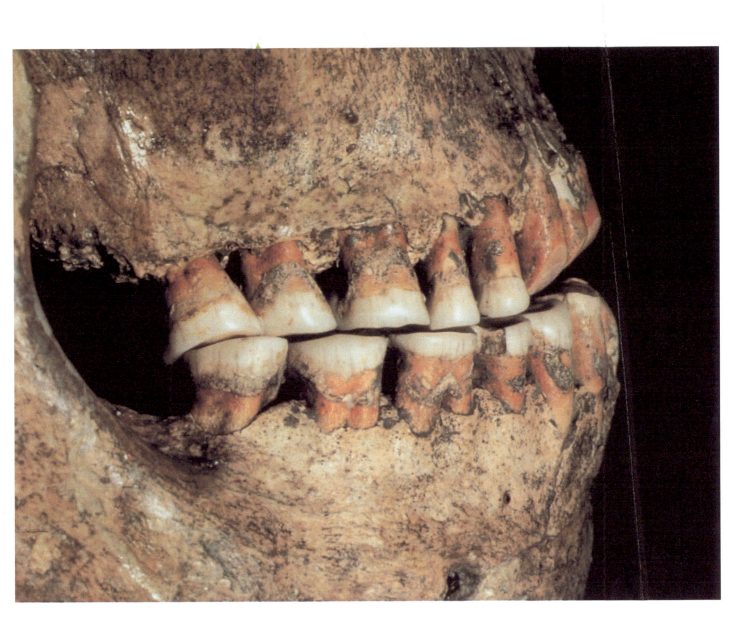

112
Seitenansicht der Vorderzähne von Individuum I aus Shanidar, Israel.

Die Neandertaler besitzen typischerweise stark abgenutzte Vorderzähne. Das bei diesem älteren Individuum aus Shanidar besonders deutlich zu erkennende Merkmal ist aber auch bei Jüngeren oft stark ausgeprägt.
Foto von Erik Trinkaus.

Rekonstruktion einer Neandertalerin.

Diese in einem Diorama des American Museums of Natural History ausgestellte Rekonstruktion zeigt eine junge erwachsene Frau, die ein Rohfell bearbeitet. Die abgenutzten Vorderzähne der Neandertaler deuten darauf hin, daß sie bei der Fellbearbeitung eingesetzt wurden. Auch Gebrauchsspuren an Moustérien-Steingeräten weisen auf Arbeiten an Leder hin.

Foto von Denis Finnin und Craig Chesek

jedoch derzeit keiner Menschenform zuordnen.

Schalengehäuse von Wirbellosen und gelegentlich auf Neandertaler-Wohnplätzen geborgene importierte Molluskenfossilien zeugen von einer gewissen Ästhetik oder sprechen zumindest für Neugier, da sie, außer einigen scharfkantigen Schalen funktionslos erscheinen. Ihr wirklicher Zweck läßt sich nur vermuten. Weitere Hinweise auf Symbole finden sich in Pigment- (Farbstoff) Ablagerungen – schwarzes Mangan, roter und gelber Ocker – auf einigen Moustérien-Fundplätzen. Vielleicht dienten sie zur Körperbemalung. Sie könnten aber auch nützlichen Zwecken wie dem Konservieren von Häuten gedient haben, was auf eine hochentwickelte Technologie hindeuten würde.

Auch die letzten Hinweise auf Symbolnutzung durch Neandertaler sind sehr dürftig. Sie stammen von den vermuteten Anzeichen eines Kannibalismus oder genauer gesagt, vom Entfleischen der Körper. (Die Neandertaler waren nicht die ersten, die Artgenossen entfleischten. Auch der *Homo heidelbergensis*-Schädel aus Bodo scheint entfleischt worden zu sein.) Kannibalismus, wie man ihn früher vermutet hat, ist – wie wir schon sahen – unwahrscheinlich und auch sehr schwer nachweisbar. Schnittspuren an Menschenknochen können dagegen zeigen, daß man einen Toten absichtlich entfleischt hat. Bei modernen Menschen geschah dies zu anderen als zu kannibalistischen Zwecken. Am häufigsten trat es im Zusammenhang mit Sekundärbestattungen auf, bei denen man vor einer erneuten Bestattung die Knochen säuberte. Derartige Praktiken sind eindeutige Hinweise auf komplexe Glaubensvorstellungen. Welche Vorstellungen die Neandertaler auch immer hatten, Entfleischen läßt sich bei ihnen nur selten nachweisen, zumindest viel seltener als

Unterkiefer eines Neandertalers aus Regourdou, Frankreich.

Der wahrscheinlich rund 70 000 Jahre alte Unterkiefer besitzt eine der am besten erhaltenen Neandertaler-Bezahnungen Er stammt von einer Fundstelle, bei der man über Nachweise eines vermutlich fiktiven «Bärenkultes» berichtet hat

Foto von Alain Roussot

Bestattungen. Eine neuere Übersicht belegt, daß diese Praxis nur von drei oder vier Fundstellen aus Europa eindeutig belegt ist. An all diesen Orten weisen die menschlichen Knochen Muster von Schnittspuren auf, die sich von denjenigen an Tierknochen, deren Fleisch vermutlich verspeist wurde, unterscheiden könnten. Sollte sich dies bestätigen lassen, hätte man das Entfleischen mit anderem Ziel durchgeführt. Eine klare Antwort – falls man sie je erhalten wird – setzt noch viel Forschung voraus. Die kargen Hinweise deuten jedoch zumindest komplexes Verhalten an.

Bestattungsnachweise

Man hat lange lautstark diskutiert, ob Neandertaler ihre Toten bestatteten. Obgleich einige Fachleute leugneten, daß dies je geschah, sind Bestattungen in Einzelfällen belegt. Es wäre jedoch voreilig anzunehmen, daß sie bei ihnen die gleiche symbolische Bedeutung wie bei uns hatten, wie z. B. die Vorstellung eines Lebens nach dem Tod. Sie könnten genauso gut zum Ziel gehabt haben, Körper, die sonst den Wohn- und Lebensraum belastet und Hyänen angezogen hätten, zu beseitigen. Setzen wir voraus, daß die Neandertaler die Welt anders als moderne Menschen sahen und interpretierten, könnten Bestattungen für sie eine Bedeutung gehabt haben, die wir uns aus moderner Sicht nicht vozustellen vermögen.

Was immer sie auch damit bezweckten – Neandertaler führten Bestattungen durch. So fand man den «Alten Mann» von La Chapelle-aux-Saints in einer Grube, deren Füllung sich farblich eindeutig vom umgebenden Sediment unterschied. Eine Reihe von Gräbern in La Ferrassie war mit Absicht angelegt. Weitere Neandertaler-Gräber in Frankreich sind gut belegt. Das gleiche gilt für den Nahen Osten, wie z. B. die Gräber von Amud, Tabun und Kebara in Israel, wie auch für Shanidar im Irak (vgl. Abb. 59, 63, 70, 75, 76, 77, 81, 82, 100 und 101). Auch

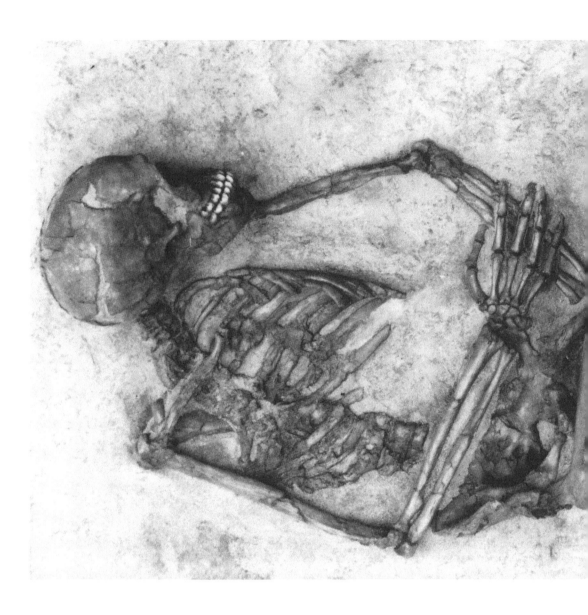

115

Doppelgrab von Jebel Qafzeh, Israel.

An dieser Fundstelle beerdigte man vor über 90 000 Jahren eine junge Frau und zu ihren Füßen ein Kind, das vielleicht das ihre war. Die Verstorbenen waren Homo sapiens-Vertreter, und die Sorgfalt des Begräbnisses steht in starkem Gegensatz zu den eher flüchtigen Bestattungen der Neandertaler (vgl. Abb. 74, S. 105).
Foto mit freundlicher Genehmigung von Bernard Vandermeersch

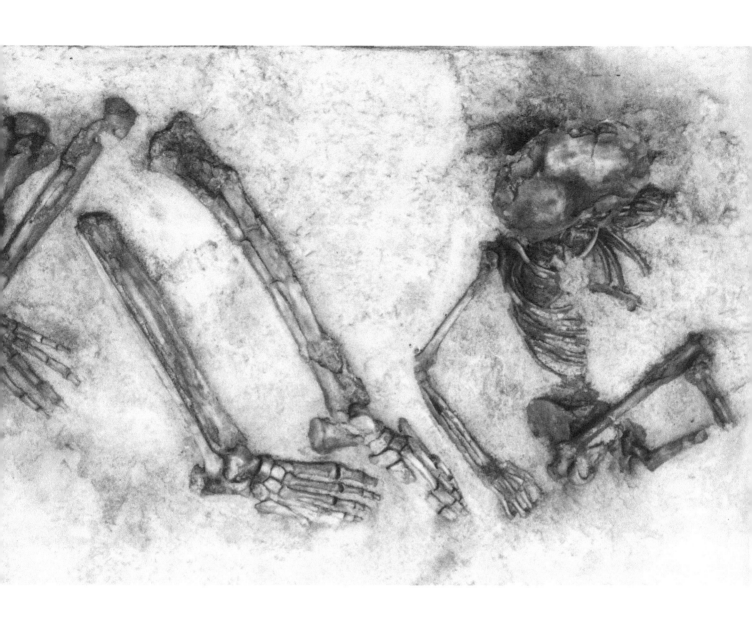

der Jugendliche von Teshik-Tash in Usbekistan wurde offensichtlich zusammen mit Hörnern von einem Steinbock in der Nähe einer Feuerstelle begraben (vgl. Abb. 142 und 143).

Der große Unterschied zwischen Gräbern der Neandertaler und denjenigen der späteren Jungpaläolithiker findet sich in den Grabbeigaben. Jungpaläolithische Gräber waren häufig sehr komplex mit reichgeschmückten Toten und zahlreichen Grabbeigaben. Entsprechend gedeutete Gegenstände in Moustérien-Gräbern waren dagegen meist alltägliche Gegenstände wie Steinwerkzeuge und einzelne Tierknochen. Diese könnten als Ausrüstung und zur Versorgung im späteren Leben gemeint gewesen sein, es wäre aber auch denkbar, daß sie als allgegenwärtige Gegenstände des Wohnraumes eher zufällig mit in das Grab gelangten. Es gibt nur wenige Dinge in Moustérien-Gräbern, deren Deutung als «Grabbeigabe» einer kritischen Analyse standhält. Der berühmteste vermeintliche Fall ist derjenige des Shanidar-«Blumenbegräbnisses». Auch hier ist möglich, daß die Pollen von Frühlingsblumen nachträglich durch die Tätigkeit von bodengrabenden Nagetieren eingetragen wurden und nicht zum ursprünglichen Grab gehörten.

Die eindeutigsten Moustérien-Grabbeigaben stammen aus Bestattungen, die nicht von Neandertalern, sondern von modernen Menschen stammen (Qafzeh und Skhul) (Abb. 115). In diesen Fällen fanden sich Tierreste, die sicher gezielt abgelegt worden waren, zusammen mit Menschenskeletten. So war z. B. der Unterkiefer eines Wildschweines in Skhul von der Hand des Toten umschlossen. Hier wird ein weiterer Unterschied zwischen Neandertalern und modernen Menschen offensichtlich, obwohl beide in der Levante dem Moustérien angehörten. Trotzdem bestehen keine Zweifel daran, daß Neandertaler von Zeit zu Zeit einfache Bestattungen durchführten. Soweit wir wissen, hat das keine frühere Menschenform gemacht. Warum Neandertaler nur gelegentlich ihre Toten begruben, in den meisten Fällen die Leichen sich selbst überließen und vielleicht in seltenen Fällen die Toten entfleischten, um das Fleisch zu verzehren oder um sie ein zweites Mal zu bestatten, bleibt ein Geheimnis.

Konnten Neandertaler sprechen?

Unser Bild der Welt ist in unserer Sprache festgehalten. Sprache strukturiert unsere Gedankenmuster und bestimmt Lernen und Kommunikation in einem solchen Maß, daß wir uns eine Menschheit ohne Sprache kaum vorstellen können. Die Neandertaler waren uns zeitlich so nahe und so ähnlich, daß sie ein ausgefeiltes Kommunikationssystem mit Lauten, Gesten oder dergleichen benutzt haben müssen. Besaßen sie aber auch eine artikulierte Sprache mit einem komplexen Syntax-System, Grammatik und Objektbezeichnungen, die eine hohe Kapazität an Denken in Symbolen erfordert und ermöglicht? Diese Frage ist aufgrund der beschränkten fossilen und archäologischen Befunde sehr schwer zu beantworten. Viele haben jedoch vermutet, daß Sprache so stark mit unserem komplizierten und oft unergründlichen Verhalten verknüpft ist, daß es ihnen unwahrscheinlich erscheint, daß Neandertaler, die sich eindeutig anders als wir verhielten, eine Sprache wie wir besaßen. Umgekehrt ist es sehr unwahrscheinlich, daß die Fähigkeit der Symbolbildung, d. h. die Grundlage der Sprache, die wir im Jungpaläolithikum finden, sich bei den Neandertalern nicht auch in einigen Merkmalen ausgedrückt hätte.

Sprache ist eine Hirnfunktion. Jüngere Studien haben aber gezeigt, daß wir die Sprachfähigkeit nicht aus den äußeren Hirnstrukturen ablesen können, die im Fossilbestand leider das einzige greifbare Merkmal darstellen. Die reine Gehirngröße ermöglicht noch nicht einmal Wahrscheinlichkeitsangaben. Die Sprachfähigkeit hängt aber nicht nur vom neuralen Apparat ab, sondern setzt auch periphere Strukturen zur Tonerzeugung voraus. Ed Crelin, ein Anatom aus Yale und der Linguistiker Phillip Lieberman von der Brown University leisteten in den frühen siebziger Jahren Pionierarbeit, als sie einen methodisch völlig neuen Ansatz für die Untersuchung der Sprachfähigkeit an menschlichen Fossilien entwickelten. Sie stellten zunächst fest, daß Sprache in den Weichteilen des Stimmapparates erzeugt wird, der nicht fossil überliefert wird. Seine obere Begrenzung (die Schädelunterseite) ist jedoch manchmal erhalten.

Auf der Grundlage des La Chapelle-Schädels (der von Marcellin Boule rekonstruiert worden war) erstellte Crelin ein Modell des oberen Stimmapparates des Neandertalers, und Lieberman analysierte dann, welche Töne er produzieren konnte (vgl. Abb. 63). Nach seiner Analyse waren Neandertaler nicht in der Lage, drei der grundlegenden Vokale ([a], [i] und [u]), die in der Sprache moderner Menschen vorkommen, zu produzieren. In späteren Jahren hat Jeffrey Laitman von der Mount Sinai-School of Medicine in New York die Methode erweitert und verfeinert, ähnliche Rekonstruktionen von verschiedenen ausgestorbenen Hominiden hergestellt und mit Stimmapparaten anderer Säuger verglichen. Er stellte fest, daß die Schädelbasis von *Australopithecus* – wie offensichtlich bei allen anderen Säugern – flach ist. Bei *Homo ergaster* dagegen ist sie leicht nach unten gebogen, beim *Homo heidelbergensis* aus Kabwe sogar noch stärker. Die größte Beugung tritt bei *Homo sapiens* auf, wobei der Säugling jedoch zunächst die flache Form aufweist; die Krümmung entwickelt sich während der ersten Lebensjahre.

Diese Veränderung der Schädelbasis ist die Folge einer Umformung der oberen Atemwege. Im primitiven Zustand liegt der Kehlkopf mit dem Stimmapparat hoch im Schlund und ist mit der Mundhöhle durch einen kurzen Rachenraum (Pharynx) verbunden. Bei erwachsenen modernen Menschen liegt der Kehlkopf dagegen tief im Schlund, so daß der darüber liegende Rachenraum länger ist. Dieser lange, gebogene Rachenraum spiegelt sich in der Krümmung der Schädelbasis wider. Die Schlundmuskulatur kann ihn verformen und so die in ihm erzeugten Schwingungen der Luftsäule verändern. Ohne diesen langen Pharynx lassen sich nicht alle für eine artikulierte Sprache notwendigen Töne erzeugen. Die Vorteile des langen Rachenraumes sind offensichtlich; der Nachteil ist, daß

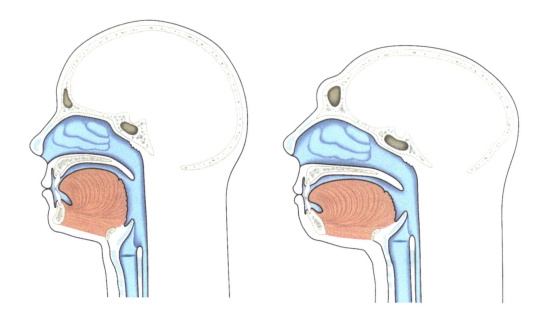

116
Vergleich der Atemwege eines Neandertalers (rechts) mit denen eines modernen Menschen.

Der Sagittalschnitt durch Kopf und Hals eines modernen Menschen und eines Neandertalers (rekonstruiert) zeigt die Bauunterschiede im Lautbildungsapparat der beiden Arten. Beachten Sie den langen Gaumen und die Zunge des Neandertalers sowie die hohere Lage des Kehlkopfes
Zeichnung von Diana Salles nach Skizzen von Jeffrey Laitman

gleichzeitiges Atmen und Schlucken (wie für Neugeborene notwendig) nicht mehr möglich ist und man sich lebensgefährlich verschlucken kann.

Betrachtet man zusätzlich den evolutiven Trend der Humanevolution hin zu einer stark gekrümmten Schädelbasis, d. h. zu einem Stimmapparat für artikulierte Sprache, könnte der westeuropäische klassische Neandertaler eine Ausnahme darstellen. Selbst als Laitman eine jüngere Rekonstruktion der rund 50 000 Jahre alten Schädelbasis von La Chapelle zugrunde legte, die stärker gekrümmt ist als die ursprüngliche Version von Boule, stellte er fest, daß dieses Exemplar weniger stark gekrümmt war als der (wahrscheinlich mindestens 200 000 Jahre ältere) Kabwe-Schädel. Der Trend hatte sich offensichtlich umgekehrt (Abb. 116).

Da die früheren (rund 120 000 Jahre alten) Neandertaler von Saccopastore jedoch eindeutiger gekrümmte Schädelbasen aufweisen, sind ausführlichere Studien nötig (vgl. Abb. 97 und 98). Wieso besitzt der La Chapelle-Schädel diese seltsame Form? Womöglich stellte der hohe Kehlkopf eine sekundäre Spezialisierung dar, eine Möglichkeit, die kalte, trockene Luft der letzten Eiszeit zu erwärmen und zu befeuchten, um die empfindlichen Lungen zu schützen. Mit diesem Vorteil hat man schon das vorspringende Gesicht und die vergrößerte Nasenöffnung zu erklären versucht (obwohl diese Merkmale schon in der letzten Zwischeneiszeit, d.h. vor dem Eintritt extremer Kälte vorlagen). Die Abweichung vom Trend besteht weiter. Eine Hoffnung auf die Lösung des Problems blieb – man mußte ein Neanderta-

**7
Neandertaler-Zungenbein aus Kebara, Israel.**

Die Entdeckung dieses Knochens löste eine langanhaltende intensive Debatte über die Sprachfähigkeit der Neandertaler aus. Die erhaltenen knöchernen Teile sehen sehr modern aus, ein Großteil der Struktur war jedoch knorpelig angelegt und ist daher nicht erhalten.

Foto mit freundlicher Genehmigung von Yoel Rak.

ler-Zungenbein finden. Dieser frei in der Muskulatur sitzende Knochen ist Ansatzpunkt für eine Reihe von Kehlmuskeln. Es bestand die Hoffnung, daß die Struktur dieses Knochens weitere Hinweise auf die Sprachfähigkeit des Neandertalers geben könnte. Die Entdeckung eines Zungenbeins in Kebara löste jedoch nur eine hitzige Diskussion über seine Bedeutung aus (Abb. 117). Das Problem besteht darin, daß die Morphologie des Kebara-Zungenbeins einerseits sehr modern ist, dieser Knochen andererseits nur Teil einer übergeordneten Struktur ist. Wie die knorpeligen Strukturen aussahen, bleibt unbekannt. So sind alle Möglichkeiten offen, und momentan sind die Debatten, ob das Kebara-Zungenbein Teil eines modernen oder eines archaischen Atmungstraktes waren, weit von jeder Lösung entfernt.

Was läßt sich also über die Kommunikation der Neandertaler sagen? Wir können keine endgültigen Aussagen machen. Zwei wenn auch subjektive Schlußfolgerungen sind jedoch möglich. Zum einen die, daß Neandertaler eine ziemlich hoch entwickelte Kommunikationsform – die zumindest weitgehend vokal war – besessen haben müssen. Die einzige Anforderung an eine solche Kommunikation wäre die Übereinstimmung mit ihrer Lebensweise gewesen, die jedoch – wie man berechtigt vermuten kann – nicht eine artikulierte Sprache wie unsere erfordert hat. Damit kommen wir zum zweiten Schluß: Neandertaler kommunizierten sicher nicht genau wie wir. Um ein schon vorgebrachtes Argument aufzugreifen: Es wäre wahrscheinlich, daß ein Wesen mit der Fähigkeit zu moderner artikulierter Sprache an archäologischen Fundstellen mehr Hinweise auf komplexe Lebensweisen hinterlassen hätte. Sicherlich besaßen die frühen modernen Menschen von Skhul und Qafzeh die physischen Anlagen für artikulierte Sprache, ihre Technologie bleibt jedoch streng Moustérien, und ihre Wohnplätze weisen nichts von dem Materialreichtum auf, der für das Jungpaläolithikum charakteristisch ist, dessen Menschen zweifellos sprachfähig waren. Was diese offensichtlichen Widersprüche letztlich besagen, bleibt am Ende unklar. Sie könnten bedeuten, daß theoretische Möglichkeit und Realisierung zweierlei Dinge sind. Im Falle der Neandertaler befinden wir uns aber wahrscheinlich auf sicherem Boden, wenn wir uns als vergleichbares Modell für ihr Verhalten ausschließen – sowohl was die Kommunikation als auch andere Bereiche betrifft.

Der Ursprung des modernen Menschen

Im letzten Kapitel habe ich besonders darauf hingewiesen, daß das Jungpaläolithikum viel reichere archäologische Befunde liefert als das Mittelpaläolithikum. Das Jungpaläolithikum ist sicher das Werk vollkommen moderner Menschen. Stellt man es dem Moustérien gegenüber, werden die Errungenschaften und die Beschränkungen der Neandertaler offensichtlich – umgekehrt können wir uns an unseren nächsten, gut untersuchten Verwandten messen. Ein solcher Vergleich ist das Hauptziel dieses kurzen Kapitels. Lassen Sie uns aber zunächst die biologischen Nachweise unseres Ursprunges zusammenfassen.

Die Evolution des *Homo sapiens*

Ich habe weiter oben die konkurrierenden Modelle zum Ursprung des modernen Menschen vorgestellt. Eines ist das der «Multiregionalen Kontinuität», das weder durch überzeugende Fossilfunde noch durch die Evolutionstheorie gestützt wird. Wenn neue Arten aus geographisch isolierten Teilpopulationen ihrer Vorfahren entstehen, sollten wir erwarten, daß ihre Evolution in bestimmten, wahrscheinlich kleinen Räumen ablief. Wo sollen wir nach unseren Ursprüngen suchen? Die führende Alternative zum Multiregionalen Modell der Entstehung des modernen Menschen ist das «Out of Africa»-Szenario, welches den Entstehungsort nicht im einzelnen festschreibt, aber zumindest auf einen Kontinent beschränkt. Die «Out of Africa-Hypothese» wird – trotz der Diskussionen der letzten Zeit – durch die mtDNA-Untersuchungen gestützt. Der Hauptgrund für die Annahme, daß der moderne Mensch in Afrika entstand, ist einfach der, daß die frühesten Fossilnachweise von hier stammen. Die Levante (die man wegen der Faunenähnlichkeit auch als Teil Afrikas betrachten kann) steht an zweiter Stelle.

Moderne Menschen unterscheiden sich physisch in mehrerer Hinsicht von Neandertalern und anderen archaischen Menschen. (Natürlich müssen alle für *Homo sapiens* vorgeschlagenen Definitionen noch verfeinert werden, und das Problem, daß Arten über sexuelle Isolationsmechanismen und nicht über die Morphologie definiert werden, läßt sich nicht umgehen.) Alle modernen Menschen besitzen im Gegensatz zu den Neandertalern einen kurzen, hohen Hirnschädel, der im Hinterkopfbereich mehr oder weniger stark gerundet ist und dessen größte Breite hoch liegt. Unser Gesicht ist schmal und liegt unter dem vorderen Gehirnschädel und seiner recht steilen Stirn. Selten besitzen wir Strukturen, welche die Bezeichnung Überaugenwülste verdienen. Haben wir derartige Wülste, sind sie klein mit zwei getrennten Vorsprüngen, die seitlich flach auslaufen. Unser Unterkiefer ist kurz und besitzt ein Kinn. Bemerkenswerterweise fehlt unserem Skelett die Robustheit aller früheren Menschenformen (wobei frühe moderne Menschen noch robuster waren als jüngere Vertreter). Zu den ältesten Menschenresten, die zu dieser Beschreibung passen, gehören di

118

Fundstellen 1 und 2 von der Klasies River-Mündung, Südafrika.

Die Fundstellen aus dem nach der afrikanischen Terminologie genannten «Middle Stone Age» an der Mündung des Klasies River liegen unter dem großen Hohleneingang in der Klippe in der Mitte des Bildes. Einige Schichten datierte man auf ein Alter von rund 120 000 Jahren.

Foto von Willard Whitson

Stücke von einer Fundstelle nahe der Südspitze Afrikas in der Nähe der Mündung des Klasies-River (Abb. 118). Die wiederum ältesten dieser Fossilien datiert man auf ein Alter von gut über 100 000 Jahren, möglicherweise 120 000 Jahren. Leider sind alle fragmentarisch (der gegenwärtige Ausgräber der Höhle, Hilary Deacon von der Universität von Stellenbosch glaubt, daß es sich um Überreste einer wirklichen Kannibalen-Mahlzeit handelt) (Abb. 119). Obwohl die Fossilien in der Robustheit manchmal variieren, wird nur der verstockteste Vertreter des Standpunktes der «Multiregionalen Kontinuität» bezweifeln, daß es sich hierbei um Reste von *Homo sapiens* handelt. Die begleitenden Steingeräte sind mittelpaläolithisch. Deacon glaubt jedoch, daß er an der Fundstelle Hinweise auf räumlich differenzierte Nutzung nachweisen kann, wie sie für das Jungpaläolithikum typisch ist. Interessanterweise taucht in jüngeren Schichten in Klasies (die trotzdem mit 70 000 Jahren sehr alt sind) eine Industrie (Howiesons Poort) auf, die viel mit späteren Kulturen gemein hat (z. B. viele Klingengeräte aus importiertem Rohstoff). Sie wird danach aber für Jahrtausende wieder vom Mittelpaläolithikum überdeckt.

Weiter im Norden, an Südafrikas Grenze zu Swaziland, lieferte der mittelpaläolithische Platz Border Cave vollständigere Überreste von zweifelsfrei modernen Menschen (Abb. 120). Sie sind mindestens 70 000 Jahre alt, vielleicht sogar älter. Frühe ungenaue Grabungstechniken ließen eine genauere Datierung nicht zu. Ein mittelpaläolithischer Schädel aus Laetoli in Tansania läßt sich genauer datieren, er ist 120 000 Jahre alt. Dieses Exemplar sieht im einzelnen nicht besonders modern aus und gehörte wahr-

119

Fragmente eines Menschenschädels von der Mündung des Klasies River, Südafrika.

Die Menschenfossilien von Klasies, von denen einige rund 120 000 Jahre alt sind, erscheinen bei aller Robustheit recht modern. Brand- und Bruchspuren führten zu der Vermutung, diese Knochen seien Hinweise auf kannibalistische Aktivitäten.

Foto mit freundlicher Genehmigung des South African Museums

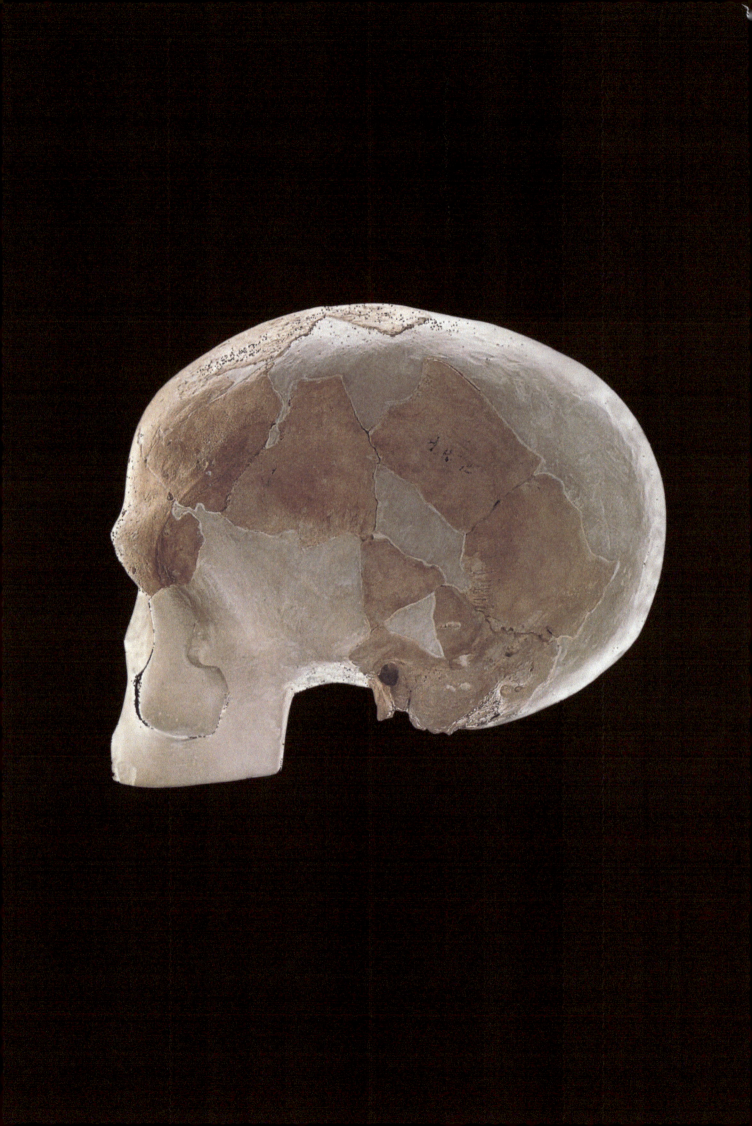

20 *(Seite 176)*

Rekonstruktion des Border Cave 1-Schädels, Südafrika.

Die an der Grenze von Südafrika und Swaziland gelegene Border Cave-Fundstelle lieferte Menschenfossilien mit deutlich modernen Merkmalen. Die Fossilien sind über 70 000 Jahre alt (einige vielleicht älter). Schlechte Ausgrabungsbedingungen machen die Datierung jedoch unsicher.

Foto von Gerald Newlands

1

Schädel LH 18 aus Laetoli, Tansania.

Die Ngaloba-Schichten in der oberen stratigraphischen Abfolge aus Laetoli lieferten diese Teile eines Schädels (rund 120 000 Jahre alt). Er scheint eine afrikanische Menschengruppe zu repräsentieren, die eine ähnliche Rolle wie die Neandertaler in Europa und im Vorderen Orient spielte.

Foto mit freundlicher Genehmigung von Michael Day

2

Rekonstruierter Omo I-Schädel aus der Kibish-Formation, Äthiopien.

Der rund 130 000 Jahre alte Schädel ist vollständig genug, um ihn als völlig modern einzuordnen. Einige Zweifel an der Datierung bleiben jedoch bestehen.

Foto mit freundlicher Genehmigung von Michael Day.

scheinlich zu einer archaischen (und morphologisch weniger spezialisierten) Population, die in Afrika ein Äquivalent zum Neandertaler in Europa und Asien darstellte (Abb. 121). Noch weiter im Norden, am Omo-River in Äthiopien, fanden sich zwei Schädel, die womöglich beide 125 000 Jahre alt sind. Einer von ihnen wirkt sehr archaisch – flach, mit Überaugenwülsten und gewinkeltem Hinterhaupt –, der andere völlig modern (Abb. 122). Wir können diese Übersicht über die wichtigen, jüngeren Menschenfossilien aus Afrika mit der Erwähnung zweier Schädel und einiger Fragmente aus Jebel Irhoud in Marokko beschließen, die man jüngst mit der ESR-Methode auf ein Alter von mehr als – vielleicht viel mehr als – 106 000 Jahren datiert hat. Der Schädel des vollständiger erhaltenen Exemplares ist ein wenig flach und das Gesicht ziemlich groß mit eindeutigen Augenwülsten. Das Individuum wirkt andererseits modern und wurde als möglicher Vorfahr des modernen Menschen betrachtet. Die Jebel Irhoud-Vertreter besitzen keine Ähnlichkeiten mit den Neandertalern, sie sollen jedoch von einer Levallois-Moustérien-Industrie begleitet gewesen sein. Der zweite Schädel sieht von vorne recht modern aus, von hinten jedoch nicht.

Insgesamt legen die afrikanischen Fossilien nahe, daß irgendwo auf diesem riesigen Kontinent vor vielleicht 120 000 Jahren völlig moderne Menschen entstanden sind (wo genau bleibt noch Spekulation). Sie wurden – ähnlich wie die Neandertaler in Europa und im Nahen Osten – einige Zeit von archaischen Formen begleitet. Wenn der Fossil-

123
Die «Walls of China» am Lake Mungo, Australien.

Die einen ausgetrockneten See umgebenden Sanddünen lieferten leicht gebaute *Homo sapiens*-Fossilien (Überreste von Bestattungen), die man auf ein Alter von rund 26 000 Jahren datierte
Foto von Dragi Markovic, mit freundlicher Genehmigung von Alan Thorne

bestand sich verdichtet, können wir ein deutlicheres Bild der Identitäten und der Interaktionen der Menschenarten dieser Zeit in Afrika zeichnen. Unterstützung erhält die «Out of Africa»-Vorstellung auch aus den archäologischen Befunden. In Afrika entstanden die frühen Entwicklungen der Steinbearbeitungsmethoden, die später das Jungpaläolithikum Europas und des Nahen Ostens charakterisierten. Funde aus Zaire sprechen dafür (obwohl überaus kontrovers diskutiert), daß dort schon vor 60 000 bis 80 000 Jahren eine hochentwickelte Knochengeräte-Industrie existierte, und Perlen aus Straußeneierschalen im Rift Valley in Kenia belegen, daß sich Menschen hier schon vor 40 000 Jahren ganz modern verhielten.

Geographisch gesehen ist Afrika der logisch überzeugendste Ursprung der frühen Modernen der Levante. Und obwohl das Fehlen von Belegen kein Beleg für ihr Fehlen ist, muß man betonen, daß der afrikanische Fossilbestand – so arm er auch ist – im Vergleich zu dem im Nahen Osten – dem zweiten möglichen Entstehungsraum –

unvergleichlich viel reichhaltiger ist. Keine Fossilien vom Nahen Osten bis zur östlichen Levante weisen auf moderne Menschentypen hin, während die frühesten ostasiatischen Fossilien moderner Menschen viel jünger sind als diejenigen der Levante. Interessanterweise sieht es heute jedoch so aus, daß Australien vor ungefähr 60 000 Jahren von Menschen besiedelt wurde, deren Verhalten man aufgrund ihrer handwerklichen und navigatorischen Leistungen, wie sie die Überquerung einer mindestens 90 Kilometer breiten Meeresstraße erfordern, als modern ansehen muß (Abb. 123).

 Die frühesten modernen Europäer
Vollständig moderne Menschen erreichten Europa aus Gründen, die man bis jetzt nicht einmal in Ansätzen versteht, ziemlich spät. Es kann aber wichtig sein, daß das früheste Vordringen nach Europa zeitlich unmittelbar auf die Entwicklung der frühesten jungpaläolithischen Kulturen vor rund 45 000 bis 47 000 Jahren in der Levante folgte. War dies der Fall, könnte das Vordringen des *Homo sapiens* nach Euro-

pa, während sich der Höhepunkt der letzten Eiszeit näherte, eine Folge der technologischen Entwicklung des Jungpaläolithikums sein. Vielleicht waren die Neandertaler – von jeher kälterem Klima als dem der Levante ausgesetzt und daher biologisch besser an Kälte angepaßt – den körperlich modernen, aber technisch rückständigen *Homo sapiens*-Vertretern in ihrem nordwestlichen Rückzugsgebiet so lange überlegen, bis technologische Neuerungen den modernen Menschen befähigten einzuwandern. Daß die frühesten *Homo sapiens*-Nachweise in Europa von verschiedenen Enden des Subkontinents stammen, belegt, daß die Besiedlung Europas, nachdem sie erst einmal angelaufen war, schnell verlief. Fundorte in Bulgarien und Spanien ließen sich auf ein Alter von rund 40 000 Jahren datieren, sie sind damit älter als alle dazwischen liegenden Fundstellen (vgl. Abb. 139). Die traditionelle Vorstellung ist, daß die Modernen von Osten nach Europa einwanderten und nach Westen vordrangen. Doch die frühe spanische Datierung zwingt uns zum Überdenken dieser Theorie. Vielleicht besiedelten die modernen Völker Europa in einer Zangenbewegung über einen östlichen und einen westlichen Weg, vielleicht sogar über noch mehr Routen. Die Fundlage erlaubt momentan nichts anderes als Spekulationen. Dies besonders, da nicht bekannt ist, wo das Aurignacien, die erste Kultur des europäischen Jungpaläolithikums, entstand.

Obwohl in gewisser Weise Spätankömmlinge (vor 34 000 bis 10 000 Jahren), hinterließen uns diese frühen modernen Menschen (nach ihrem ersten Fundplatz auch als Cro-Magnon-Leute bezeichnet) eine in der ganzen Welt einzigartige Fülle von Nachweisen ihrer Kultur und der technischen Neuerungen des späten Eiszeitalters (vgl. Abb. 59, S. 85). Da diese jungpaläolithischen Völker gleichzeitig dieselben Gebiete mit demselben harten Klima bewohnten wie die Neandertaler, lassen sie sich direkt mit ihnen vergleichen. Der Rest dieses Kapitels stellt solch einen kurzen Vergleich dar.

Das Jungpaläolithikum

Daß eine Folge von vier größeren Kulturperioden das Jungpaläolithikum unterteilt, habe ich schon erwähnt (vgl. Abb. 23, S. 35). Die erste ist das Aurignacien, das vor rund 40 000 Jahren beginnt und bis vor rund 28 000 Jahren andauert (wie immer treten die jungpaläolithischen Kulturen in verschiedenen Gebieten zu unterschiedlichen Zeiten auf). Für das Aurignacien ist ein Werkzeuginventar mit vielen sorgfältig hergestellten Klingen typisch, d. h. langen, schmalen Abschlägen, die man als Rohform von zylindrischen Kernen in größerer Zahl abtrennte. Aus den Grundformen stellte man durch Retuschieren eine Vielzahl von Spezialwerkzeugen her. Hierzu gehören typische Beispiele wie Klingenkratzer (Klingen, bei denen ein oder beide Enden durch Druckretusche mit einem Geweih- oder Knochenretuscheur eine konvexe Kratzerkante erhielten) und Stichel (Abb. 124). Auch schlanke Knochenspitzen mit gegabelter Basis sind für Aurignacien-Inventare typisch. Das Aurignacien war durch einen Ausbruch an Kreativität gekennzeichnet. Kunst, Verzierungen an Ob-

4
urignacien-Werkzeuge.

n Anfang an stellte man Aurignacien-
erkzeuge nicht nur aus Steinen her Hier
d einige Gerate und andere Objekte
gebildet, die aus Geweih, Knochen und
uerstein bestehen Die meisten Knochen
mmen von der Fundstelle Laussel, Frank-
ch

to von Alain Roussot

jekten, Symbolismus, individueller Schmuck, Zeichensysteme und Musik (in Form von Flöten und Schwirrhölzern) tauchten unter den archäologischen Funden des französisch-deutschen Gebietes erstmals im frühen Aurignacien auf (Hinweise auf ähnliche, aber noch ältere künstlerische Betätigung lieferten kürzlich Funde aus Australien und Afrika).

Dem Aurignacien folgte die Gravettien-Industrie vor 28000 bis 22000 Jahren. Das Gravettien ist durch kleinere, schmalere Klingen charakterisiert, die oft angespitzt und rückenretuschiert sind (entlang einer Kante, sogenannte Gravettespitzen), zusammen mit zugespitzten Knochennadeln und ausgesplitterten Stücken. Früh im Gravettien finden sich auch die ersten feinen Knochennadeln mit Öhr (Abb. 125). Derartige Industrien hielten sich in weiten Bereichen Europas länger als in Südwestfrankreich und Spanien. Hier tauchte in der Zeit vor 22000 Jahren eine eigenständige blühende Kultur auf – das Solutréen, dessen Industrie durch ovale, überraschend kunstvoll hergestellte Lorbeerblatt-Spitzen gekennzeichnet war. Einige davon waren so sorgfältig und dünn gearbeitet, daß man sich kaum vorstellen kann, sie seien praktisch eingesetzt worden (Abb. 126). Schließlich begann vor 18000

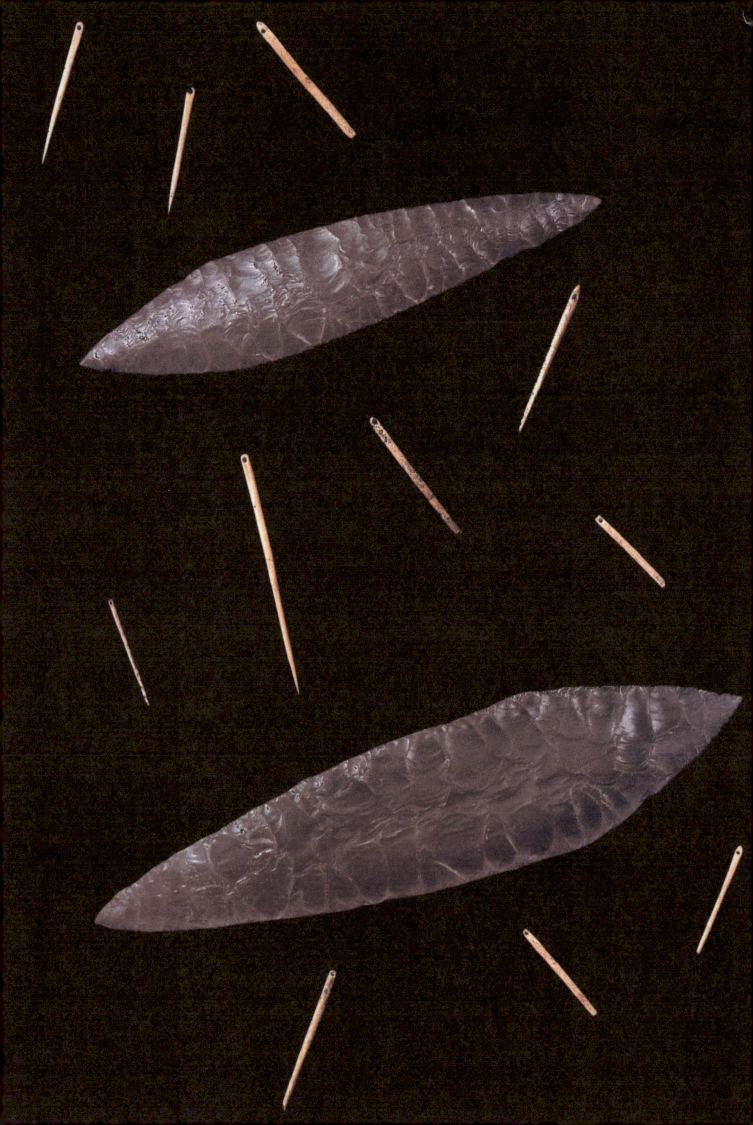

125 links

Lorbeerblattspitzen des Solutréen aus Volgu, Frankreich.

Die bewundernswert fein gearbeiteten Feuersteingeräte des Solutréen, wie die großen Stücke links, sind Meisterleistungen der Steinbearbeitung. Viele dieser Werkzeuge waren so fein, daß sie nicht für praktische Zwecke einsetzbar waren. Das größere Exemplar ist 30 cm lang.
Foto von Peter Siegel, Nachdruck aus The Human Odyssey von Ian Tattersall (Prentice Hall, 1993)

126 links

Knochennadeln von Laugerie Haute, Frankreich.

Die ältesten Nadeln mit Öhr erscheinen auf zentraleuropäischen Fundstellen vor rund 26 000 Jahren. Sie belegen das Vorkommen sorgfältig gearbeiteter Kleidung. Diese zwischen 2,5 und 5 cm langen Nadeln stammen aus dem Magdalénien.
Foto von Alain Roussot

127

Magdalénien-Mikrolithen und Azilien-Spitzen aus Fontarnaud, Frankreich.

Während des Magdaléniens, der jüngsten Periode des Jungpaläolithikums in Europa, stellte man gewöhnlich die hier dargestellten kleinen Steingeräte her. Sie wurden zum Gebrauch wahrscheinlich in Halterungen befestigt.
Fotos von Alain Roussot

Jahren zwischen dem Höhepunkt der letzten Eiszeit und dem Ende des Jungpaläolithikums (vor rund 10 000 Jahren) die Magdalénien-Industrie. In ihr herrschte hervorragende Knochen- und Geweihbearbeitung vor. Die Fülle z. T. winziger Steingeräte befestigte man wahrscheinlich in Schäftungen (Abb. 127). Alle Industrien lassen sich noch in Untergruppen aufteilen, ein Hinweis auf die höchste bis dahin bekannte Geschwindigkeit technischer Neuerungen. Jede Kultur schuf eine eigene, besondere Kunstrichtung, die wir gleich betrachten werden.

Unterschiede zwischen Moustérien und Jungpaläolithikum

Wenn man von irgendeiner Zeit der menschlichen Kulturgeschichte behaupten will, sie stelle einen Kultursprung dar, dann war es der Übergang vom Mittelpaläolithikum (zwischen rund 200 000 und 30 000 Jahren in Europa) und dem Jungpaläolithikum (vor 40 000 bis 10 000 Jahren im gleichen Gebiet). Dieser Sprung war so groß, daß der Schluß unvermeidlich ist, daß völlig andere Fähigkeiten ins Spiel kamen. Schauen wir uns also an, inwieweit die archäologischen Funde und Befunde auf Unterschiede im Verhalten der Menschen des Mittel- und des Jungpaläolithikums schließen lassen.

Im Bereich der Steinwerkzeugtechnologie herrschte – wie schon besprochen –, die Klingenmethode vor. Die mittelpaläolithische Arbeitsweise produzierte zwar auch durchaus mehr als ein brauchbares Abschlaggerät von einem einzelnen Kern, die zylindrischen Kerne des Jungpaläolithikums wurden jedoch nach jeder abgetrennten Klinge gedreht und lieferten die nächste, so daß aus der gleichen Rohmaterialmenge viel mehr Geräte entstanden. Vielleicht hat man diese Methode unter Bedingungen entwickelt, wo gutes Rohmaterial wie Feuerstein und Hornstein selten waren. Sie war aber sicher auch bei guter Rohmaterialversorgung überaus vorteilhaft. Wo auch immer die Werkzeugmacher des Jungpaläolithikums auftauchten, wählten sie die verwendeten Rohstoffe viel sorgfältiger aus als ihre mittelpaläolithischen Vorgänger. Jungpaläolithische Steingeräte lassen sich auch viel einfacher (und in viel mehr Gruppen) kategorisieren als mittelpaläolithische. Dies legt nahe, daß die jungpaläolithischen Werkzeugmacher zu jedem speziellen Werkzeugtyp eine klare Zielvorstellung besaßen. Dagegen haben die mittelpaläolithischen Handwerker wahrscheinlich nur bestimmte bewährte Techniken eingesetzt, um spezielle Eigenschaften wie eine Spitze oder eine Schaberkante herzustellen.

Von Anfang an verwendeten die Jungpaläolithiker ein breites Spektrum an Rohmaterialien. Einige mittelpaläolithische Geräte tragen Gebrauchsglanz, der auf die Benutzung zur Holzbearbeitung hinweist. Knochen und Geweih – beide in großer Menge vorhanden – verwendete man aber wahrscheinlich kaum und sicher nicht für spezialisierte Werkzeuge. Im Jungpaläolithikum dagegen schnitzte und schliff man in großem Umfang Knochen, Geweih und Elfenbein und stellte so eine Fülle praktischer und dekorativer Formen her, wie z. B. die schon erwähnten Nadeln mit Öhr, welche auf die Erfindung genähter Kleidung schließen lassen (vgl. Abb. 125). Die Formen der Bearbeitung dieses Materials belegen ein profundes Verständnis der jeweiligen Materialeigenschaften. Nützliche Gegenstände dekorierte man genauso mit geometrischen und bildhaften Motiven wie funktionslose Platten.

Einer der größten Unterschiede zwischen mittel- und jungpaläolithischen Industrien ist die große Variabilität innerhalb der letztgenannten Kultur in Raum und Zeit. Wir haben schon gesehen, daß die Moustérien-Industrien nicht – wie zuvor geglaubt – statisch waren, aber ihre Variabilität verblaßt vor derjenigen des Jungpaläolithikums. Manchmal hat man den Eindruck, als ob die jungpaläolithischen Völker jedes Tales im ruhelosen Innovationsdrang ihre eigenen technologischen Entwicklungen vorantrieben. Eine Industrie folgte mit zunehmender Geschwindigkeit der anderen. Niemand bezweifelt, daß diese Leute die gleiche Sprachfähigkeit wie wir besaßen. Wer weiß, vielleicht war es die Erfindung moderner artikulierter Sprache mit all ihren Möglichkeiten, die irgendwie aus anatomisch modernen Mittelpaläolithikern die ersten Träger jungpaläolithischer Kulturen machte. Manche Wissenschaftler glauben auch, daß die regionale Auftrennung jungpaläolithischer Technologien mit der Entwicklung eigener Sprache oder zumindest eigener Dialekte einherging.

Im Jungpaläolithikum werden Bestattungen zum regelmäßigen Kulturelement. Die Sorgfalt der Begräbnisse weist deutlich darauf hin, daß die Beerdigungen von Zeremonien und Ritualen begleitet waren. Oft wurden dem Verstorbenen Grabbeigaben mitgegeben, die auf den Glauben an ein Leben nach dem Tod hinweisen. Sie bestanden aus Körperschmuck, Schnitzereien und verschiedenen Steinwerkzeugen. Am rund 28 000 Jahre alten russischen Fundort Sungir entdeckte man einen gewissenhaft bestatteten Mann und zwei Kinder, deren Kleider im wahrsten Sinne des Wortes mit Tausenden von Mammut-Elfenbeinperlen besetzt waren (Abb. 128 und 129). Die Verzierung dieser Bekleidung muß mehrere tausend Arbeitsstunden erfordert und die Toten müssen in ihrer Gruppe großes Ansehen genossen haben, was wiederum auf gewisse Arbeitsteilung hinweist. Mehrfachbestattungen wie die in Sungir waren nicht ungewöhnlich. Manchmal waren die Gräber mit Steinplatten abgedeckt – wahrscheinlich, um Aasfresser abzuhalten.

Sowohl *Homo neanderthalensis* als auch *Homo sapiens* nutzten das Feuer, die jungpaläolithischen Menschen jedoch effektiver als je zuvor. Sie bauten Gruben und komplexe Feuerstellen – viel sorgfältiger, als es ein Neandertaler je getan hätte – und wußten

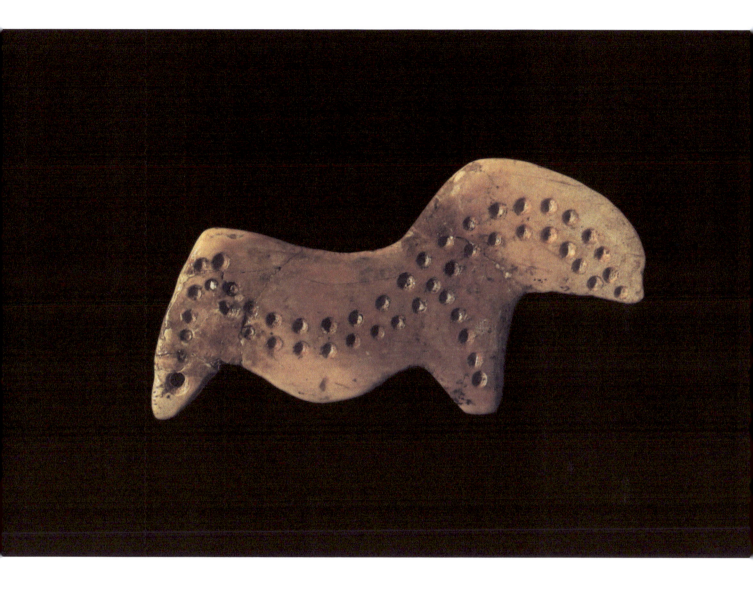

128
Das «gefleckte Pferd» von Sungir, Rußland.

Dieser kleine Anhänger aus gefarbtem und durchlochtem Mammut-Elfenbein stammt aus dem späten Aurignacien (vor rund 28000 Jahren). Er weist eine sehr frühe Nutzung des Konturenschnitzens nach (rund 10000 Jahre fruher als in Westeuropa) Die Sungir-Fundstelle lieferte auch die bisher sorgfaltigsten Bestattungen
Foto von Randall White.

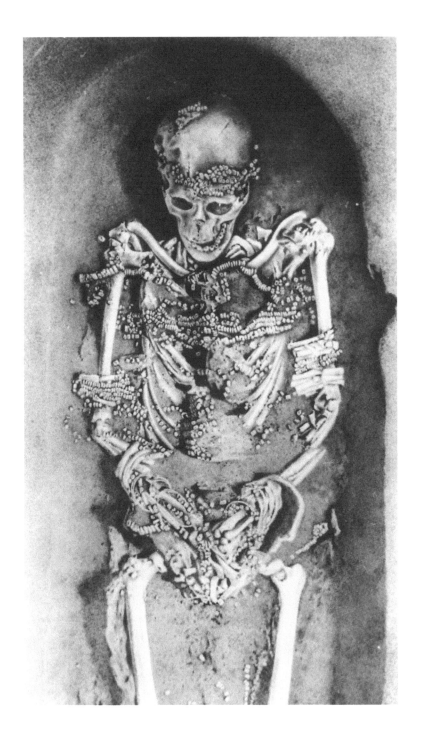

129 links
Das Männergrab von Sungir, nahe Vladimir, Rußland.

Den sechzig Jahre alten Mann, der vor rund 28 000 Jahren lebte, begrub man mit Kleidung, die wahrscheinlich aus Leder bestand und mit Hunderten von Mammut-Elfenbeinperlen besetzt war. Er trug außerdem Armreifen und Anhänger aus Mammut-Elfenbein sowie Ketten aus Muscheln und Tierzahnen. Zwei daneben bestattete Jugendliche waren ähnlich reich bekleidet und geschmuckt.
Foto mit freundlicher Genehmigung von Novosti/Science Photo Library

130
Kalksteinlampe des Magdalénien aus Gabillou, Frankreich.

In die Mitte dieses Kalksteinstuckes, welches Brandspuren aufweist, hat man eine leichte Vertiefung gehackt oder geschliffen. In dieser verbrannte einst ein Stück Tierfett durch einen Docht aus Pflanzenfasern (wahrscheinlich Wacholder).
Foto von Alain Roussot

**131
Bodenbelag aus Geröllen von der Fundstelle Cerisier, Frankreich.**

Die sorgfältige Anordnung von Flußgerollen auf einer Fundstelle aus der Zeit des Magdalénien zeigt die Umrisse einer Hütte von ca. 4 m Breite und 4,80 m Länge. Derartige Steine fehlen in der Umgebung der Hütte.
Foto von Jean Gaussen

eindeutig viel darüber, wie man große Hitze erzeugen und nutzen konnte. Die Einsatzmöglichkeiten für Feuer wurden vielfältiger. So scheint man Wasser dadurch erhitzt zu haben, daß man heiße Steine in mit Häuten ausgekleidete Gruben legte. Die Geschwindigkeit der Innovationen war so groß, daß die Erfindung von Brennöfen nicht lange auf sich warten ließ, wie z. B. die vor 26 000 Jahren in Dolni Věstonice in Mähren erbauten, in denen man bei 425°C Tonfiguren brannte. Zum ersten Mal finden sich auch Lampen, in denen man mit Dochten aus Wacholderzweigen oder ähnlichem faserigen Material Tierfett verbrannte (Abb. 130). Neben dieser hochentwickelten Feuernutzung finden sich in jungpaläolithischen Siedlungen Strukturen, hauptsächlich Geröllpflaster, die wahrscheinlich als Fundamente für Behausungen aus Holz und Tierhäuten dienten (Abb. 131). Dies alles könnte erklären, wie es den frühen modernen Menschen gelang, einen der schwierigsten Lebensräume in Nordosteuropa zu besiedeln, in den die «kälteangepaßten» Neandertaler nicht vordringen konnten.

Jungpaläolithische Menschen waren zweifellos hervorragende Jäger einer Fülle von Beutearten. Sie besaßen ein feines und einfühlendes Verständnis für ihren Lebensraum und ein wirksames Waffenarsenal, zu dem Neuerungen wie vor 19 000 Jahren die Speerschleuder und widerhakenbestückte Harpunen gehörten. Zum Ende der Eiszeit standen auch Pfeil und Bogen zur Verfügung. Auf jungpaläolithischen Wohnplätzen finden sich Knochen von viel mehr Tierarten als auf denen des Mittelpaläolithikums. Vogel- und Fischknochen tauchen z. B. in Cro-Magnon-Siedlungen erstmals auf. Diese Menschen scheinen auch die Wanderbewegungen des Wildes genutzt zu haben. Jungpaläolithische Siedlungen sind häufig da zu finden, wo wandernde Herden Flußläufe durchqueren mußten. Nahrungsspeicherung ergänzte diese Strategie. So erlaubten Gruben im Permafrostboden von Fundstellen in der Ukraine als natürliche «Kühlschränke» die Vorratshaltung von Fleisch, welches dadurch auch dann noch genutzt werden konnte, wenn die wandernden Herden schon lange verschwunden waren. An derartigen Stellen haben Archäologen die Reste riesiger Hütten ausgegraben, die aus mehreren Tonnen Mammutknochen bestanden hatten, welche aus der umgebenden Tundra zusammengetragen worden waren. Die Wohnbereiche waren klar in verschiedene Bereiche mit unterschiedlichen Funktionen gegliedert. Einige Lagerplätze hatten besondere Funktionen, wie z. B. Werkstätten für Steingeräte, die sich durch riesige Mengen an Werkzeugen und dem bei der Herstellung anfallenden Abschlag-Abfall verraten.

Ein wichtiges Merkmal jungpaläolithischer Wohnplätze sind auffallende Größenunterschiede, die wohl auf verschieden zusammengesetzte soziale Gruppierungen hindeuten. Die Tatsache, daß viele große jungpaläolithische Siedlungen in der Nähe von Stellen liegen, die im Jahresablauf reiche Nahrung anboten – wie z. B. Fischlaichplätze oder Zugwege von Rentieren – lassen vermuten, daß sich Gruppen in Zeiten knapper Nahrung aufteilten und sich in günstigeren Jahreszeiten an Stellen trafen, wo die Ressourcen eine größere Gruppe versorgen konnten. Derartige soziale Netze waren nicht lokal beschränkt, sondern über weite Gebiete geknüpft. Dies zeigt sich am häufigen Transport von Rohmaterial über große, zum Teil riesige Entfernungen. Baltischer Feuerstein fand sich z. B. auf südeuropäischen Fundstellen und mediterrane Muscheln in der Ukraine. Wie der Transport genau ablief, bleibt unklar. Ohne ein irgendwie geartetes Handelsnetz hätten derartige Objekte nicht diese riesigen Distanzen zurücklegen können.

Solche Beispiele verdeutlichen: Verglichen mit allen Vorläufern waren die Menschen des Jungpaläolithikums (und ihre Äquivalente andernorts) beispiellos komplex, erfindungsreich sowie kreativ und besaßen ein feines Verständnis für ihre Umwelt. Wie sie diese Eigenschaften erwarben, wissen wir nicht. Besaßen schon die Moustérien-Modernen der Levante latent diese Eigenschaften und nutzten sie nur nicht, oder hatten diese Menschen plötzlich, unabhängig von äußeren physischen Veränderungen einen neuronalen Intelligenzschub bekommen, der die Entwicklungen des Jungpaläolithikums ermöglichte? Wenn auch die Gründe unklar bleiben, das Ergebnis ist eindeutig. Die Menschen des Jungpaläolithikums waren wie wir, und wir können uns auch als solche verstehen. Neandertaler waren hingegen nicht wie wir und lassen sich nicht im Vergleich mit uns verstehen.

Eiszeitkunst

Bevor wir die Besprechung der Fähigkeiten der Cro-Magnon-Menschen beenden, sollten wir kurz ihre wichtigste Leistung betrachten: ihre Kunst. Von Anfang an brachten die einwandernden Modernen etwas mit nach Europa, das alles vorher Dagewesene in den Schatten stellte: einen Sinn für Ästhetik und Harmonie. Die früheste Kunst war nicht grob. Die ältesten Aurignacien-Schichten vom Vogelherd in Deutschland (etwa 32 000 Jahre alt) gaben eine Reihe von meist aus Mammut-Elfenbein geschnitzten, bemerkenswert schönen Figuren frei. Die berühmteste ist ein kleines Pferd, dessen fließende Umrißlinien auf keinen Fall die stämmigen Wildpferde des Pleistozäns naturgetreu wiedergeben (Abb. 132). Statt dessen verbindet diese Figur die würdevolle Wesensart des Pferdes mit einem

132
Geschnitzes Pferd aus Mammut-Elfenbein vom Vogelherd, Deutschland.

Diese vor rund 32 000 Jahren geschnitzte kleine und elegante Miniatur ist womöglich das älteste bekannte Kunstwerk. Es wurde als Anhänger getragen. Seine anmutige Form stellt die Wesensart eines Pferdes dar, ohne die stämmigen Proportionen der jungpleistozänen Pferde nachzubilden.
Foto von Alexander Marshack

133
Gravierte Knochenplatte aus dem Aurignacien vom Abri Blanchard, Frankreich.

Die eingeritzte und mit Vertiefungen versehene, rund 32 000 Jahre alte Platte diente offensichtlich symbolischen Zwecken. Der Prähistoriker Alexander Marshack interpretierte das Stück als Mondphasen-Kalender.
Foto von Alexander Marshack

abstrahierenden Element, das die Kunst der letzten Eiszeit prägt. Gebrauch polierte im Verlauf der Jahre das Vogelherd-Pferd, das wahrscheinlich als Anhänger getragen wurde. Zu anderen außergewöhnlichen Stücken vom Beginn des Aurignacien gehört eine (rund 32 000 Jahre alte) gravierte Platte vom südwestfranzösischen Abri Blanchard mit komplizierten eingravierten Zeichen, die man als Mondkalender gedeutet hat. Sicherlich stellt sie ein Symbolsystem dar (Abb. 133). Vom pyrenäischen Fundplatz Isturitz stammt eine Knochenflöte ähnlichen Alters mit komplexen Klangfähigkeiten (Abb. 134). Kunst, Wissen, Musik: Was könnte mehr für vollentwickelte menschliche Fähigkeiten sprechen?

Andere Kunstformen tauchen im folgenden Gravettien auf, das vor rund 28 000 bis 18 000 Jahren im Westen vorherrschte. Bestimmte «Epigravettien»-Varianten dieser Tradition überlebten von Italien bis Sibirien bis zum Ende der Eiszeit. Die berühmteste Kunstform des Gravettien sind die bemerkenswerten Frauendarstellungen, die man von Westfrankreich bis nach Sibirien findet (Abb. 135). Einige von ihnen (gewöhnlich dreidimensionale Schnitzereien oder geformte Plastiken, manchmal auch Reliefdarstellungen) sind recht schlank. Typische Stücke besitzen aber große Brüste, Gesichtsfeinheiten fehlen, und die Extremitäten sind unterentwickelt. Traditionell hat man sie als Fruchtbarkeitssymbole gedeutet, man sollte aber bedenken, daß bei Jäger- und Sammlervölkern Fruchtbarkeit kein angestrebtes Ziel ist. Diese Menschen ziehen oft um und Kinder sind unter diesen Bedingungen so belastend, daß Frauen dieser Gesellschaften den Geburtenabstand durch langes Stillen erhöhen. Erst bei den arbeitsintensiven, ortsfesten Ackerbaukulturen wird Kinderreichtum ökonomisch bedeutsam. Die technisch wohl bemerkenswertesten Produkte des Gravettien sind lehmgeformte und gebrannte Frauen- und Tierfiguren von dem mährischen Fundort Dolní Věstonice. Weitere Gravettien-Kunstformen sind tief eingeschnittene Gravierungen von Tieren auf großen Steinplatten und einige Höhlenmalereien.

Das Solutréen in der Zeit vor 22 000 bis 18 000 Jahren ist auf Westfrankreich und Teile Spaniens beschränkt. Die Kreativität dieser Kultur konzentrierte sich in besonderem

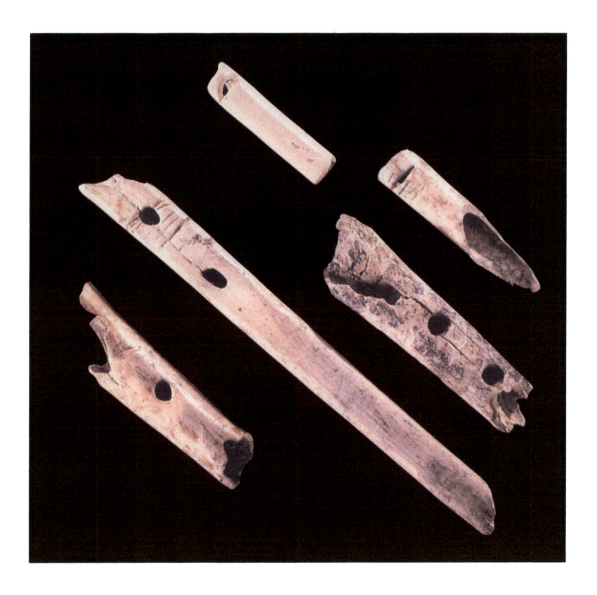

134

Knöcherne paläolithische Flöten und Pfeifen.

Musikinstrumente wie diese tauchen erstmals mit Beginn des Jungpaläolithikums vor ca. 32 000 Jahren in Frankreich auf. Sie gehören zu den überraschendsten Nachweisen einer neuen Sensibilität der Menschen des Jungpaläolithikums. Die hier gezeigten Exemplare stammen von verschiedenen französischen Fundstellen des Gravettien bis Magdalénien.
Foto von Alain Roussot

135

«Frau mit Horn» aus Laussel, Frankreich.

Aus einem Kalksteinblock geschnitzt und ursprünglich rot bemalt, ist diese Figur des Gravettien typisch für die Frauendarstellungen dieser Zeit. Gesichtszüge und Füße fehlen, während Brust und Unterleib betont werden.
Foto von Alain Roussot

136

Das «chinesische Pferd» aus Lascaux, Frankreich.

Dies ist nur eines von Dutzenden vor rund 17 000 Jahren gemalten großformatigen bewundernswerten Bilder, welche die Wände dieser Höhle des Magdalénien verzieren
Foto von Jean Vertut.

37
Ausschnitt einer bemalten Höhlenwand von Niaux.

Zu den wuchtigen, einfarbigen Tierskizzen im «Schwarzen Salon» von Niaux gehören einige der schönsten Werke der Eiszeitkunst. Stilisiert, aber trotzdem lebendig sind hier Bison und Steinbock dargestellt.
Foto von Jean Vertut

Maße auf die Herstellung außergewöhnlich fein gearbeiteter Feuersteinwerkzeuge. Auf einigen Siedlungsplätzen fanden sich außerdem gekonnt geschnitzte Tierfiguren im Hochrelief. Auch einige Höhlenmalereien lassen sich dieser Zeit zuordnen. Die Krone der Eiszeitkunst wurde aber erst im Magdalénien (vor 18 000 bis 10 000 Jahren) erreicht, als man eine erstaunliche Fülle alltäglicher Objekte durch eingravierte realistische Tierfiguren oder auch geometrische Symbole verzierte. Die Schönheit vieler Magdalénien-Schnitzereien ist wirklich erstaunlich. Sie verrät eine derart hervorragende Naturbeobachtung des Künstlers, daß es manchmal möglich ist, die Jahreszeit zu erkennen, in der das Tier dargestellt wurde. Die Magdalénien-Menschen schufen die größten Meister-

werke der Höhlenmalerei, wie die unvergleichlichen Bilder von Lascaux (17 000 Jahre alt) sowie von Font de Gaume und Altamira (15 000 Jahre alt), die außergewöhnlichen Strichzeichnungen von Niaux (15 000 Jahre alt) und Rouffignac (13 000 Jahre alt) sowie die erstaunlichen Lehmskulpturen eines Bisonpaares, die nahezu anderthalb Kilometer tief im Berg bei Tuc d'Audoubert gefunden worden sind (vielleicht 14 000 Jahre alt). Die neu entdeckte Grotte Chauvet ist überraschenderweise 30 000 Jahre alt (Abb. 136, 137 und 138). Die in der Höhlenkunst auftretende innige Verknüpfung verschiedener Tierarten mit offensichtlich stark ritualisierten abstrakten Symbolen weist auf komplizierte Glaubensvorstellungen, Geschichten und Mythen hin. Warum die Magdalénien-

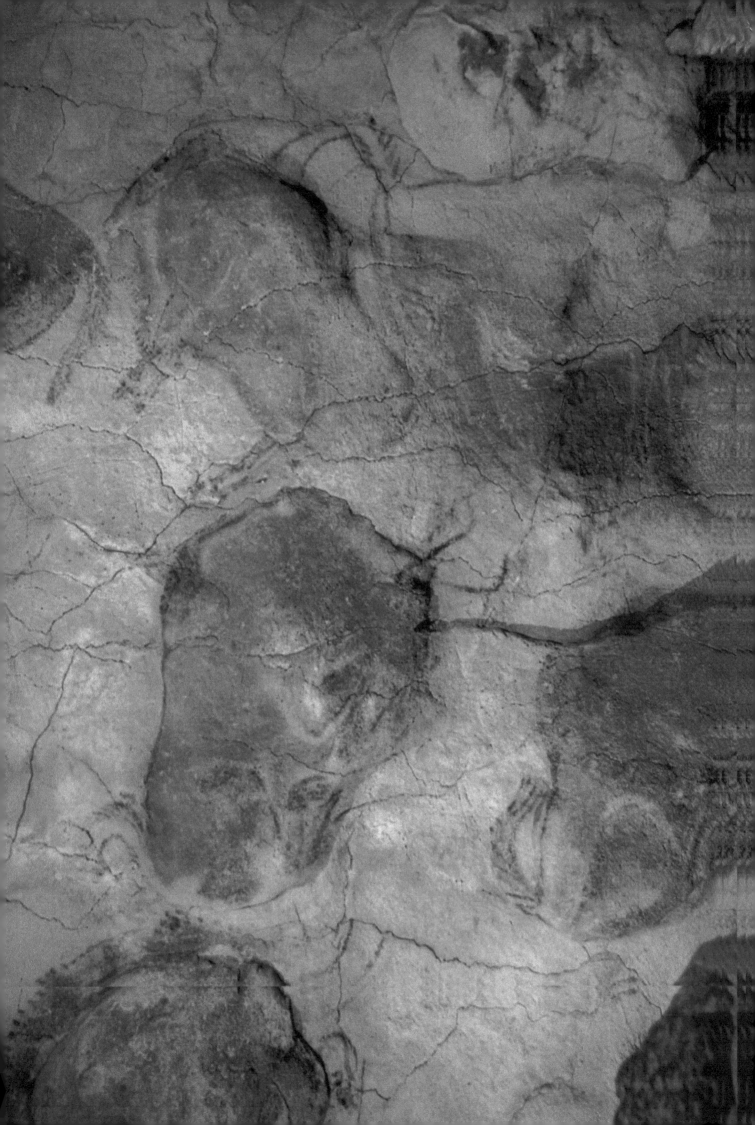

38
Deckengemälde der Höhle von Altamira, Spanien.

Vor rund 15 000 Jahren erschaffen, besiedelt eine Fülle von höchst lebendig wirkenden polychromen Herden die Decke eines abgelegenen Winkels der Altamira-Höhle. Hier entdeckte man zum ersten Mal überhaupt Höhlenkunstwerke. Die meisten stellen Abbildungen von Bisons dar.
Foto von Jean Vertut

Künstler jedoch die Mühen und persönlichen Risiken eines Vordringens in die dunkle und gefährliche Abgelegenheit der Höhlen auf sich nahmen, um im Licht von Tranlampen Kunstwerke zu schaffen, zu denen sie vielleicht nie wieder zurückkehrten, bleibt ein Geheimnis. Zweifellos spiegelt dieses Verhalten klare, spirituelle Vorstellungen wider, die jeder moderne Mensch nachvollziehen kann.

Trotzdem hatte diese Kunst auch eine ökonomische Basis, da sie nur in einer Gesellschaft möglich war, die in einem gewissen Überfluß lebte. An manchen Stellen fand man Hunderte verzierter Geräte und Platten, deren Herstellung, wie die Kleidung von Sungir, mehrere hundert Arbeitsstunden erfordert hatte. Magdalénien-Künstler hatten offensichtlich viel Zeit. Entweder wurden sie von anderen Gruppenmitgliedern unterstützt, oder sie brauchten nicht viel Zeit, um sich mit dem Notwendigsten zu versorgen. Sie hatten anscheinend genug Muße, weil sie in einer überaus reichen Umwelt lebten. Höhlenkunst konzentriert sich, genau wie die Funde der vielen geschnitzten und dekorierten Objekte, auf bestimmte Gebiete Frankreichs und Spaniens, die von der Natur besonders begünstigt waren. Die reiche und Schutz bietende Topographie dieser Regionen beherbergte zahlreiche Tierarten, und besonders die offenen Steppen und Tundren gaben großen Herden mittelgroßer und großer Säugetiere Nahrung. Für die intelligenten Magdalénien-Menschen war das Überleben in einem derart reichen Lebensraum nicht zeitaufwendig.

Die Tatsache, daß zumindest in einigen Gebieten kalte Zeiten keine harten Zeiten waren, hat wahrscheinlich viel mit dem Auftreten dieser großen Ära der Eiszeitkunst zum Höhepunkt des letzten Glazials zu tun. Als es vor rund 14 000 Jahren wärmer wurde, begannen die Probleme. Mit fortschreitender Erwärmung und dem Zurückweichen der Eiskappen dehnten sich Wälder in den Gebieten der zuvor offenen Steppen aus. Die großen Tierherden verzogen sich nach Norden, und viele große Tiere starben aus. Die Magdalénien-Jäger merkten schnell, daß die Jagd auf Rothirsche und Wildschweine in den Wäldern viel schwieriger war, als Rentiere, die gerade einen Fluß durchschwammen, aus dem Hinterhalt zu überraschen. Vor rund 10 000 Jahren ersetzte dann die kulturell ärmere Periode des «Epi-Paläolithikums» die vorhergehenden, reicheren Kulturen. So endete die am höchsten entwickelte uns bekannte alte Jäger- und Sammlerkultur. Ironischerweise förderten gleichartige Umweltänderungen im Westen und Osten Neuerungen, die schicksalhaft zur Entwicklung des seßhaften Ackerbaus und damit zur fundamentalsten Veränderung menschlicher Existenzbedingungen führten.

Der letzte Neandertaler

Nachdem die Neandertaler vielleicht länger als 150 000 Jahre in einem riesigen Gebiet vom Atlantik bis Usbekistan überlebt hatten, verschwanden sie vor etwas weniger als 30 000 Jahren von der Erde. Was war mit ihnen geschehen? Sie hatten ein schweres Leben: Offensichtlich stammt keines der Neandertaler-Skelette von einem Individuum, das älter als rund 40 Jahre war, nur wenige wurden über 35. Degenerative Gelenkerkrankungen waren bei ihnen häufig, und viele Knochen weisen Verletzungen auf. Trotzdem hatten die Neandertaler über lange Zeiten ein großes Gebiet mit starken Klimaschwankungen bewohnt, und ihr Verhalten war offensichtlich flexibel genug, um mit den sich ändernden Umweltbedingungen fertig zu werden. Ihr plötzliches Verschwinden muß also auf einen völlig neuen Faktor zurückzuführen sein. Und dieser Faktor waren mit ziemlicher Sicherheit wir. Ich habe schon betont, daß das Aussterben einer Art in der Naturgeschichte ein normales und häufiges Ereignis ist und auch unserem Erscheinen nur natürliche Prozesse zugrunde liegen. Wie sehr sich unser komplexes Verhalten aber von dem der Neandertaler unterschied, belegt die Tatsache, daß die Welt mit der Ankunft moderner Menschen mit einem völlig neuen Phänomen konfrontiert wurde, das die Welt noch immer in Bewegung hält und zu dessen ersten Opfern die Neandertaler gehörten.

Wir sahen, daß Neandertaler und Moderne in der Levante für vielleicht 60 000 Jahre oder mehr koexistierten. Wir wissen nicht, ob Neandertaler dort wirklich Seite an Seite mit modernen Menschen lebten. Die Fundarmut aus diesem langen Zeitraum und die unsicheren Datierungen ermöglichen Pro- und Contra-Argumentationen. Eine beliebte Vorstellung ist, daß die Neandertaler die Levante in kühleren Phasen besiedelten, in denen sich die Modernen in die gemäßigteren Klimazonen Afrikas zurückzogen und die letztgenannten bei erneuter Erwärmung wieder zurückkamen, während die Neandertaler nach Norden auswichen. Die Theorie wird indirekt durch die Körperproportionen gestützt, die beim modernen *Homo sapiens* auf Wärmeabgabe und beim Neandertaler im Gegensatz dazu auf Wärmespeicherung ausgerichtet sind. Und obwohl der Fossilbestand nahelegt, daß die modernen Menschen in Afrika entstanden und die Besiedlung der Levante von hier ausging, könnten unsere Körperproportionen auf reine Vererbung statt auf spezifische Anpassung an warmes Klima zurückzuführen sein. Dies besonders, weil moderne Menschen das Feuer meisterhaft beherrschen und sicherlich Kleidung zur Verfügung stand, welche die selektiven Auswirkungen des kalten Klimas milderte.

Es ist aber offensichtlich, daß während der Zeit des Moustérien trotz eindeutig unterschiedlicher Überlebensstrategien keine der levantinischen Menschenformen die andere verdrängen konnte. Neandertaler und moderne Menschen haben sich vielleicht in der Levante abgewechselt, beide müssen aber irgendwo überlebt haben. Es gibt auch hier keine überzeugenden biologischen Nachweise, daß sich Neandertaler und Moderne morphologisch vermischt haben. Wenn *Homo neanderthalensis* und *Homo sapiens* – wie die anatomischen Unterschiede so

139
Späteste Neandertaler- und früheste *Homo sapiens*-Fundstellen in Europa.

Die Karte wichtiger und gut datierter Fundstellen zeigt, in welch geringem zeitlichen Abstand die letzten *Homo neanderthalensis*/Moustérien-Menschen und die frühen *Homo sapiens*/Jungpaläolithiker in Europa siedelten
Zeichnung von Diana Salles

- Neandertaler/Moustérien
- Moderne/Jungpaläolithikum

Sclayn · 38 kyr
Geissenklösterle · 36 kyr
St-Césaire · 36 kyr
Combe Grenal · 39 kyr
El Castillo · 40 kyr
L'Arbreda · Moust. 40 kyr
U.Pal. 39 kyr
Figueira Brava · 30 kyr
Bacho Kiro · 43 kyr
Zafarraya · 27 kyr

klar belegen – eigene Arten gewesen sind, haben sie sich auch nicht erfolgreich miteinander fortpflanzen können, zumindest nicht langfristig. Über die meiste Zeit des Jungpleistozäns scheinen diese beiden Gruppen getrennt, aber in gewissem Sinne gleichwertig nebeneinander bestanden zu haben. Erst mit dem Auftauchen jungpaläolithischer Technologien in der Levante kommt es zum Verschwinden der Neandertaler. Das Jungpaläolithikum war hier vor rund 45 000 Jahren voll ausgebildet und die letzten Neandertaler – aus Amud – sind 40 000 Jahre alt. Diese zeitliche Übereinstimmung scheint signifikant, obwohl die Nachweise aus der Levante leider spärlich sind.

Die Belege sind in Westeuropa mit Dutzenden von Fundstellen der Neandertaler und der Cro-Magnon-Leute dichter. Und sie werden dadurch, daß die vordringenden modernen Menschen die jungpaläolithische Technologie mitbrachten, noch besser. Die Neandertaler bleiben – mit geringfügigen Ausnahmen, z. B. den kurzlebigen «Übergangsindustrien» wie dem Châtelperronien – im Moustérien verhaftet. Ordnen wir jungpaläolithischen Siedlungen ohne menschliche Fossilien dem *Homo sapiens* und entsprechende Moustérien-Plätze dem *Homo neanderthalensis* zu, kann man die Fundlage fast als exzellent bezeichnen. Wir sehen, daß die frühesten Nachweise der Aurignacien-Einwanderer vor 40 000 Jahren sowohl im Westen (in Spanien) als auch im Osten (in Bulgarien) liegen. Das Moustérien geht danach schnell zurück, letzte Datierungen liegen im Bereich von 30 000 Jahren oder etwas weniger (Abb. 139). *Homo sapiens* und *Homo neanderthalensis* lebten in Europa für mindestens 10 000 Jahre zeitgleich, wichtiger ist aber wahrscheinlich, daß an einzelnen Fundorten die Ablösung des Moustérien durch das Aurignacien offenbar recht plötzlich vonstatten gegangen ist. Dieses Muster läßt sich von Anfang an erkennen. In der L'Arbreda Höhle in Spanien liegt die jüngste Moustérien-Industrie rund 40 400 Jahre zurück, und das früheste Aurignacien beginnt vor 38 500

**140
Ausgrabung in L'Arbreda, Spanien.**

In dieser spanischen Höhle belegt eine durchgehende archäologische Folge einen plötzlichen Wechsel vom Moustérien zur jungpaläolithischen Besiedlung vor 39 000 bis 40 000 Jahren
Foto von Julià Maroto, mit freundlicher Genehmigung von James Bischoff

Jahren (Abb. 140). Diese Daten stammen aus durchlaufenden, nicht unterbrochenen Ablagerungen; die fundhaltigen Sedimente zeigen keine Unterbrechung. Darüber hinaus zeigen die Artefaktinventare keine kulturellen Vermischungen.

Auch biologisch gibt es keinen Hinweis auf Vermischung. Vertreter der «Multiregionalen Kontinuität» betonen, daß einige wenige Schädel aus Aurignacien-Schichten in Osteuropa neandertaloide Merkmale besitzen, wie z. B. leichte Hinterhauptsvorwölbungen oder ausgeprägte Brauenregionen. Sie führen dies auf die genetische Vermischung von Neandertalern und Modernen zurück. Dies ist allerdings nichts anderes als ein Rückfall in die – inzwischen durch die genauen Datierungen widerlegte – Vorstellung, daß die Neandertaler die direkten Vorfahren der Europäer seien. Eine fantasievolle Theorie, welche die Idee stützt, daß Europäer zumindest einige «Neandertaler-Gene» tragen, war die Vorstellung, daß der «Übergang» von Neandertalern zur Morphologie der Modernen im Grunde ein Prozeß war, in dem die Robustheit des Skelettes abnahm.

Unter der Annahme, daß diese Robustheit eine Folge des starken Gebrauchs ist (was bis zu einem gewissen Grad besonders für das postkraniale Skelett stimmt), glaubten einige Wissenschaftler, daß die kulturellen Innovationen des Jungpaläolithikums die Beanspruchung des Kauapparates verringerten. Dies hätte wiederum zur Folge gehabt, daß eine leichtere Bauweise des Gesichtsbereichs genügt hätte. Zusammen mit Vermischungen von Neandertalern und modernen Menschen hätte diese Reduktion das rapide und totale Verschwinden der Neandertaler-Morphologie noch beschleunigt. Diese Argumentation wirkt aber ziemlich weit hergeholt. Zum einen geht sie fälschlicherweise davon aus, daß Neandertaler und Moderne Varianten einer Art waren. Zum anderen unterstellt sie, daß viele Unterschiede der Schädelstrukturen eher auf Gebrauch als auf (genetische) Vererbung zurückzuführen sind. Betrachtet man die Stärke und die Eigenarten dieser Unterschiede, sind beide Grundannahmen nicht verständlich.

Sicher gab es zwischen den in Europa heimischen Neandertalern und den Einwanderern Kontakte. Deren Natur ist aber wegen des Fehlens überzeugender Nachweise biologisch-genetischer Vermischung schwer aufzudecken. Wir können zur Beantwortung der Frage nach Kontakten nur indirekte Hinweise beibringen, doch ist sicher, daß die Kontakte im allgemeinen nicht lange dauerten, denn das Muster der kurzfristigen Verdrängung der Moustérien-Menschen durch Jungpaläolithiker ist zu eindeutig. Wenn aber – was heute weitgehend akzeptiert wird – das Châtelperronien durch die Übernahme jungpaläolithischer Technologien in die Moustérien-Kultur entstand und nicht aufgrund eigenständiger Entwicklungen durch die Neandertaler, dann müssen die letztgenannten irgendwelche indirekten oder direkten kulturellen Kontakte zu Cro-Magnon-Menschen gehabt haben. Diese Kontakte werden demzufolge nicht nur aggressiver Art gewesen sein, denn sonst wäre das Châtelperronien nicht als eigenständige Industrie entstanden. Trotzdem muß man betonen, daß Châtelperronien-Fundplätze viel seltener als diejenigen ihrer Vorläufer – des Moustérien – sind (aus einer Periode von 4000 Jahren sind nur eine Handvoll Fundstellen bekannt), was darauf hindeutet, daß die Neandertaler-Populationen schon zu Châtelperronien-Zeiten stark ausgedünnt waren.

Wie die Kontakte zwischen Neandertalern und Cro-Magnon-Leuten genau aussahen, bleibt ungeklärt. Vielleicht drangen die Modernen langsam in kleinen Gruppen in das Gebiet vor, in dem sich dann die Kultur des Châtelperronien entwickelte. In diesem Fall hätten gelegentliche Kontakte für einen Technologietransfer ausgereicht. Einerseits ist diese Vorstellung einleuchtend, da die Beständigkeit und die Technik der Neandertaler nahelegt, daß sie leicht durch Nachahmung lernten. Andererseits ist schwer vorstellbar, wie zwei in ihren geistigen Fähigkeiten so unterschiedliche Arten miteinander kommunizieren und interagieren konnten. Vielleicht ist es nicht zu weit hergeholt, daß nur die intelligentesten Neandertaler erfolgreich Kontakte aufnahmen und dann ihr neues Wissen an die anderen weitergaben. Oder, wie mein Kollege Niles Eldredge einmal halb im Spaß vorschlug, vielleicht stolperte ein außergewöhnlich begabter Neandertaler einst über die in einem verlassenen Cro-Magnon-Lager zurückgebliebenen Reste, erkannte die Brauchbarkeit der herumliegenden ungewöhnlichen Klingengeräte und Kerne und rekonstruierte, wie man sie herstellte. Unabhängig davon, wie sie die Idee der Klingenherstellung und der Knochenverzierungen übernahmen, ist die Ausbreitung dieser Neuerung unter den Neandertalern ein natürlicher Prozeß.

Wie auch immer diese frühen Kontakte zwischen beiden Menschenformen abliefen, führten sie nicht zu einer sofortigen Vertreibung der Neandertaler. Vertrieben wurden sie aber schließlich doch. Rund 10000 Jahre nach der Ankunft der ersten Aurignacien-Europäer waren die Neandertaler verschwunden. Europa ist natürlich ein riesiges Gebiet mit vielen unzugänglichen Gebirgsgegenden, und es ist daher verständlich, daß nicht eine einzige Welle von Einwanderern zur Ausrottung der Neandertaler im gesamten Gebiet geführt hat (Abb. 141). Daß sich auf einigen französischen Fundstellen Schichten mit Châtelperronien- und Aurignacien-Inventaren abwechseln, beweist, daß dies nicht der Fall war. Die komplizierten geographischen Bedingungen sowie die geringe Populationsdichte der Jäger- und Sammlervölker führten dazu, daß die völlige Übernahme des Subkontinents durch *Homo sapiens* ein langsamer, schrittweiser Prozeß war. Wie stark die Neandertaler selbst sich diesem Ablauf widersetzten, ist unbekannt. Haben sie wirklichen Widerstand geleistet? Waren ihre Jagd- und Sammeltechniken effizient genug, um sie zumindest für gewisse Zeit zu wirksamen Konkurrenten im ökologischen Raum zu machen? Haben kurzfristige Umweltveränderungen das Gleichgewicht zwischen beiden Arten einige Jahrtausende hin- und hergeschoben? Gab es, wie einige Paläoanthropologen glauben, einen Prozeß der friedlichen Assimilation, bei dem die Neandertaler-Gene langsam von denen der Einwanderer «überschwemmt» wurden?

Wir werden nie genau wissen, was passierte. Wir können nur sicher sagen, daß schließlich die Modernen überlebt haben. Möglicherweise waren die Neandertaler und die Modernen – obwohl sie eigene Arten darstellten – sich äußerlich so ähnlich, daß sie gelegentlich versuchten, sich untereinander fortzupflanzen oder wahrscheinlicher, einander zu vergewaltigen. Es ist jedoch überaus unwahrscheinlich, daß friedvolle Angleichung allgemein verbreitet war, bei der Gruppen aus zwei Menschenformen Mitglieder austauschten, wenn sie sich trafen und wieder trennten, oder sich miteinander verbündeten. Wahrscheinlicher wäre, wenn man überhaupt genetische Vermischung annimmt, daß gut ausgerüstete und überlegende *Homo sapiens*-Vertreter Neandertaler Gruppen angriffen, die Männer – mit Strategie und List, nicht mit Kraft – töteten und die Frauen entführten. Es ist jedoch sehr unwahrscheinlich, daß aus den daraus resultierenden Vereinigungen wirklich lebensfähiger Nachwuchs entstand. Neandertaler Frauen hätten für die Einwanderer keinen reproduktiven Wert besessen.

Wie auch immer die Einzelheiten ausgesehen haben, betrachtet man, wie einwandernde *Homo sapiens*-Gruppen in geschichtlicher Zeit die örtliche Bevölkerung und auch andere Arten behandelt haben, kann man schließen, daß auch Begegnungen zwischen *Homo neanderthalensis* und *Homo sapiens* nicht sehr friedlich gewesen sein dürften. Denken wir heute an die Cro-Magnon-Menschen blicken wir meist auf die bewundernswerten Leistungen wie die Kunst von Lascaux, Altamira und Font de Gaume. Wie wir müssen sie aber auch Schattenseiten besessen haben. Ihre Ankunft in Europa leitete das Aussterben vieler Säugetierarten ein. Diejenigen, die überlebten, mußten sich an diesen bemerkenswerten neuen Mitbewohner anpassen. Es scheint, daß es dem Neandertaler langfristig nicht gelang, den Lebensraum mit einer zweiten Art zu teilen, die so ähnlich und gleichzeitig so anders war. Kehren wir zu den zwei Szenarien am Anfang des Buches zurück. Es könnte sein, daß den letzten Neandertaler das unglücklichere Schicksal ereilte oder zumindest etwas ähnliches.

Eine letzte warnende Bemerkung: Die Gewinner schreiben die Geschichte, und die

Geschichte der Neandertaler schrieb ein *Homo sapiens* für ein *Homo sapiens*-Publikum. Im Evolutionsspiel waren die Neandertaler schließlich die «Verlierer», wie es im engen Sinne des Aussterbens alle Arten und alle Individuen schließlich sein werden. Die Neandertaler waren aber sehr lange erfolgreich, länger als wir bis jetzt bestehen, sie besetzten einen einzigartigen Platz in der Natur. Evolution ist kein geradliniger Prozeß, bei dem jede folgende Art die Abstammungslinie näher an irgendein vorbestimmtes Ziel bringt. Es gibt im Evolutionsspiel viele Strategien. Die der Neandertaler unterschied sich von unserer. Wir können den Neandertaler sicherlich als Spiegel ansehen, um die Position unserer eigenen Art zu reflektieren, es wäre jedoch ein schwerwiegendes Mißverständnis, sie nur als eine unterentwickelte Version von uns selbst zu betrachten.

141
Letzte Zuflucht der Neandertaler?

Die Werkzeuge aus dieser südspanischen Höhle von Zafarraya (im Steilhang links oben) wurden auf ein Alter von nur 27 000 Jahren datiert und sind damit mit ca. 3 000 Jahren Abstand die jüngsten derzeit bekannten Moustérien-Geräte. Die hier gefundenen Neandertaler-Fossilien sind nur unwesentlich älter.
Foto von Fernando Ramirez Rozzi

Höhle

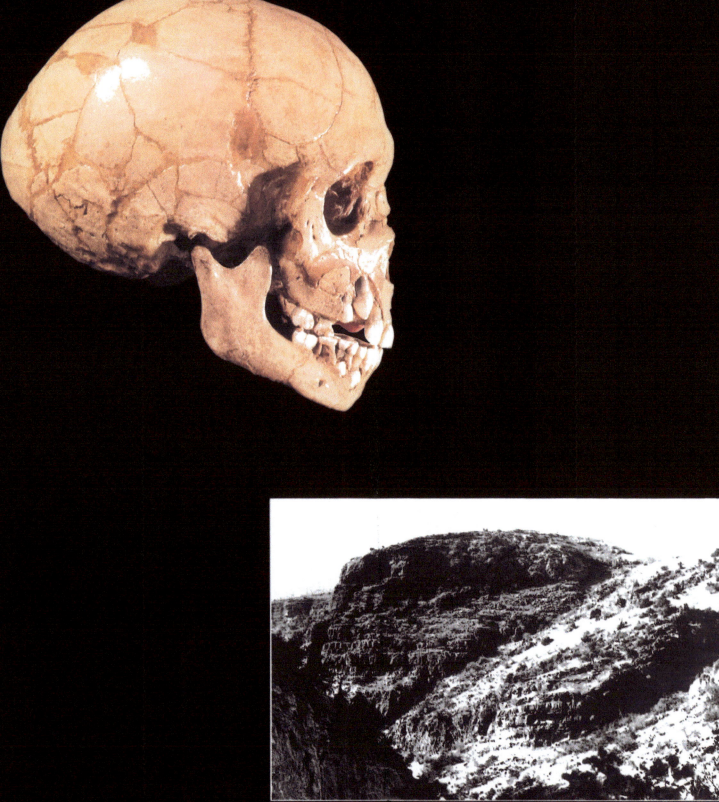

[1]2 und 143

**[Sc]hädel eines Jugendlichen und ein
[H]öhlenfundort in Teshik-Tash, Usbekistan.**

[Sc]hädel eines neun Jahre alten Jungen, den
[m]an 1938 entdeckte (links). Man berichtete,
[da]ß er in einem Kreis von Steinbockhornern
[be]stattet wurde, obgleich die sorgfältige
[D]urchfuhrung der Beerdigung angezweifelt
[wi]rd. Teshik-Tash liegt hoch in der Bergkette
[vo]n Bajsun-Tau südlich von Samarkand und ist
[de]r östlichste Fundort des Neandertalers
[(u]nten) Das rund 50000 Jahre alte Skelett
[st]ammt aus der obersten von fünf Moustérien-
[Ku]lturschichten dieser Fundstelle Bei der
[D]atierung sind große Abweichungen nach
[ob]en und unten möglich

[Sc]hädel Foto von Andrei Maurer,
[Fo]to der Teshik-Tash-Hohle und des Schädels
[m]it freundlicher Genehmigung des Institutes
[un]d Museums fur Anthropologie der Univer-
[si]tat Moskau

Neues aus Neandertal

Seit dem ersten Fund eines Neandertalerskeletts im Jahr 1856 hatte man auf der ganzen Welt immer wieder das Glück, weitere Knochen oder Werkzeuge zu finden. Auch in Deutschland hat sich seither einiges getan.

Bereits 1952 stieß man in Salzgitter-Lebenstedt beim Bau einer Kläranlage in 5 Metern Tiefe auf archäologische Fundschichten. Die Ausgrabungen erbrachten ein reiches Fundmaterial an Steinwerkzeugen, Knochenwerkzeugen sowie Tierknochen und Pflanzenresten. Es sind die Hinterlassenschaften eines Lagerplatzes, den eine Gruppe Neandertaler vor etwa 50000 Jahren am windgeschützten Hang eines Bachtales aufschlug. Die bislang bekannten Menschenreste wurden 1963 aus dem Material der Ausgrabung von 1956 ausgelesen. Im Jahre 1976 wurde ein weiteres, im Jahre 1998 schließlich sortierte man weitere menschliche Skelettreste aus dem Fundmaterial: zwei Fragmente von linken Oberschenkeln. Die Gelenkenden beider Stücke fehlten und es ließen sich Fraßspuren von Raubtieren erkennen. Ob es sich tatsächlich um die Reste zweier weiterer Neandertaler handelt, wird die anthropologische Bearbeitung ergeben.

Auf der Abraumhalde einer Sandgrube bei Warendorf-Neuwarendorf wurden 1995 Tierknochen, Steinwerkzeuge und das Schädelfragment eines Neandertalers entdeckt. Zum Alter des Schädelfragmentes liegen noch keine absoluten Daten vor. Das Alter der Tierknochen wird vorläufig auf 70000 bis 40000 Jahre geschätzt. Die Steinwerkzeuge sind nach ihrer Morphologie 120000 bis 40000 Jahre alt. Es ist aber unsicher, ob Knochen, Werkzeuge und Schädelfragment zusammengehören, denn das gesamte Material wurde von einem Saugbagger an die Oberfläche gebracht. Jeder archäologische Fundkontext ist somit zerstört. Bei dem Schädelrest handelt es sich um ein Fragment eines rechten Scheitelbeines, und an ihm ist es zum ersten Mal gelungen, Zellkern-DNA von einem Neandertaler zu extrahieren. Dies ist für die Erforschung der Verwandtschaftsbeziehungen des Neandertalers zum modernen Menschen ein entscheidender Fortschritt.

Ein weiterer deutscher Neufund stammt vom Wannenvulkan bei Koblenz. Heute werden die ca. 150 Vulkankegel der Osteifel industriell als Steinbrüche genutzt, und die in den Kratermulden gelegenen Fundstellen sind durch die Steinbrucharbeiten einer ständigen Zerstörungsgefahr ausgesetzt. Bereits 1986 wurde der Fundplatz auf den «Wannenköpfen» bei Ochtendung archäologisch untersucht. In mehreren Fundhorizonten von Lagerplätzen innerhalb der Kratermulde wurden Steinwerkzeuge und Tierknochen entdeckt. Die Funde gehören in die vorletzt Kaltzeit, die Riß-Eiszeit. Im Frühjahr 199 wurden nur etwa 200 m von den bereits untersuchten Fundstellen entfernt ein in drei Teile zerbrochenes menschliches Schädelfragment und drei Steinartefakte entdeckt. Bei den Steinwerkzeugen handelt es sich um einen Schaber aus Silex, einen Kern aus Geröllquarzit und einen Abschlag aus Quarz. Nach der geologischen Datierung der Schlacken aus der Kraterfüllung ist der Fund zwischen 150000 und 170000 Jahre alt, dort siedelten also Präneandertaler. Bei der Menschenrest handelt es sich um das Fragment eines Schädeldaches.

Kniegelenk des namengebenden Skelettes aus dem Neandertal.

Ein kleines, 1997 gefundenes Knochenfragment paßt genau an den Oberschenkel des 1856 entdeckten Skelettes
Foto von Frank Willer, mit freundlicher Genehmigung des Rheinischen Landesmuseums, Bonn

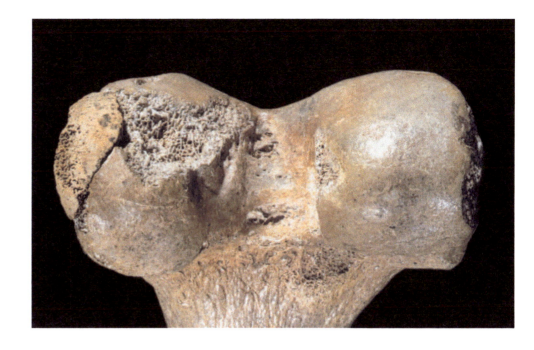

Der prominenteste Neufund stammt vom namengebenden Fundort Neandertal. Den ersten Neandertaler von 1856 entdeckte man zufällig. Damals wurde weder versucht, die fehlenden Teile des Skelettes zu bergen, noch wurde die Lage des Fundortes dokumentiert. Da die Felswände, in denen sich die Höhlen befanden, durch Steinbrucharbeiten abgebaut worden sind, galt die Fundstelle lange Zeit als verschollen: Viele Forscher versuchten vergeblich, die Stelle zu finden, an der die Arbeiter den Abraum aus den Höhlen vor die Felswand in das Tal schaufelten.

Im Herbst 1997 konnten die Archäologen Ralf W. Schmitz und Jürgen Thissen nach der Sichtung alter Landkarten und historischer Gemälde die Lage der ehemaligen Fundstelle bestimmen. Sie entdeckten in der Verfüllung des ehemaligen Steinbruchgeländes die Reste von zwei ehemaligen Höhlenfüllungen, die zur Zeit des Kalkabbaues aus den Höhlen als störendes Sediment entfernt wurden. Sie stammen wahrscheinlich aus den beiden ursprünglich benachbarten Höhlen, der Kleinen Feldhofer Grotte und der Feldhofer Kirche.

Beim Ausgraben der mit Sprengschutt überdeckten Felswand-Basis kamen die Lehmfüllungen der Höhlen zutage. Die Sedimente enthielten Steinwerkzeuge und teilweise verbrannte Tierknochenreste. Weiterhin konnten insgesamt 20 menschliche Knochenfragmente geborgen werden, darunter auch Teile eines rechten Oberarmknochens. Da der entsprechende Knochen bei dem 1856 geborgenen Skelett bereits vollständig vorhanden ist, muß es sich um Reste eines weiteren Individuums handeln! Die Radiokarbondatierungen dieses Knochens und eines Schienbeinfragmentes ergaben ein Alter von 40 000 Jahren (die Altfunde konnten nicht datiert werden, da sie im 19. Jahrhundert mit Konservierungslack überzogen worden waren). Als sicherster Beweis dafür, daß es sich tatsächlich um Überreste aus den Höhlen des Original-Neandertalers handelt, gilt ein Knochensplitter, der genau an das Kniegelenk des linken Oberschenkelknochens des Neandertalers von 1856 paßt. Es ist zu hoffen, daß kommende Untersuchungen auf dem ehemaligen Steinbruchgelände im Neandertal weitere Erkenntnisse erbringen werden.

Es darf nicht außer acht gelassen werden, daß sämtliche knöchernen Zeugnisse nur einen Bruchteil dessen repräsentieren, was wir heute über Neandertaler wissen. Die meisten Fundorte waren Lagerplätze, an denen Werkzeuge aus Stein und Knochen, Behausungsreste und die Knochen der Jagdbeute zurückgelassen wurden. Nur in Ausnahmefällen werden an archäologischen Fundstellen auch Menschenreste entdeckt.

Jede neue Fundstelle kann unser Bild der damaligen Zeit entscheidend ergänzen oder gar verändern: Während diese Zeilen gedruckt werden, geht eine Meldung um die Welt, daß in Portugal der erste Hybride entdeckt worden ist: ein 24 500 Jahre altes Kinderskelett, das sowohl Merkmale des Neandertalers als auch des modernen Menschen aufweist ...

Hans-Peter Krull und
Bärbel Auffermann (Neanderthal Museum)

Nachwort

Seit ihrer wissenschaftlichen Entdeckung im Jahre 1856 haben Neandertaler regelmäßig für aufgeregte Diskussionen in Archäologie und Anthropologie gesorgt. Die stammesgeschichtliche Beziehung zwischen den Neandertalern und uns ist zweifellos eine Besondere: Keine andere fossile Menschenform steht uns so nahe wie sie. Keine andere ist so eng mit unserem Selbstverständnis als Spezies verbunden. Keine andere ist so dicht in den wissenschaftlichen Mythos unserer Menschwerdung eingewoben. Bei den Diskussionen geht es daher um weit mehr als nur um den Abgleich wissenschaftlicher Daten. Es geht auch um weltanschauliche und emotionale Fragen. Vor diesem Hintergrund wird auch verständlich, warum es nach mehr als 140 Jahren Neandertaler-Forschung immer noch nicht gelungen ist, den Platz dieser Menschenform in unserem Stammbaum abschließend zu bestimmen.

Die Forschungen über das Ende der Neandertaler hat heute eine neue Dynamik bekommen. Über 130 Jahre lang waren Paläoanthropologen ausschließlich auf die morphologischen Daten der fossilen Knochen zur Rekonstruktion unseres Stammbaumes angewiesen. Mit dem Einzug der Molekulargenetik in die Paläoanthropologie hat die wissenschaftliche Diskussion eine neue Qualität erreicht. Die paläogenetischen Untersuchungsmethoden stützen sich auf das Paradigma von der Veränderung der molekularen Strukturen im Laufe der Stammesgeschichte einer Art, wie z. B. der DNA-Stränge. Der Grad der jeweiligen molekularen Divergenz zwischen verschiedenen taxonomischen Einheiten wird als Indikator der stammesgeschichtlichen Nähe oder Ferne zwischen diesen Einheiten gewertet und dient der Rekonstruktion ihrer verwandtschaftlichen Beziehungen.

Allerdings stützten sich bis zum Jahre 1997 die paläogenetischen Untersuchungen des menschlichen Stammbaumes ausschließlich auf die Analyse lebender Organismen. So wurde das Genom heute lebender Menschen sowie anderer lebender Primaten auf seine Variabilität hin untersucht. Insbesondere die DNA der Mitochondrien (mitochondriale DNA, mtDNA), den Kraftwerken der Zelle, war Untersuchungsgegenstand. Über statistische Rückrechnungen potentieller Mutationsraten der mtDNA wurde versucht, stammesgeschichtliche Prozesse zu rekonstruieren. Auf diesem Wege gelang es, Afrika als Entstehungsgebiet des anatomisch modernen Menschen auszumachen – das einprägsame Bild der «Schwarzen Eva» war geboren.

Zehn Jahre nach dieser «Geburt» mit Hilfe statistischer Extrapolationen konnte 1997 mtDNA einer fossilen Menschenform isoliert werden. Es war ausgerechnet der namengebende Fund aus dem Neandertal, an dem diese außergewöhnliche wissenschaftliche Tat gelang. Aus einem Stück Oberarmknochen wurden 379 Basenpaare des Neandertalers in einem aufwendigen analytischen Verfahren rekonstruiert. Zum ersten Mal war ein Vergleich von fossilem und modernem genetischem Material möglich. Die gleiche Gensequenz aus 379 Basenpaaren innerhalb einer Probe von 994 modernen Menschen zeigte im Durchschnitt 8 Abweichungen zwischen den Paaren. Im günstigsten Fall war nur ein Paar unterschiedlich, im ungünstigsten Fall bestanden 24 Unterschiede zwischen den Paaren. Die Neandertaler-Sequenz zeigte nun im Vergleich mit den 994 modernen Stichproben im günstigsten Fall 22 Abweichungen und im ungünstigsten Fall 36 Unterschiede. Die Untersuchung einer zweiten Gensequenz des Neandertalers bestätigte 1999 die zwei Jahre zuvor gemachte Beobachtung. Das Untersuchungsteam sah in dieser größeren Variabilität einen Beleg dafür, daß Neandertaler wahrscheinlich keinen genetischen Beitrag zur Entwicklungslinie der modernen Menschen geleistet haben.

Ist damit eine der großen Fragen der Paläoanthropologie beantwortet? Die suggestive Macht der gentechnischen Untersuchungen bringt scheinbar naturwissenschaftliche Exaktheit und Verläßlichkeit in die fragmentarische Datenwelt der Paläoanthropologie, die voller Fragezeichen ist. Aber auch die paläogenetischen Daten sprechen nicht für sich selbst, sind nicht eindeutig, sondern müssen interpretiert werden. Die Unterschiede zwischen der mtDNA des Mannes aus der Feldhofer Grotte und der heutiger menschlicher Zeitgenossen liegen bei anderen Primaten wie z. B. dem gemeinen Schimpansen innerhalb der normalen Variationsbreite! Für eine Trennung der Neandertaler und der anatomisch modernen Menschen in zwei Arten können die mtDNA-Analysen daher auch nicht herangezogen werden.

Leider sind wir zur Zeit noch gezwungen, genetisches Material über eine Fundlücke von 50 000 wenn nicht sogar 100 000 Jahren hinweg miteinander zu vergleichen. Über die demographischen Prozesse (die zahlenmäßigen und räumlichen Veränderungen der menschlichen Populationen), die in den vergangenen 100 000 Jahren das Genom der Menschheit beeinflußt haben, fehlt uns bisher gesicherte Erkenntnis. Neue genetische Untersuchungen schließen inzwischen eine zweite Entwicklungslinie des modernen Menschen außerhalb Afrikas nicht mehr aus. Die Paläogenetik steht noch ganz am Anfang ihrer Forschungsgeschichte und die Bemühungen, weitere Neandertalerskelette aber auch solche des fossilen modernen Menschen zu beproben, laufen auf Hochtouren. Paläogenetische Untersuchungen werden in den nächsten Jahren mit Sicherheit eine Fülle neuer Daten erbringen, deren Auswirkungen auf unser Verständnis der eiszeitlichen Populationsentwicklung wir heute noch nicht ermessen können.

Bei den Diskussionen über die menschliche Entwicklungsgeschichte der letzten 100 000 Jahre gerät eine wissenschaftliche Disziplin, die prähistorische Archäologie, erstaunlicherweise häufig in den Hintergrund. Die fossilen Menschenreste aus der letzten Eiszeit stellen nur einen sehr lückenhaften und insgesamt verschwindend kleinen Anteil der menschlichen Zeugnisse dar. Die kulturellen Hinterlassenschaften des urgeschichtlichen Menschen sind das umfangreichste Quellenmaterial überhaupt. Es handelt sich um Millionen von Funden und Befunden. In jedem einzelnen hat sich menschliches Verhalten konserviert. Diese archäologischen Daten haben in den vergangenen Jahren neue Perspektiven eröffnet. Wir wissen aufgrund neuer Datierungen

links: Porträt eines Neandertalers.

Alle 10 Neandertalerfiguren im Neanderthal Museum sind wissenschaftliche Rekonstruktionen auf der Basis von originalen Schädelfunden. Die Gewebeauflage über den Schädelknochen wurde durch ein CAD-System berechnet, wie dies auch in der modernen Gerichtsmedizin üblich ist. Daher sind die Rekonstruktionen außergewöhnlich nah an dem tatsächlichen Aussehen der gefundenen Individuen.
Mit freundlicher Genehmigung des Neanderthal Museums, Mettmann.

rechts: Lebensbild zweier Neandertaler.

Die Neandertaler mussen im eiszeitlichen Europa von Kopf bis Fuß bekleidet gewesen sein. Bei der Rekonstruktion der Kleidung wurde im Neanderthal Museum auf einfache Schnittmuster und Formen ethnohistorischer Jägervölker zurückgegriffen.
Mit freundlicher Genehmigung des Neanderthal Museums, Mettmann.

archäologischer Funde aus dem Vorderen Orient, daß dort Neandertaler und anatomisch moderne Menschen 60 000 Jahre lang dieselben Regionen besiedelt haben. Erstaunlicherweise können wir die kulturellen Hinterlassenschaften der beiden Menschenformen nicht auseinanderhalten. Erst wenn wir in einem Fundplatz genügend menschliche Skelettreste finden, was überaus selten vorkommt, ist eine Entscheidung, welche der beiden Menschenformen nun den Lagerplatz besiedelte, möglich. Die biologischen Unterschiede scheinen keine erkennbaren kulturellen Unterschiede bewirkt zu haben.

In Europa hatten Wissenschaftler über Jahrzehnte hinweg die scheinbare Gewißheit, daß sogenannte mittelpaläolithische Werkzeuginventare aus Abschlägen den Neandertalern, jungpaläolithische Werkzeuginventare aus Klingen hingegen dem anatomisch modernen Cro-Magnon-Menschen zugewiesen werden können. Inzwischen wird immer deutlicher, daß es auch in Europa ein Nebeneinander von Neandertalern und anatomisch modernen Menschen über mehrere tausend Jahre hinweg gab. Bis vor kurzem ging man noch davon aus, daß

Neandertaler langsam in Randbereiche ihres ursprünglichen Verbreitungsgebietes abgedrängt wurden und dort ihre letzten Refugien hatten, wie etwa im Süden der Iberischen Halbinsel. Dieses Modell ist heute nicht mehr tragbar. Neue 14C-Daten aus dem kroatischen Fundplatz Vindija belegen die Präsenz später Neandertaler zwischen 29 000 und 28 000 Jahren vor heute im Zentrum des Verbreitungsgebietes. Das enge Nebeneinander von Neandertalern und anatomisch modernen Menschen ist also eindrucksvoll bestätigt.

Das starre Gliederungsschema zwischen mittel- und jungpaläolithischen Technokomplexen löst sich auf. Die über Jahrzehnte gültige Hypothese, daß der technologische Wandel vom Mittelpaläolithikum zum Jungpaläolithikum seine Ursache in einem Austausch der Neandertaler durch den anatomisch modernen Menschen habe, ist nicht mehr haltbar. Neandertaler haben substanziell zu den technologischen Veränderungen beigetragen und waren Träger des frühen Jungpaläolithikums, bevor die ersten anatomisch modernen Menschen in Europa nachweisbar sind. Ein allmählicher kultureller

Übergang, an dem unterschiedliche kulturelle Gruppen beteiligt waren, ist in verschiedenen Regionen Mittel- und Osteuropas erkennbar. Diese kulturelle Dynamik beginnt bereits mit den späten Neandertalern. Sie haben als erste Menschen im eiszeitlichen Europa Geräte aus Knochen und Geweih hergestellt, aus diesen Materialien auch Schmuck produziert und ihn mit Verzierungen versehen. Die kognitive Leistungsfähigkeit der Neandertaler und der anatomisch modernen Menschen muß demnach als gleichwertig betrachtet werden. Da jedoch skelettmorphologische und paläogenetische Daten deutliche Unterschiede zwischen den beiden Menschenformen erkennen lassen, fehlt bis heute eine überzeugende Integration der archäologischen und biologischen Daten. Ein schlüssiges Gesamtbild läßt sich leider noch nicht zeichnen.

Das Puzzle der Humanevolution ist weit davon entfernt, gelöst zu sein. Mit dem ständig ansteigenden Strom immer detaillierterer Daten aus ganz unterschiedlichen Disziplinen nimmt auch die Anzahl der Teilchen, aus denen das Puzzle zusammengesetzt werden muß, zu. Die molekulargenetische und die archäologische Ausdeutung der Humanevolution lassen sich beim aktuellen Stand der Forschung noch nicht zur Deckung bringen. Aus der archäologischen Perspektive heraus stellen sich heute einige grundsätzliche methodische Fragen: Haben die erkennbaren morphologischen und molekulargenetischen Unterschiede der Menschenformen des Jungpleistozäns zwischen 130000 und 10000 Jahren vor heute überhaupt kulturelle Relevanz? Werden die biologisch-morphologischen Unterschiede späteiszeitlicher Menschenformen vielleicht überbewertet? Spielt ein kräftiger Überaugenwulst oder ein spitzes Gesicht im kulturellen Geschehen entwickelter Menschen tatsächlich eine entscheidende Rolle?

Einigkeit besteht immerhin darin, daß unsere Kulturfähigkeit die entscheidende Triebfeder der Menschwerdung war. Hatten diese kulturellen Fähigkeiten in der letzten Eiszeit womöglich schon genügend Macht gewonnen, um unser biologisches Erbe in den Hintergrund zu drängen? Hatte das Kulturwesen Mensch in der Mitte der letzten Eiszeit über sein alter ego, das Naturwesen, bereits die Oberhand gewonnen?

Gerd-C. Weniger
Direktor des Neanderthal Museums

Weiterführende Literatur

er größte Teil der zum Thema Neanderler erschienenen Literatur ist in Fachzeitschriften vergraben. Hier habe ich eine Liste wichtiger jüngerer Bücher zusammengestellt, die sich mit dem behandelten Thema beschäftigen. Die meisten davon enthalten detaillierte Literaturlisten, die zum Rest der Primärliteratur hinführen können.

Bahn, Paul und Jean Vertut. 1988. *Images of the Ice Age*. New York: Facts on File.

Bräuer, Günter und Fred Smith (Hrsg.). 1992. *Continuity or Replacement: Controversies in* Homo sapiens *Evolution*. Rotterdam: A. Balkema.

Burenhult, Goran (Hrsg.). 1993. *The First Humans: Human Origins and History to 10,000 b.c.* San Francisco: HarperCollins.

Day, Michael. 1986. *Guide to Fossil Man*. 4th edition. Chicago: University of Chicago Press.

Eldredge, Niles. 1991. *Fossils: The Evolution and Extinction of Species*. New York: Harry N. Abrams.

Eldredge, Niles. 1995. *Dominion*. New York: Henry Holt.

Gamble, Clive. 1986. *The Palaeolithic Settlement of Europe*. Cambridge: Cambridge University Press.

Gowlett, John. 1984. *Ascent to Civilization: The Archaeology of Early Man*. New York: Alfred A. Knopf.

Johanson, Donald, Lenora Johanson und Blake Edgar. 1994. *Ancestors: In Search of Human Origins*. New York: Villard.

Klein, Richard. 1989. *The Human Career: Human Biological and Cultural Origins*. Chicago: University of Chicago Press.

Leakey, Richard und Roger Lewin. 1993. *Der Ursprung des Menschen*. Frankfurt am Main: Gustav Fischer Verlag.

Lewin, Roger. 1987. *Bones of Contention*. New York: Simon and Schuster.

Lewin, Roger. 1993. *The Origin of Modern Humans*. New York: Scientific American Library.

Mellars, Paul und Christopher Stringer. 1989. *The Human Revolution: Behavioural and Biological Perspectives on the Origins of Modern Humans*. Edinburgh: Edinburgh University Press.

Orschiedt, Jörg, Bärbel Auffermann und Gerd-C. Weniger. 1999. *Familientreffen. Deutsche Neanderthaler 1856–1999*. Mettmann: Neanderthal Museum.

Otte, Marcel (Hrsg.). 1988. *L'Homme de Neandertal*. 8 volumes. Liège: Eraul.

Reader, John. 1982. *Die Jagd nach den ersten Menschen*. Basel: Birkhäuser Verlag.

Schick, Kathy und Nicholas Toth. 1993. *Making Silent Stones Speak*. New York: Simon and Schuster.

Smith, Fred und Frank Spencer. 1984. *The Origins of Modern Humans: A World Survey of the Fossil Evidence*. New York: Alan R. Liss.

Stringer, Christopher und Clive Gamble. 1993. *In Search of the Neanderthals: Solving the Puzzle of Human Origins*. London: Thames and Hudson.

Tattersall, Ian. 1993. *The Human Odyssey: Four Million Years of Human Evolution*. New York: Simon and Schuster.

Tattersall, Ian. 1997. *Puzzle Menschwerdung. Auf der Spur der menschlichen Evolution*. Heidelberg, Berlin: Spektrum Verlag.

Tattersall, Ian, Eric Delson und John van Couvering (Hrsg.). 1988. *Encyclopedia of Human Evolution and Prehistory*. New York: Garland Publishing.

Trinkaus, Erik (Hrsg.). 1989. *The Emergence of Modern Humans: Biocultural Adaptations in the Later Pleistocene*. Cambridge: Cambridge University Press.

Trinkaus, Erik und Pat Shipman. 1993. *Die Neandertaler. Spiegel der Menschheit*. München: Bertelsmann Verlag.

White, Randall. 1986. *Dark Caves, Bright Visions: Life in Ice Age Europe*. New York: American Museum of Natural History/W. W. Norton.

Wymer, John. 1982. *The Palaeolithic Age*. New York: St. Martin's Press.

Index

Kursiv gesetzte Seitenzahlen verweisen auf Abbildungen.

Abri Blanchard 191
Abschläge 35, 62
Acheuléen 35, 61, 82, 132
Altamira 195, *197*
Altpaläolithikum 82
Altsteinzeit 82
American Museum of Natural History 39, 48, 59, 124, 157, 165
Amud *13*, 115f., 139, 143, 167
Anthropopithecus 82
Arago 64, 130, *131*, 134
Arago-Fossil 67
Arambourg, Camille 106
Aramis 39
Arche-Noah-Modell 113
Arcy-sur-Cure 161f.
Ardipithecus ramidus 39
Artbildung, allopatrische 26, 106
Arten 20, 22, 25
Artname 26
Atapuerca 63, 67, 71, *135*f.
Auerochse 123
Aurignacien 36, 82, 84, 96, 107, 115, 160, 179, 199
  Werkzeuge *181*
Australopithecinen 24
Australopithecus 10, 96, 171
Australopithecus afarensis 39, *40*f.
Australopithecus africanus 44, *45*, 96
Azilien-Spitzen *183*

Bächler, Emil 93
Bar-Yosef, Ofer 148
Bärenkult 94
Berg Karmel 101, 104, 139
Bestattungen 127, 167, 184
Biache-Saint-Vaast 138f.
Bilzingsleben 131
Binford, Lewis 151, 159
Binford, Sally 159
Blanc, Alberto 97, 162
Bodo *67*, 165
Boker Tachtit 115
Border Cave 175f.
Bordes, François 159
Boule, Marcellin 88, 107, 171
Brace, Loring 111
Brain, Bob 49
Bräuer, Günter 114
Breccie-Höhlen 44
Breitkeile 62
Brennöfen 188
Breuil-Grotte *31*
Bronzezeit 82
Brook, Tony 40
Brückner, Eduard 83, 120
Busk, George 78, 81

Cap Blanc 95
Cave, A. J. E. 107
Cerisier *188*
Châtelperronien 37, 83, 107, *113*, 143, 160, 199
Chelléen 82
Chromosomen 27
Chronometrie 32
Churfirsten-Berge 93
Clactonien 132
Cleaver 82
Combe Grenal 148, *150*, 151
Coon, Carleton 101, 111
Cope, Edward Drinker 86
Crelin, Ed 171
Cro-Magnon-Leute 179
Cro-Magnon *11, 84*, 103
Cunningham, Daniel 86

Dali 67
Dart, Raymond 44, 96
Darwin, Charles 18, 74
Datierung
  Elektronen-Spin-Resonanz- 33
  Kalium-Argon- 32
  Radiokarbon- 32
  relative 31
  Thermolumineszenz- 33
  Uran-Serien- 34
Deacon, Hilary 175
DNA 27, 114
  mitochondriale 114
  Sequenzierung 115
Dobzhansky, Theodosius 23, 104
Dordogne 84, 158
Drachenloch 93, 95, 162
Dubois, Eugene 86
Dupont, Edouard 58, 88
Durchbrochenes Gleichgewicht 24

Ehringsdorf 134
Eine-Art-Hypothese 113
Eisenzeit 82
Eiszeit 29, 83, 121
  Günz- 83
  Mindel- 83
  Riß- 83
  Würm- 83
Eldredge, Niles 24
Elfenbein 184
Engis 78, *79*
Eoanthropus dawsoni 92
Eolithen 82

Falconer, Hugh 81
Faustkeil 35, 61, 72, 82, 134
Feldhofer Grotte 74, 115
Feuer 62, 184
Feuerstein 73, 183
Feuerstellen 72, 148
Figueira Brava-Höhle 143
Fisher, R. A. 21
Fitness 22
Flußpferd 123
Font de Gaume 195

Fontarnaud *183*
Fontéchevade 136
Foramen mandibulae *13*
Foraminiferen 120
Forbes-Steinbruch 81
Fortpflanzungsschranken 106
Fossa suprainiaca 116
Fraipont, Julien 84
Fuhlrott, Johann 74

Gabillou *186*
Gamble, Clive 127
Gang
  aufrechter 42f.
  vierfüßiger 42
Garrod, Dorothy 101, 154
Gattungsname 26
Gebrauchsglanz 184
Gehirngröße 11
Gendrift 22
Gene 21
Genotyp 22
Geweih 36, 184
  -werkzeuge 82
Gibraltar 81, 86, 97
Golan-Höhen 162
Gorjanović-Kramberger, Dragutin 87, 94
Gould, Stephen Jay 24
Grabbeigaben 170, 184
Grabstock 52
Gran Dolina 63
Gravettespitzen 181
Gravettien 36, 181, 191
Grine, Fred 46
Grobspitzen 62
Grotte Chauvet 195, 197
Guattari 31, 97, 101, 139

Haarlosigkeit 43
Hadar 40f.
Haldane, J. B. S. 21
Harpunen 188
Heidelberg-Mensch *65*
Hirnschädel 174
Höhlenbär 94, *126*f.
Höhlenmalereien 191
Holozän 122
Hominiden 10, 41
Hominoiden 18, 41
Homo antecessor 64
Homo erectus 58, 60, 63, 101, 107, 113
Homo ergaster 57, 60f., 63, 171
Homo habilis 51, *53*, 55, 57, 61
Homo heidelbergensis 64f., 67, 88, 92, 130, *131*, 165, 171
Homo neanderthalensis 10, 79, 84, 86, 92, 104
Homo primigenius 84, 87
Homo rudolfensis 57, 61
Homo sapiens 10, 24, 36, 64, 81, 84, 87, 93, 107, 113f., 116, 171, 175

Homo sapiens neanderthalensis 26, 10, 104
Hornstein 73, 183
Howell, Clark 104, 143
Howells, Bill 113
Howiesons Poort-Industrie 175
Hrdlička, Alfred 96, 104
Hublin, Jean-Jacques 116, *118*
Huxley, Thomas Henry 20, 25, 78

Interglazial 83
Isolationsmechanismen, sexuelle 174
Israel 139
Isturitz 191

Java-Mensch 23, *58*, 92, 96, 101
Jebel Irhoud 177
Jebel Qafzeh *104, 168*
Johanson, Don 40
Jungpaläolithikum 36, 82, 107, 158, 174, 179, 183
Juxtamastoid-Kamm 116

Kabwe 67, 96, 103, 118, 134, 171
Kältemaximum 125
Kannibalismus 88
Kebara 15, 115, *134*, 139, 143, *145*, 148, *151*, 154, 167, 173
Kehlkopf 171
Keith, Arthur 92, 101, 143
Kenia National Museum 58
   ER 1470 55
   ER 1813 55
   ER 3733 58
Kerne 35
   zylindrische 82, 161, 179
Kernpräparationstechnik 134
Kernsteine 62, 72
Kibish-Formation *177*
King, William 79
Klasies River *175*
Klingen 36, 82, 107, 161, 179
Klingenkratzer 179
Knochen 36, 184
   -anhänger 161
   -flöte 191
   -nadeln 162, 181
   -spitzen 82, 179
   -werkzeuge 82
Knochenbearbeitung 160
Kommunikation 173
Kontakte 201
Körperskelett 13
Krapina 87, 103, 139
Krings, Matthias 115
Kromdraai 46
Kuhn, Steven 153
Kultur
   osteodontokeratische 44
Kunst 189

L'Arbreda Höhle 101, 106, 107, 116, *200*
La Chapelle-aux-Saints 88, *90*, 139, 143, 167
La Ferrassie *11, 84*, 88, 106, 116, 139, 143, 162, 167
La Madeleine *159*
La Naulette 84, 88
Laetoli *39*, 175, *177*
Laitman, Jeffrey 171
Lake Mungo *178*
Lake Ndutu 134
Lampen 188
Lartet, Edouard 82
Lascaux *194*, 195
Laugerie Haute *183*
Laussel *113, 181, 192*
Le Lazaret 136, 148
Le Moustier 88, *90*, 139
Leakey, Louis 49
Leakey, Mary 39
Leakey, Richard 55
Les Eyzies *84*
Levallois 134
Levallois-Moustérien *134*
Levallois-Moustérien-Industrie 177
Levallois-Technik 72
Levalloisien 132
Levante 115, 134, 139, 153, 174
Lieberman, Dan 153
Lieberman, Phillip 171
Ligamentum sphenomandibulae 13
Lohest, Max 84
Lorbeerblatt-Spitzen 181
Lorbeerblattspitzen 82, *183*
Lovejoy, Owen 40, 42
Lubbock, Sir John 82
Lucy 40

Magdalénien 37, 82, 183, 195
Makapansgat 44
Mammut 123
Mastoid-Fortsatz 116
Mastoidfortsatz 12
Mauer bei Heidelberg 64, 88, 104
Mayer, August 77
Mayr, Ernst 23, 104
McCown, Theodore 101, 143
Megaloceros 128
Mikrolithen *183*
Mikroorganismen 120
Miller, Gerrit 93
Mitochondrien 114
Mittelpaläolithikum 35, 82, 107, 160, 183
Mittelpleistozän 87
Mobilität, austrahlende 154
Mobilität, zirkulierende 154
Mondkalender 191
Monte Circeo 31, 97, 101, 106, 162
Mortillet, Gabriel de 82f.

Moustérien 36, 82, 84, 87f., 94, 96f., 101, 107, 115, 132, 139, 153, 158, *161*, 199
   Werkzeuge 159
Movius, Hallam 107
mtDNA 114, 174
multiregionale Kontinuität 101, 174
Mutation 21, 23
Mutationsdruck 21

Nashorn 123
Ndutu-See 67
Neanderhöhle *74*
Neandertal 86, 106
Neolithikum 34, 82
Ngandong 96, 118
Niaux *195*

Oldowan 34, 61, 82
Olduvai-Hominiden 63
Olduvai-Schlucht 34, 51
   Steinwerkzeuge aus der 51, *62*
Omo-River 51, 177
Oppenoorth, W.F.F. 96
Out of Africa-Hypothese 113, 174

Pääbo, Svante 115
Paläolithikum 34, 82
Paranthropus 96
Paranthropus aethiopicus 49
Paranthropus boisei 51, 57, 61
Paranthropus robustus 46, *47f.*
Peking-Mensch 23, *59, 60*, 96, 101
Penck, Albrecht 83, 120
Petralona 67, 130, *131*
Pfeil und Bogen 188
Pferd 123
Phyletischer Gradualismus 24
Picken 35
Piltdown 92, 96
Piltdown-Schädel *93*
Pithecanthropus 58, 87, 92
Plastiken 191
Pleistozän 37, 83, 123
Pliozän 37, 93
Pontnewydd 84
Populationsgenetik 21
Primaten 18
Proto-Neandertaler 96

Qafzeh 103, 115, 154, 170
Quantensprung 21
Quneitra 162

Rachenraum 171
Regourdou 162, *167*
Reh 123
Reilingen 132
Rekombination 23
Rentier 123
Rhodesien-Mensch *67*, 103

Rift Valley 178
Rivaux 84
Rouffignac 195
Rückenmesser 134

Saccopastore 97, 106, 136, 139, 172
Saint-Acheul 61
Saint-Césaire 107, 143, 161
Sammeln 151
Santa Luca, Albert 116, 118
Sauerstoff-Isotope 120
   Datierung 122
Säugetiere 18
Schaaffhausen, Hermann 74, 84
Schaber 67, 134
Schädelbasis
   Krümmung der 171
Schindewolf, Otto 27
Schlachtreste 127
Schlag, weicher 63
Schlagflächenpräparation 63
Schmerling, Philippe-Charles 79
Schmitz, Ralf W. 115
Schnitzereien 191
Schoetensack, Otto 88
Schöningen 62, 131
Schulz, Adolph 107
Schwalbe, Gustav 86
Schwartz, Jeffrey 116
Sedimentation 120
Selektion, natürliche 19ff.
Sexualdimorphismus 40
sexuelle Isolation 26f.
Shanidar 17, 106, *108, 111*, 139, 143, 157, *164*, 167
Shea, John 153
Sima de los Huesos 67, *135*
Simpson, George Gaylord 22
Sipka 84
Skhul 101, 103, 111, 115, 170
Smith, Grafton Elliot 92f.
Solecki, Ralph 106
Solo-Fluß 96
Solutréen 36, 82, 181, *183*, 191
Spaltkeil 35
Speere 131
Speerschleuder 188
Spitzen 67
Sprache 170
Sprachfähigkeit 171
Spy 81, 84, 116, 139
St-Césaire *147*
Steinbock 123
Steingeräte 127
Steinheim 67, 96f., 104, 118, 132, 134
Steinmaterial 54
Steinzeit 82
Sterkfontein 44f., 55
Stichel 179
Stimmapparat 171
Stiner, Mary 153
Straus, W. L. 107

Stringer, Chris 127
Sungir 184ff.
Susman, Randy 40
Swanscombe 67, 96, 104, 118, 132
Swartkrans 46ff.
Synthetische Theorie 21f., 104

Tabun 101ff., 107, 115, 139, 154, 167
Tansania 134
Taung 44, 96
Tautavel 64, *131*
Tayacien 130, 136
Terra Amata 71f.
Teshik-Tash 139, 170, *204*
Thomsen, C. J. 82
Tiberias-See 103
Tierzähne, durchbohrte 161
Torus occipitalis 116
Transvaal 44
Tuberositas mastoidalis 116
Tuc d'Audoubert 197
Turkana-Junge 60, *61*

Überaugenwülste 12, 77, 174
Umweltänderungen 125
Unterarten 26
Usbekistan 139

Vererbung 21
Verteszöllös 131
Vézère-Tal 82, 158, *159*
Virchow, Rudolf 77, 84
Vogelherd 189, *191*
   -Pferd *190*
Volgu *183*
Vorratshaltung 188

Waldelefant 123
Wallace, Alfred Russel 18
Weidenreich, Franz 97, 101, 107
Weimar-Ehringsdorf 88
Werkzeugherstellung 54
Wheeler, Pete 42
White, Tim 40
Wilson, Allen 114
Wollnashorn 123
Woodward, Arthur Smith 92, 96
Worsaae, J. J. A. 82
Wright, Sewall 21

Zafarraya *2*, 143, *203*
Zähne, Abnutzung der 161
Zaire 178
Zhoukoudian *59*, 60, 96f., 101
Zinjanthropus 51
Zuttiyeh 103, *104*, 139, *142*
Zwischeneiszeit 123
Zwischenformen 24

If you have any concerns about our products,
you can contact us on
ProductSafety@springernature.com

In case Publisher is established outside the EU,
the EU authorized representative is:
**Springer Nature Customer Service Center GmbH
Europaplatz 3, 69115 Heidelberg, Germany**

Printed by Libri Plureos GmbH
in Hamburg, Germany